"十三五"普通高等教育系列教

风力发电机组
运行与维护

赵万清　主　编

纪　秀　副主编

赵晓烨　编　写

孟祥萍　主　审

中国电力出版社
CHINA ELECTRIC POWER PRESS

内 容 提 要

本书为"十三五"普通高等教育系列教材。

本书系统地介绍了风力发电机组的启动、试运行与维护。全书共分为 12 章，主要内容包括风力发电的概述、风力发电机组的启动及试运行，风力发电机组的运行，风力发电机组的控制，风电机组的传动系统维护，风电机组制动及变桨系统维护，风电机组齿轮箱的结构及其维护，风力发电机组润滑系统的维护，风电机组偏航系统的结构及维护，风力发电机组液压系统的维护，风力发电场电气设备的维护以及风力发电机组各部分元件的维护。

本书可作为普通高等院校电气工程及其自动化、电力系统及其自动化等相关专业的教材，也可作为专科、高职及函授学生的参考教材，并可供从事电力系统运行、设计和科研工作的工程技术人员参考。

图书在版编目（CIP）数据

风力发电机组运行与维护/赵万清主编 . —北京：中国电力出版社，2019.3（2023.1 重印）

"十三五"普通高等教育规划教材

ISBN 978-7-5198-1885-2

Ⅰ.①风… Ⅱ.①赵… Ⅲ.①风力发电机—发电机组—运行—高等学校—教材 ②风力发电机—发电机组—维修—高等学校—教材 Ⅳ.①TM315

中国版本图书馆 CIP 数据核字（2018）第 061897 号

出版发行：中国电力出版社
地　　址：北京市东城区北京站西街 19 号（邮政编码 100005）
网　　址：http：//www.cepp.sgcc.com.cn
责任编辑：牛梦洁　贾丹丹
责任校对：王小鹏
装帧设计：张　娟
责任印制：吴　迪

印　　刷：北京雁林吉兆印刷有限公司
版　　次：2019 年 3 月第一版
印　　次：2023 年 1 月北京第三次印刷
开　　本：787 毫米×1092 毫米　16 开本
印　　张：13.75
字　　数：328 千字
定　　价：43.00 元

前　言

　　风力发电是可再生能源中最廉价、最富有生命力的能源，并且是一种不污染环境的"绿色能源"，因此风力发电也逐渐被人们所重视。本书系统地介绍了风力发电机组的启动、试运行与维护。

　　全书内容共分 12 章。第 1 章介绍风电发展现状、风力发电机组构成、风力发电对电网稳定性的影响及风力发电对电能质量的影响。第 2 章介绍风电机组试运行的检查项目、风电机组试运行前应满足的条件以及风力发电机组的启动、停止与并网。第 3 章介绍风力发电机组的基本运行过程、双馈是风力发电机组、定桨距风力发电机组、变桨距风力发电机组的运行，风力发电机组的运行和安全性输变电设施的运行，风力发电机组的制动。第 4 章介绍风力发电机组控制系统组成、大型风电场及风电机组控制系统、风电场监控系统总体结构、大型风电机组远程监控系统组成、控制与安全系统的常见故障。第 5 章介绍主传动装置、联轴器、发电机的传动以及传动的选择和切除速度的选择。第 6 章介绍风电机组的制动系统、变桨距系统、调速与功率调节装置、便将系统的构成及故障分析。第 7 章介绍齿轮箱的构造、齿轮箱的主要零部件、齿轮箱的维护。第 8 章介绍风电机组的工作环境及润滑油要求、风电机组润滑检测技术、风电机组的磨损及润滑剂润滑冷却系统。第 9 章介绍偏航系统、技术要去及维护保养。第 10 章介绍风力发电机组的液压系统、定桨距机组液压系统、变桨距机组液压系统、液压系统试验、液压系统常见故障。第 11 章极少风电场对电气设备的要求、一次系统及二次系统。第 12 章介绍风力发电机组各部位元件的维护。

　　本书涵盖了风力发电机组运行及维护各个主要方面的基本概念和原理，以介绍基础知识为主，使读者能够对风力发电机组及维护有较为完整的、系统的了解和认识。

　　本书由云峰电厂赵万清任主编，长春工程学院纪秀为副主编。第 1、2、3 章及第 12 章由赵万清编写，第 4～11 章由纪秀编写。全书由长春工程学院孟祥萍教授主审，审稿时对本书的内容提出了许多宝贵意见，在此对孟祥萍教授的支持和帮助表示衷心的感谢。

　　限于作者水平，书中难免有不妥与疏漏之处，恳请读者批评指正。

编　者

2017 年 3 月

目　　录

第1章 风力发电的概述

1.1 风力发电发展现状

1.1.1 国外风力发电发展现状

随着煤炭、石油等能源的逐渐枯竭，世界各国越来越关注可再生能源的利用。而风力发电是可再生能源中最廉价、最有希望的能源，并且是一种不污染环境的"绿色能源"，因此风电也逐渐被人们所重视。现今国外风力发电主要以欧美为主，环境的压力推进了风电的发展，风力发电可以减少二氧化碳等气体的排放。欧盟把发展风力发电作为可再生能源的主要途径，每年都新安装很多风力发电机组，也使得风力发电能力大为提高，使制订到21世纪初期发电总量达到四千万千瓦时的期望提前实现。在亚洲，风力发电成为一股新生力量，利用风能最好的国家是印度，印度是世界上风力发电量最多的国家之一。目前，除了风电大国丹麦、德国、西班牙和美国外，很多其他国家包括英国、法国、巴西和中国也制订了风力发电的计划，风电成为发展最迅速的可再生能源。

近20年来，风力发电技术和产业成熟度不断提升，由于其经济性优势在众多能源中逐渐突出，使得风电市场不断扩大。世界各国都制订了相应的政策，在多重政策的激励作用下，风力发电具有很好的发展前景。在过去的几十年中，各国对风力发电的研究都投入了大量的精力，经过这些年的迅速发展，风力发电技术逐步出现以下特点：

（1）水平轴风力发电机组逐步成为主流的风力发电机类型。

（2）所设计的风电机组发电量不断增加，风能的转换效率也不断提升。并网型风机的单机容量已达到5MW，风力机向着变桨距调节技术、发电机向着变速恒频发电技术发展，使得风能利用效率得到提高。

（3）风电机在结构设计上做到紧凑、柔性和轻盈化，以便运输方便。充分利用高新复合材料的叶片，主要是使用碳纤维。这种材料制造出来的叶片不仅质量轻而且强度高，能够抵御大的冲击力，可在很多复杂的环境中使用。而且叶片形状也不断改变，增强了捕捉风能的性能。

（4）选择合适的风电站。合理地选择风电站能够更好地控制风力发电系统，充分利用风速，使运行更加稳定可靠，这样便能够降低设备的投资以及发电成本。

（5）随着风电的发展，风电场规模和单机容量越来越大，陆上风电场因受环境因素的制约，人们很自然地把目光放到海上风电场。

（6）各国的风电控制技术向高科技发展。欧美等国对风力发电设备研究投入了大量的人力、物力，充分利用空气动力学、新材料、计算机、自动控制等领域的新技术，开发出了测量评估风速以及模拟系统，形成了现代风机设备的制造理论和技术，大大提高了风力发电的效率。

在各种能源中，风能是利用起来比较简单的一种能源，风力发电技术是产业成熟度最好、最具规模化开发条件、最易实现商业化的可再生能源技术。风力发电无温室气体排放，是二氧化碳减排的有效技术，特别适用于风速很高的山区和高原地带。风力发电的全球需求巨大，并持续增长。因此，20 世纪末风力发电及风电技术得到了迅猛发展。21 世纪初，能源危机再一次加速风电技术的发展速度。2013 年全球风电年新增总装机容量 35GW。全球累计装机容量达到 318.12GW，同比增长 12.5%。约有 24 个国家的装机容量超过 1GW，其中 16 个位于欧洲，4 个位于亚太地区，3 个位于北美，1 个位于拉丁美洲。而全球有风电装机的国家超过了 80 个。

六年来亚洲的年新增装机容量蝉联全球各大区域榜首。2013 年更是以 18.2GW 的年新增装机再次位居榜首，中国和印度仍是引领亚洲风电发展的主要国家。北美洲 1599MW 的装机容量是加拿大历史的新高，也使加拿大成为全球第五大风电装机大国，欧洲实现了 12 031MW 新增装机容量，其中欧盟 28 个国家新增装机容量达到 11 159MW。欧洲风电的发展高度集中在德国和英国两个国家，这两个国家 2013 年的装机容量占欧洲 2013 年装机容量的 46%。拉丁美洲的风电发展再次突破 1GW，巴西、智利、阿根廷和乌拉圭 4 个市场实现了风电的新增装机，新增装机总容量为 1163MW，累计装机容量为 4800MW。巴西继续引领拉丁美洲的风电发展，新增装机容量为 952MW，累计装机容量为 3461MW。非洲风电开发依然有限，但随着埃塞俄比亚、坦桑尼亚等地区项目的开展、北非地区摩洛哥风电的回潮和南非招标项目的大批量上线，非洲将迎来兆瓦装机的时代。

1.1.2　国内风力发电发展现状

我国风能资源储量十分丰富，主要分布在东部沿海及附近岛屿、西北、东北和华北等地区。32.26 亿千瓦的风能蕴藏储量为我国风电的发展奠定了良好的基础。我国风能资源开发利用较早，初期多是用来解决边远地区使用的额定容量低于 10kW 的小型风力发电机组。经过近年来的高速发展，我国的风电已经具有了相当大的规模。但是我国国产化机组产量仍然偏小，远未达到规模效益。因此，我国的风力发电装备市场至今仍由国外风力发电机组占据。为了提高我国的风力发电设备的制造能力，国家的相关部门做了很多工作，也取得了一定的成果，使国产机组比例有所上升，而且逐步掌握了一些主要部件的设计和制造能力。

风力具有随机性和间歇性，大型风电场的出现以及风电接入系统电压等级的提高都会对电力系统的稳定运行产生不利影响。《国家电网公司风电场接入电网技术规定（试行）》中规定，风电场应及时提供风电机组、风电场汇集系统的模型和参数，作为风电场接入系统规划设计与电力系统分析计算的基础。在风电场建设前，需要论证分析风电场接入电网的可行性和确定允许接入的容量水平。作为分析的基础，需要建立正确的风电机组和风电场的数学模型。另外，针对新型风力发电机组，也需要根据其特性建立适当的数学模型，并应用于电力系统中分析它的运行结果。但是，目前国内尚没有风电场能够向电网调度部门提供风电场集总模型。与传统电厂相比，大型风电场由几百台甚至上千台风电机组组成，在电力系统的分析计算中若对每台风电机组及其控制系统进行详细建模，将极大增加仿真模型的复杂度，导致计算时间长、资源利用率低。

截至 2013 年全国风电新增装机容量 16 089MW，西藏那曲超高海拔试验风电场的建成投产，标志着我国风电场建设已遍布全国各省市自治区。2013 年全国新增风电并网容量 14.49GW，累计并网容量 77.16GW。该年度全国风力发电量为 134.9TWh，是继火电、水电之后的第三大电源。我国风电在全国电力结构中的比例远小于欧盟平均 8% 的比例，但已开始有所显现。2013 年我国风力发电量约占全国总发电量的 2.5%，火电仍高居 78.5%。

上海风能资源调查报告显示，上海近海地区是风能的丰富区域，具有良好的风力发电开发价值。上海地处东南沿海，海上风能较陆地充足，发展空间极大，上海周边大量的滩涂和浅海区域都可用于建设大型风力发电厂。上海是我国除内蒙古外最适于风力发电的地区之一，据估计，上海具有 3000MW 潜在风能资源开发能力。

作为一种新能源，风力发电在改善环境的同时，为全球经济社会的发展所起的作用难以估计。我国的风力发电尽管取得了一些成就，但是要想进一步的发展还是存在着很多问题。比如，我国风电总体技术水平不高，在生产工艺、外观质量、运行可靠性方面与国外机组有一定的差距；我国百瓦级的户用小型风力发电机组可大批量生产，千瓦级的风力发电机组也可小批量生产，但 10 千瓦级的产品在国内还不能生产，没有可供的产品。我国安装的大型风力发电机组中大部分是从国外进口，迄今为止，我国还不具备自行开发研制大型风力发电机组的能力，这种情况严重制约了我国风电的发展。在风力发电的技术问题上，我国还没有真正地掌握其核心技术——风电技术，而仅仅掌握定桨距调节技术是远远不够的。与世界上其他国家相比，我国对变速恒频以及变桨距调节技术都涉及甚浅，这无形之中增加了我国风电成本。要想提高我国风力发电技术，就要加强与发达国家的交流，学习他们的先进技术，尽快实现风力发电机组国产化和掌握世界主流的风力发电技术，以提高风电的自主创新能力和国际竞争力。

1.1.3　风力发电未来发展方向

1. 风电优势好

风电是可再生能源，无需采挖，其性价比正在形成与煤电、水电的竞争优势。风电的优势在于能力每增加一倍成本就下降 15%，近几年世界风电增长一直保持在 30% 以上。随着中国风电装机的国产化和发电的规模化风电成本可望再降。因此越来越多的投资者把资金洒向了风电。

2. 市场前景好

我国的风能资源丰富，理论储量为 16 亿 kW，实际可利用 2.5 亿 kW，有巨大的发展潜力，预计未来很长一段时间都将保持高速发展。随着技术的逐渐成熟，盈利能力也将稳步提升。"十三五"期间，我国风电将新增装机容量 8000 万 kW 以上，其中海上风电新增容量 400 万 kW 以上。

3. 风电场低压穿越能力

低电压穿越不仅仅是一个技术问题，而是一个综合问题。低电压穿越是对风机整体和风电场的要求，不能片面地理解为对单个风机或者是风机特定部件的要求，作为风机主机厂家，应全面客观地理解低电压穿越要求，从风机整体考虑去满足电网导则的要求，这也是未来风机发展的重要研究内容之一。

4. 海上风电技术

在海上建设风电场，所需风电设备的技术含量要大大超过陆上风电。我国的风机制造企业，由于起步较晚，技术水平相比国外普遍落后，目前国内企业制造的大型风机，存在着稳定性不足的问题，而海上风机的修理时间较长，且成本非常高，这样也间接推高了海上风电场的投资成本。在经营风险较大的情况下，一些企业对海上风电领域内的投资采取了观望的态度。除了风机技术外，输电技术也是制约海上风电开发的关键技术。要想解决海上风电的并网问题，我国需建设安全、稳定和高效运行的智能电网。

海洋工程技术在海上风电的开发过程中，同样是不可缺少的关键技术。海上风电设备研制和风电场的建设可以说是海洋工程装备设计研发的一个重要领域，或者说是海洋工程装备的重要拓展领域。目前海上风电场大都位于水深 20m 左右的近海海域，采用固基的着底式风电机塔。今后将逐步向水深 100m 甚至几百米的海域发展，浮基海上风电场将是一种经济性和实用性兼顾的重要发展方向。

5. 规范化体系建立

目前国内的风电制造行业中，对于整机设计及部件的检测技术、检测手段等，主要采用欧洲的标准。由于欧洲的环境条件与中国的差异较大，因此亟待建立符合中国国情的标准规范体系。另外，国内的认证机构也需进一步建立、健全和壮大，深入研究从风机整机设计，到变桨系统、偏航系统、液压系统、变流器、制动系统、电气系统、冷却系统等部套系统功能的检测技术及标准。

6. 风电并网控制方法

风能是取之不尽、用之不竭的绿色能源，但并网技术一直是我们关心的问题，究竟是采用哪种并网方式最合理、最高效，还要根据当地的风能情况来定并网方法。当今的电力电子技术在风电机组的控制，电能转换以及电能质量的改善方面都起着举足轻重的作用，实际中还要考虑以下几个方面：

（1）选择适当的电力电子变换器匹配变速风力发电系统才能增加风能的利用效率和减小电力电子变换器的能量消耗。

（2）为减小电网和风力发电机的故障恢复时间应增加无功动态补偿装置 SVC 或 TSC 等。

（3）每个控制系统都有各自的适应性，针对不同的风场还要具体的考虑。

1.2　风力发电机组构成

1.2.1　风力发电原理

风力发电机可由叶轮和发电机两部分构成，如图 1-1 所示。风力发电是利用风力带动风车叶片旋转，再透过增速机将旋转的速度提升，来促使发电机发电。简单地说，就是把风的动能转换成机械能，再把机械能转换为电能。

但图 1-1 所示的风力发电机发出的电时有时无，电压和频率不稳定，是没有实际应用价值的。一阵狂风吹来，风轮越转越快，系统就会被摧垮。为了解决这些问题，现代风机增加了齿轮箱、偏航系统、液压系统、刹车系统和控制系统等，现代风机的示意图如图 1-2 所示。

齿轮箱可以将很低的风轮转速（600kW 的风机通常为 27r/min）变为很高的发电机转速（通常为 1500r/min），同时也使得发电机易于控制，实现稳定的频率和电压输出。偏航系统可以使风轮扫掠面积总是垂直于主风向。要知道，600kW 的风机机舱总重 20 多吨，使这样一个系统随时对准主风向也有相当的技术难度。风轮是把风的动能转变为机械能的重要部件，它由螺旋桨形的叶轮组成。当风吹向桨

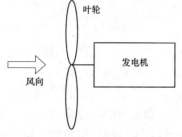

图 1-1　风力发电机的构成

叶时，桨叶上产生气动力驱动风轮转动。桨叶的材料要求强度高、质量轻，目前多用玻璃钢或其他复合材料（如碳纤维）来制造。在停机时，叶片尖部要甩出，以便形成阻尼。液压系统就是用于调节叶片桨矩、阻尼、停机、刹车等状态的。

控制系统贯穿风力发电机的每个部分，相当于风电系统的神经中枢。风力资源丰富的地区通常都是边远地区或是海上，分散布置的风力发电机组通常要求能够无人值班运行和远程监控，这就对风力发电机组的控制系统的自动化程度和可靠性提出了很高的要求。就 600kW 风机而言，一般在 4m/s 左右的风速自动启动，在 14m/s 左右发出额定功率。然后，随着风速的增加，一直控制在额定功率附近发电，直到风速达到 25m/s 时自动停机。现代风机的存活风速为 60～70m/s，也就是说在这么大的风速下风机也不会被吹坏。要知道，通常所说的 12 级飓风，其风速范围也仅为 32.7～36.9m/s。风机的控制系统，要在这样恶劣的条件下，根据风速与风向的变化，对机组进行优化控制，在稳定的电压和频率下运行，自动地并网和脱网。并监视齿轮箱、发电机的运行温度，液压系统的油压，对出现的任何异常进行报警，必要时自动停机。

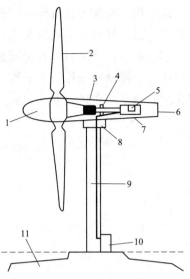

图 1-2　现代风机示意图
1—轮毂；2—叶片；3—齿轮箱；
4—制动系统；5—控制系统；6—机舱；
7—发电机；8—偏航系统；9—塔架；
10—风电机组供电系统；11—基座

1.2.2　风力发电机组构成

风力发电机是将风能转换为机械功的动力机械，又称风车。广义地说，它是一以大气为工作介质的能量利用机械。

机舱：安装在塔筒上并能绕塔筒转动，它支撑、固定和保护着转子系统、传动系统、发电机系统等机舱，包容着风力发电机的关键设备（齿轮箱、发电机）。维护人员可以通过风力发电机塔进入机舱。转子系统安装在机舱的前端，测风装置安装在机舱壳体上面。

转子叶片：风力发电机上最基本、最重要的部件之一，它从风中获取能量带动轮毂转动，进而带动齿轮箱及发电机转动进行发电。现代 600kW 风力发电机上，每个转子叶片的测量长度大约为 20m；而在 5MW 级别的风电机上，叶片长度可以达到近 60m。叶片的设计很类似飞机的机翼，制造材料却大不相同，多采用纤维而不是轻型合金。

轴心：转子轴心附着在风力发电机的低速轴上。

低速轴：风力发电机的低速轴将转子轴心与齿轮箱连接在一起。在现代 600kW 风力发电机上，转子转速相当慢，为 19～30r/min。轴中有用于液压系统的导管，来激发空气动力闸的运行。

高速轴及其机械闸：高速轴以 1500r/min 运转，并驱动发电机。它装备有紧急机械闸，用于空气动力闸失效时或风力发电机被维修时。

齿轮箱：齿轮箱连接低速轴和高速轴的变速装置，它可以将高速轴的转速提高至低速轴的 50 倍。

发电机：将旋转的机械能转换成电能输出。风力发电机上通常采用两种类型的发电机，同步发电机、异步发电机以及它们的各种变换形式。

偏航装置：将风机的叶轮调整到正对风的来流方向，以便叶片能获取最大的能量。偏航装置由电子控制器操作，电子控制器可以通过风向标来感觉风向。图 1-3 中显示了风力发电机偏航。通常，在风改变其方向时，风力发电机一次只会偏转几度。

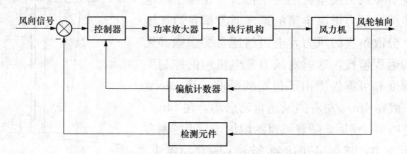

图 1-3 风力发电机偏航系统原理图

电子控制器：一般都使用一台或多台不断监控风力发电机状态的计算机，用于控制偏航装置。一旦风电机发生故障（即齿轮箱或发电机的过热），该控制器可以自动停止风电机的转动，并通过网络信号通知风电机管理中心。

液压系统：用于重置风力发电机的空气动力闸。

冷却元件：发电机通常采用的冷却方式为气冷，也就是通过一个风扇进行冷却，水冷却方式在个别发电机也有采用。此外，它包含一个油冷却元件，用于冷却齿轮箱内的油。

塔筒：支撑着发电机、齿轮箱、转子系统等几百吨质量。另外塔筒要少承受来自机舱的所有动载荷。通常高的塔具有优势，因为离地面越高，风速越大。现代 600kW 风汽轮机的塔高为 40～60m。它可以为管状的塔，也可以是格子状的塔。管状的塔对于维修人员更为安全，因为维修人员可以通过内部的梯子到达塔顶。格状的塔的优点在于它比较便宜。

风速计及风向标：用于测量风速及风向。

1.3 风力发电对电网稳定性的影响

电力系统的稳定性是指在给定的初始运行方式下，系统受到物理扰动后仍能够自动获得运行的平衡点，并且在该平衡点大部分系统状态量都未越限，从而保持稳定的能力。随着风力发电技术的不断进步，单台风力发电机组容量越来越大。目前，世界上主流风力发电机组额定容量一般为 1～2.5MW，单台风力发电机组的最大额定容量已经可以达到 6MW，因此风电场也能够比以往具有更大的装机容量。随着风电装机容量在各个国家电网中所占的比例越来越高，对电网的影响范围从局部逐渐扩大。目前，从全世界的范围来看，风电接入电网出现了与以往不同的特点，表现为：

（1）单个风力发电场容量增大。目前，国内已经有多个规划中容量高于 100MW 的风电场，在未来数年中，甚至可能出现 1000MW 的大型风电基地。

（2）风电场接入电网的电压等级更高，由以往接入配电网而发展为直接接入输电网络。增加的风电接入容量与接入更高的电压等级使得电网受风电的影响范围更广。

（3）由于风力发电机组往往采用不同于常规同步发电机的异步发电机技术，其静态特性及电网发生故障时的暂态特性与传统同步发电机也有很大不同。无论风电场装机容量大小、采用何种风力发电机组技术，风电接入电网都会对接入地区电网的电压稳定性带来不同程度的影响。而在风电穿透功率较大的电网中，风电接入除了会产生电压稳定问题外，由于改变了电网原有的潮流分布、线路传输功率与整个系统的惯量，因此风电接入后电网静态电压稳定性、暂态稳定性及频率稳定性都会发生变化。

大量风电的接入势必替代电网中部分同步机组，这部分同步机组的调频调压能力必须由其他同步机组或风力发电机组来承担。因此，国外越来越多的电网公司对于接入电网的大型风电场也提出更高的要求，如有功功率控制能力、无功电压调整能力及风力发电机组的故障穿越能力（low voltage ride through，LVRT）。目前，欧洲各国及美国的风电并网导则都有类似的要求。

我国 2009 年 2 月颁布的《国家电网公司风电场接入电网技术规定（修订版）》也已体现了这方面的要求。从这个观点来看，对于以后越来越大型化的风电场，已经开始具备了常规发电厂的特性；而由于变速风力发电机组技术的进步及电力电子变频器在风力发电中的应用，其电压调整能力甚至是部分的调频能力已经逐步可以在风力发电机组中实现。

1.3.1　静态电压稳定性

稳态情况下，风电并网的一个显著特点就是引起接入点的稳态电压上升。有研究指出，对于大规模分布式发电并入电网，只要其注入的功率约小于所接入电网的整体负荷功率的两倍，就可以减少线路上的功率损失，从而提升电压水平，因此风力发电并入电网总体上来说是会改善系统的稳态电压分布状态的，但其改善程度随风力发电机的类型、风电场的接入位置、风电场的容量、接入电网系统的 X/R 比值的不同而有差别，如果选择不当会导致过电压。

静态电压稳定性可以通过潮流计算获得的负荷曲线来表征，这种也可以用来定义风电场输送到电网的最大风能。静态电压稳定性分析方法是基于潮流方程和修改过的扩展潮流方程，电压失稳主要是由于网络输送功率能力的制约和系统元件固有的动态特性，因此分析电压稳定性时必须考虑与其相关的系统元件特性。

有研究表明，一方面风电场的有功输出功率使负荷特性极限功率增大，增强了静态电压稳定性；另一方面风电场的无功需求则使负荷特性的极限功率减少，降低了静态电压稳定性，但只要系统的无功供给足够多，则整体上可以认为风电场的并网增强了系统的静态电压稳定性。也就是说，风电并网对电网静态电压稳定性的影响可以是正面的也可以是负面的，它跟风力发电机的运行点密切相关。

1.3.2　动态电压稳定性

大规模风电并网引起的电压稳定性一般认为属于动态范畴，因此很多文献都是围绕动态电压稳定性展开的，即研究的是受扰动（风速扰动、三相短路故障）后整个系统的电压稳定性问题。影响动态电压稳定性的因素较多，现对其中的一部分进行讨论。

网络特性对电压稳定性的影响：

1. 电网的强弱

电网的强弱可以用风电场接入点的短路容量来表示，一个系统某点的短路容量是指该点的三相短路电流与额定电压的乘积，是系统电压强度的标志。短路容量大，表明网络强，负荷、并联电容器或电抗器的投切不会引起电压幅值大的变化；相反，短路容量小则表明网络弱。短路容量比 K 是指在确定接入风电场的装机容量时，通常采用基于耦合点的短路容量，可用风电场的装机容量与连接点的短路容量之比表示短路容量比。短路容量比 K 是确定接入风电场装机容量的主要依据，用来区分风电接入的系统是"强电网"还是"弱电网"。

电力系统中电压变化与短路容量的关系可由下式表示：

$$\frac{\Delta U}{U} \infty \frac{Q}{S_{sc}} \qquad (1-1)$$

式中：S_{sc} 为短路容量。

从式（1-1）中可以推出，短路容量大，由扰动引发的电压变化量就小，易于扰动后的电压恢复。大型风电场接入强电网时，在发生三相短路故障后，即使没有动态无功补偿，电压也会恢复，而且在强电网中一般不会发生电压崩溃，而是易发生过电压。另外，风电接入强电网，有利于变速风力发电机转子逆变器的快速恢复，以便进行无功和电压控制。若大规模风电场接入弱电网时，若发生不可控制的电压降落，由于缺乏足够的动态无功补偿，则会有电压崩溃的危险。

2. X/R 的比值

对于 X/R 比值低的线路，分布式发电系统需要用有功功率来进行有效电压控制；对于 X/R 比值较高的线路，要依靠无功功率来改善电压状况。在风力发电系统中，风能是一个不可预测的能源，有功功率随风速变化而不断变化。如果风电场与电网连接线路的 X/R 比值比较低，那么在风速波动较大的情况下，会使电网电压有较大幅度的波动，严重时将危及系统的电压稳定。而在用 X/R 比值较高的线路时，可以装设无功补偿设备来抵消随风速变化的有功功率引起的电压波动。因此，选择合适的线路 X/R 比值有利于风电并网系统的电压稳定性。

3. 低电压穿越能力（LVRT）

LVRT 功能是指风力发电机组端电压降低到一定值的情况下，风力发电机组能够维持并网运行的能力。

在实际运行中，电网系统的瞬态短路而引起电压暂降是比较容易出现的，而其中绝大多数的故障在继电保护装置的控制下在短暂的时间（通常不超过 0.8s）内能恢复，即重合闸。在这短暂的时间内，电网电压大幅度下降，风力发电机组必须在极短时间内做出无功功率调整来支持电网电压，来保证风力发电机组不脱网，避免出现局部电网内风电成分的大量切除导致系统供电质量的恶化。

德国等欧美国家都对风力发电机组的低电压穿越能力做出了强制性的规定。随着近年中国风电的迅速发展，某些局部地区已经出现了风电装机容量过高的情况，也出现了多次在电网瞬态短路时大量风电切出电网的事故。我国《国家电网公司风电场接入电网技术规定（修订版）》也提出了相应的要求，但不如国外标准详尽，2009 年的国家电网要求如图 1-4 所示。

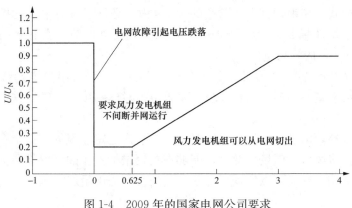

图 1-4　2009 年的国家电网公司要求

以德国 E. ON 公司 2006 年电网规约对风力发电机组 LVRT 能力的具体要求为例，如图 1-5 所示。

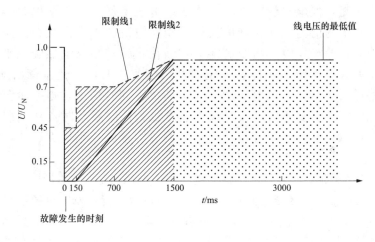

图 1-5　德国 E. ON 公司低电压穿越要求（2006 年）

在图 1-5 中：

（1）限值线 1 上方区域内的电压跌落不应使机组运行失去稳定或脱网。

（2）当电压跌落程度位于限制线 2 上方的阴影区域内时，要求：

1）发电机组不应脱网，但如果因为电网或发电机组的原因不能维持连接电网，那么在 E. ON 公司的允许下，可以改变限制线 2°，与此同时，要降低重合闸时间，并保证在故障期间有最小的无功功率输出。

2）如果在该阴影区域，单个的发电机组产生不稳定或发电机保护动作，在得到 E. ON 公司的同意后，明确的脱网行为是可以被允许的。在脱网后的 2s 内，必须实现重合闸。在合闸后，机组的有功功率必须以每秒恢复 10% 额定功率的速度恢复到初始值。

3）当电压跌落程度位于限制线 2 的下方区域时，是允许机组脱网的。在例外的情况下，如果得到 E. ON 公司的允许，重合闸时间超过 2s，以及有功功率恢复速度低于每秒钟 10% 额定功率也是可以接受的。

在电压跌落时，机组必须发出无功功率来支撑电压。当电压跌落超过10%时，机组必须进入电压控制模式。在识别到电压跌落的20ms内，必须实现对电压的控制，在机组出口的低压侧实现电压每跌落1%就能提供额定电流2%的无功电流。在必要的情况下，至少要能输出额定电流100%的无功电流。

在电压恢复300ms后，必须实现电压瞬态的平衡。如果机组离电网接入点很远，那么电压支撑的效果可能就不明显。E. ON公司要求根据对电网接入点电压跌落的测量结果来进行电压支撑控制。

除了上述影响外，由于风力发电机组对系统的暂态稳定极限等方面也有一定的影响，但在实现软启动后，将风力发电场分散接入能够在投资增加不大的情况下最大限度地减少风力发电场对系统的影响，并且可以实现风力发电场所发电力电量就近消化，也提高了风力发电送出的可靠性。

1.3.3 不同风电机组对电压影响

1. 定桨失速风力发电机组

当定桨失速风力发电机组的电网接入点电压下降或发生瞬时跌落时，异步发电机的机械转矩大于电磁转矩，发电机转差增加。当机端电压不低于允许下限时，异步发电机有能力在转差变化不大的情况下达到新的机械转矩与电磁转矩平衡状态。当系统电压下降幅度超过相应值时，异步发电机将没有能力重新使机械转矩与电磁转矩平衡，发电机转速将不断增加。如果电网电压不能在一定时间内恢复正常，上述平衡状态将无法恢复，风力发电机组将退出运行。若风电场中有大量的机组同时切出，则可能会危及电网的功角稳定。一旦电网电压恢复正常，大量风力发电机组同时启动时会从电网吸收大量的无功功率。如果定速风力发电机组容量占当地电网总容量的相当比例，就可能会影响电网电压的稳定性。

图1-6所示的是鼠笼式异步发电机的转差率S—电磁转矩T的曲线。若接入点电压高，则曲线也较高，在正常运行区域近似有$T_c \propto U^2$。设故障前异步发电机稳定运行于曲线A上的a点，滑差为S_a，在机端电压下降时，将造成发电机电磁转矩下降，输入机械转矩产生的过剩转矩导致异步发电机转子加速，滑差S在数值上开始增大。故障消失后，机端电压

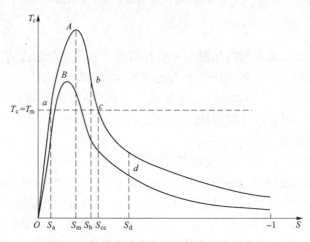

图1-6 鼠笼式异步发电机暂态稳定性分析

恢复，设异步发电机的滑差为 S_b，这时由于电磁转矩大于输入机械转矩，转子开始减速，滑差 S 在数值上开始减小，从 b 点沿着曲线 A 回到 a 点，机械转矩和电磁转矩平衡，但由于惯性转子继续减速越过 a 点，机械转矩大于电磁转矩，转子又开始加速，最终经过一系列振荡稳定在原来的运行点 a。

如果故障持续时间过长，假设故障消失后异步发电机的滑差为 S_d，则由于输入机械转矩大于电磁转矩，转子将持续一直加速，异步发电机失去稳定。也就是说，如果暂态电压下降造成的发电机转速上升不超过 c 点，异步发电机都能恢复到稳定状态。此外，当暂态电压下降而造成异步发电机转差增大时，发电机将吸收更多的无功功率，进一步促使电压下降。再者，如果电压下降时间过长，也将造成发电机运行曲线的下降，从而减小安全裕度。

静止无功补偿设备（如静止无功补偿器 SVC 或静止同步补偿器 STATCOM）可以在电压暂降的瞬态发出无功功率以稳定系统电压，这样能够改善定桨定速风力发电机组的低电压穿越能力，有利于系统电压的故障恢复。

2. 变速恒频风力发电机组

对广泛使用的双馈异步风力发电机组而言，在电网电压大幅度下降时，发电机转矩变得非常小，工作在低负载状态。由于发电机定子磁链不能跟随电压突变，会产生直流分量，而转速由于惯性并没有显著变化，较大的滑差就导致了转子线路的过电压和过电流。本质上，可认为发电机的电磁暂态能量并未改变，但电网电压下降导致发电机定子侧能量传输能力的下降，因而需要在转子侧加设暂态能量泄放通道来保护设备，通常为过电压保护电路（crowbar）。有源过电压保护电路的常见结构如图 1-7 所示。

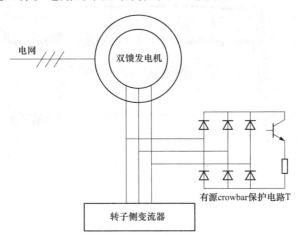

图 1-7　有源过电压保护电路的常见结构

当电网电压大幅度下降时，双馈发电机呈现出电感特性，从电网吸收大量的无功功率，如果没有无功功率的补充将加剧电网电压的崩溃。在有功功率基本为零的情况下，双馈风力发电机组被要求发出无功功率以支撑电网电压，即在短暂的瞬态表现为无功调相机，在电网电压恢复后，风力发电机组也恢复原有发电状态。此时，风力发电机组发出无功功率的能力主要取决于电压水平、发电机的特性参数和发电机侧 IGBT 桥的最大允许电流。

对于永磁同步发电机组而言，发电机与电网隔离，从而对电网故障的适应性完全由变流器来实现。在电网故障期间，永磁同步风力发电机不从电网吸收无功电流，因而在不进行无功功率补充的情况下也不会加剧电网电压崩溃。在电网电压跌落时，电网侧变流器可工作于静止同步补偿器（static synchronous compensator，STATCOM）状态，输出动态无功功率。由于同步发电机组所配备的变流器容量等同机组容量，所以发出无功功率的容量也比双馈发电机组的更大，更有利于电网电压的恢复。

与双馈发电机组类同，为泄放发电机的电磁暂态能量，永磁同步发电机组通常在变流器直流侧加设泄放电路来保护变流器和电容，如图 1-8 所示。

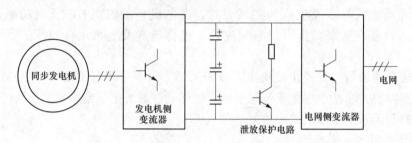

图 1-8　永磁同步发电机组的直流侧泄放保护电路

图 1-9 所示为电网低电压跌落过程中，风力发电机组输出有功功率和无功功率的变化过程，在电网电压恢复后，系统能很快恢复有功功率和无功功率。

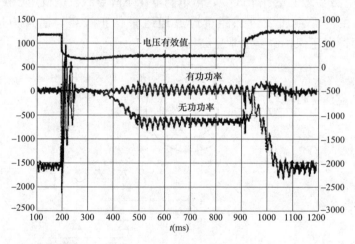

图 1-9　低电压穿越过程中的有功功率和无功功率控制

风力发电机组为实现低电压穿越，除了变流系统外，机组的变距系统和主控制系统都要做特殊的设计，以防止叶轮超速和控制失效。

1.3.4　低电压穿越（LVRT）技术

1. 低电压穿越及其控制要求

（1）当电力系统发生非永久性短路故障而造成电网电压下降时，危害极大。

吉林西部仅 2008 年就多次发生因小的电网故障造成方圆 200km 范围内的 40 万 kW 风电机组同时全部切除的现象；在甘肃玉门、甘肃安西、宁夏贺兰山风电场发生过类似的情况；甚至某些电气化铁路附近的风电场在机车经过时，也曾发生风电场内风电机组大部分甚至全部切除的现象。兆瓦级双馈感应风电机组如何在故障期间不脱离电网，即为了使风电机组在故障后及时向系统提供电压和无功的支持，如何避免故障期间对风电机组齿轮传动机构和转子电力电子变流器的损伤。

（2）综合考虑风电机组自身的安全性和新的入网规程要求。风力发电机组应满足要求：

1）当发生三相对地短路故障（电压跌落至 15%）时，风力发电机升压变压器高压侧与电网的连接，至少应维持 150ms（60Hz 时，9 个周期）而不脱网。

2）在发生不对称故障（如单相接地短路、两相相间或两相接地故障）时，风力发电机必须能够抵御和穿越低电压，直到断路器清除故障。发达国家风电运营商已开始要求新采购的风电机组具有低电压穿越能力。同时，风电制造商为了保证产品顺利销售，也采用了很多改进措施，以提高风电机组的低电压穿越能力，并通过专门机构测试。但当前制造商大多是凭经验增大转子测变流器的容量和齿轮箱静态转矩余量，结果是将风电机组的电流、电压应力转移到齿轮箱及大轴的机械应力，由于齿轮箱及大轴有一定的疲劳寿命周期，不会在测试时立刻就损坏。但这种方法势必给风电机组带来潜在的危害。

2. 采取措施

为减少系统故障期间风电机组转子上不平衡转矩对齿轮传动机构的损伤，常用控制方法有：

（1）无源转子泄放电路。包括无源转子泄放电路、转子泄放电路及电压钳位电路和保护电路。

（2）转子旁路加定子侧电力电子开关的组合电路需要同时加大电网侧变换器（GSC）和转子侧变换器（MSC）的容量。同时，不对称故障暂态期间电网侧变换器（GSC）连续保持有效的矢量控制以及故障后 20ms 快速并网等操作具有很高的难度。

（3）改进变换器控制算法提高低电压穿越能力的方法是以足够强大的励磁电源来抑制转子的感应电流作为基础的，但在电压跌落较大甚至到零值等极端情况下是不现实的。

（4）定子侧有源保护电路在剧烈暂态变化的极端不对称故障期间保持串联变换器（SGSC）有效的矢量控制也是难以实现的。

1.3.5　用于提高稳定性的能量储存技术

最近的经验指出，大规模风力发电厂的容量超过瞬时负荷的 10%～20%，就可能引起稳定问题。人们需要采用创新的解决办法来避免这种可能性，如采用柔性交流输电技术（FACTS）、高压直流输电（HVDC）以及能量储存技术。现在荷兰的风力发电承担的最高负荷已接近 10%，已经到达出现稳定问题的阈值上。要处理的基本问题为动态稳定性、短路功率以及电网升级。风力发电与其他独立电能生产者之间功率的平衡、功率的送出与进入以及高压电网的正常负荷也需要考虑。人们正在准备调节手段，以确保能控制这些大的波动功率源，而不牺牲系统的稳定性与电能质量。由于波动的风速导致一个星期内大型风力发电厂的功率输出能够围绕其平均值变化 ±50%，选择以下一种能量储存技术：电化学蓄电池（最便宜）、抽水蓄能（中等成本）以及压缩空气（最昂贵），可以平滑上述功率变化，使之成为恒定的功率输出。KEMA 研究了一个大型海上风力发电厂对能量储存的需求。恩斯林（Enslin）与鲍尔（Bauer）报告了他们的研究结果，他们估计一个 100MW 的风力发电厂可能需要一个最大功率为 20MW、具有 10MWh 容量的能量储存装置。表 1-1 列出了用于电网支撑的 10MWh 可供选择的能量储存技术的效率、寿命及成本情况，可见其成本还是相当高的。然而，如果要完成多种功能，选择能量储存技术可能会更加经济。

表 1-1　　　　　用于电网支撑的 10MWh 可供选择的能量储存技术

技术	循环一次的效率（%）	储存元件的寿命（年）	功率设备成本（欧元/kWh）	能量储存成本（欧元/kWh）
抽水蓄能	75	40	1800	300
压缩空气泵储能	60	30	1400	700
铅酸蓄电池	70	5	100	350

罗德里格斯（Rodriguez）等人已经研究了在电网规划与运行中有高比例的风力发电带来的影响，他们以西班牙电网规划在未来 5 年内风力发电容量将达 15 000MW 为特别的参考进行分析，研究的关键问题是那些与电力系统稳定性有关的问题，是基于动态仿真的结果进行分析的。为了实现这样大数值的新的风力发电容量，他们开发了采用笼型异步发电机与双馈异步发电机的风力发电厂的动态模型并在仿真中加以采用。

1.3.6　提高电压质量的途径

在经典的电力系统中，功率从中心发电站通过输电线路与配电线路经许多降压的变压器流向用户端。电压从发电端的最高值逐渐降落到负荷端的最低值，中间有一些变电站，其中分接头可调的变压器可提升电压。然而，如果有采用光伏发电与风力发电的分布式发电，功率就可以以分布的方式沿着线路注入系统（见图 1-10）。在这样的系统中，电压就不会逐渐降落；相反，电压会在功率注入点上升然后再下降（见图 1-11）。欧洲标准 EN50160 要求在低压网的供电点电压在标称电压的 ±10% 以内。然而，通常能够接受电压的 90%～106%。通过自动调节变压器分接头或其他手段调节电压，一般可将空载与满负荷情况之间的电压变化保持在 ±2% 以内。

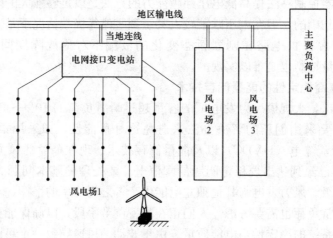

图 1-10　带风力发电厂的分布式发电
·—风力机

如果通过光伏发电或风力发电厂在空载与满负荷情况下注入功率，则系统电压可能升高超过限值。然而两种分布式电源对电网的影响不同。与风力发电厂相比，分布式的光伏发电一般可以较好地维持系统电压，因为在炎热而明亮的夏日，高负荷需求的时间与光伏发电高电力输出的时间相符。采用光伏发电注入有功功率不太适合于寒冷地区的电网，因为那里空

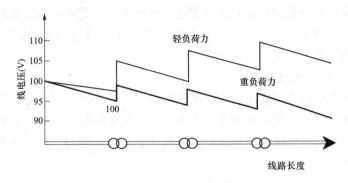

图 1-11　沿着功率线电压的降落与升高、功率线上有分布的
发电机与用于提升电压的变压器

调的使用有限。在这些地区，光伏发电厂大的功率输出通常与居民及工业部门低用电需求时间（如假期）相对应。类似的情况甚至在夏季假期期间温暖的国家也存在，这些国家在这时期的用电负荷很轻。

当系统运行在最小负荷时，可能不得不限制光伏发电发出的功率，以防止电压升高超过规定的限值。许多国家居民区的最小负荷，通常设定为最大负荷的 25%。在最小负荷时，如果电压已经达到最大值，没有光伏发电注入功率也是可以忍受的；而如果此时光伏发电注入功率，则将使电压更高。另一方面，在最大负荷时，如果光伏发电合理分布，则大量的光伏发电功率（高达线路负荷的 70%）也是可以接受的；或者如果光伏发电功率是注入到低压（LV）线路，甚至更大（高达该线路负荷的 14%）的功率也是可以接受的。如果系统处于仅为额定负荷 0~25% 的轻载情况，则光伏发电注入功率的限值可能分别为线路负荷的 0~20%。光伏发电注入功率的限值随系统从轻载到满负荷变化而线性增加。

因为允许的最大光伏发电注入功率受系统负荷的限制，所以是不经济的。利用配电变压器上的分接头，可以增加光伏发电的最大注入功率。在不带负荷时手动调节低压侧的分接头可以做到这点，或者通过高压侧的自动有载调节分接头来做到这点。自动调节分接头的变压器昂贵，而手动调节分接头的变压器则需要每年停电两次来调节分接头。

1.3.7　无功功率的主动控制

风力发电机组的无功功率调整能力有助于电网电压稳定和风力发电机组本身的稳定运行，但是对于机组控制性能也提出了更高的要求。除了考虑风力发电机组本身的特殊设计和容量外，也需要考虑变压器和电缆等能量传输设备的容量和风电场的控制能力。

在大量风电并网时，电网电压容易引起波动，而传统的电容组投切方式因其无功容量和电压的二次方成比例，因此，在很多情况下电容组的投切不能很好地起到保持电压稳定的作用。因此，在风电场使用基于电力电子技术的静态无功补偿设备作为主要无功调节设备将是未来的趋势。从长远来看，当局部电网接入大量风电时，为维持电网电压的稳定，不仅应有大量的容性无功后备容量，也应配置一定的感性无功后备容量。

虽然风电场配电站一般都具备有载调压、补偿电容组或静止无功补偿器，从控制速度和控制效果而言，在风力发电机组直接进行无功调整，对于电压稳定的影响是最直接的，风电场的调控设备是在总体上保证对电网输出的电能质量。如果在局部电网中，风电的比例较高，那么对于风电场的动态调控和在紧急情况下处理能力的要求将成倍增加。通常认为风电场的穿透功率极限约为 10%，即风电在局部电网容量中超过这一比例时将无法保证电网的稳定，但这也取决于局部电网的特性和控制能力。

1.3.8　对频率稳定性的影响

电力系统中的负荷和发电机组的有功功率随时发生着变化，当发电容量与用电负荷之间出现有功功率不平衡时，系统频率就会产生波动，出现频率偏差。频率偏差的大小及其持续时间取决于负荷特性和发电机组控制系统对负荷变化的相应能力。风电场被要求在表 1-2 所列的电网频率偏离下运行。

表 1-2　　　　　　　　　　　　　风电场频率异常允许运行时间

电网频率范围	要　　求
<48	根据风电场内风力发电机组允许运行的最低频率而定
48~49.5	每次频率低于 49.5Hz 时要求至少能运行 10min
49.5~50.5	连续运行
50.5~51	每次频率高于 50.5Hz 时，要求至少能运行 2min；并且当频率高于 50.5Hz 时，不允许停止状态的风力发电机组并网
>51	根据电网调度部门的指令限功率运行

传统的定桨失速风力发电机组不能控制自身的有功功率输出，因而在由风况变化而引起的有功功率输出变化时，只能依赖电力系统的频率调整装置进行电网频率调节。具备变桨系统的风力发电机组因其可控制叶轮吸收的机械功率，从而有能力控制自身有功功率的输出，但这也只能是以损失发电量为代价。

在一次调频时域范围内，分布在大片区域内的风力发电机组的风电功率波动相关性是很小的。对于一次调频来说，相对于常规发电厂跳机影响，风电功率短时波动完全可以忽略不计。

二次调频主要是在大的功率失衡出现后进行，以保证在每个控制区内的功率平衡恢复到所编排的发电计划中的约定值。二次调频是通过每个控制区内的中央自动发电控制（automatic generation control，AGC）来自动控制，其动作时间从几十秒到 15min。三次调频，又称 15min 备用，通常是由控制区内的调度手动调节，来替代二次调频，这样被占用的二次调频备用容量可重新供应。

当风力发电规模很大时，由于相互抵消作用，短期的风电功率波动（在二次调频时域范围 15min 内）并不很大，一般不超过风电装机容量的 3%。相对于常规发电厂跳机的影响，风力发电预测误差的短期波动是较小的，因此风力发电对二次调频没有更高的要求。

从经济的角度来说，对于持续时间较长的功率偏差，应该用三次调频来补上。在常规电力系统中，功率偏差由发电厂跳机和负荷预测误差造成。随着系统中风力发电的比例增大，由于风力发电预测误差的影响越来越明显，这时不仅需要正功率备用（实际风电功率低于预测值时），而且也需要负功率备用（风电功率高于预测值时）。从功率备用可行性来看，抽水蓄能电站或许是最好的选择。

1.4　风力发电对电能质量的影响

1.4.1　电压偏差

电压偏差为实际供电电压与额定供电电压之间的差值。通常用百分数来表示

$$\Delta U_{\mathrm{d}} = \frac{U - U_{\mathrm{N}}}{U_{\mathrm{N}}} \times 100\% \tag{1-2}$$

式中：ΔU_{d} 为电压偏差，U 为实际电压；U_{N} 为额定电压。

供电系统在正常时，各节点的电压会随运行方式变化发生改变而偏离系统电压的额定值。

电压偏差属于电压波动的范畴，但电压偏差强调的是实际电压偏离系统标称电压的数值，与偏差持续时间无关。引起电压偏差的因素有无功功率不足、无功补偿过量、传输距离过长、电力负荷过重或过轻等，其中无功功率不足是造成电压偏差的主要原因。

电力系统中的负荷及风力发电机组的有功功率随时发生变化，网络结构随着运行方式的改变而改变，系统故障等因素都将引起电力系统功率的不平衡。电力系统无功功率平衡的基本要求是电力系统中的无功电源可以发出的无功功率应该大于或等于负荷所需的无功功率和网络中的无功损耗。系统的无功功率不平衡意味着将有大量的无功功率流经供电线路和变压器，由于线路和变压器中存在阻抗，造成线路和变压器首末端电压出现差值。

若不考虑线路电容分布影响，当系统由普通异步发电机的恒速风电机组接入时，机组运行发出有功功率的同时需吸收无功功率，当送出有功功率增长时，线路电抗消耗的无功功率也会增大，整个风电场的无功功率需求较大；当由变速恒频机组组成的风电场接入时，由于变速机组的交流励磁控制技术以及有功功率、无功功率的解耦控制是该机组具有一定的无功功率调节能力，可以按照系统的运行方式的要求，风电机组吸收或发出无功功率进行电压控制，但当风速较高，机组有功功率较大时，输出有功功率而在线路上消耗无功功率，也会产生电压降落。

风电场的无功电源主要包括风力发电机组以及风电场的无功补偿装置。首先应该合理利用风力发电机组的无功容量和它的调节能力，因为如果仅仅依靠风力发电机组的无功容量是不能满足系统电压调节的需要的，那么就需要考虑到在风电场加装无功补偿装置。风电场无功补偿装置可以采用分组投切的电容器或者是电抗器组，必要时则采用连续调节的静止无功补偿器或者是其他的更为先进的无功补偿装置。

1.4.2　电压波动和闪变

电压波动和闪变是风力发电对电网电能质量的主要负面影响之一。电压波动为一系列电压变动或工频电压包络线的周期性变化。电压波动的危害表现在照明灯光闪烁、电视机画面质量下降、电动机转速不均匀和影响电子仪器、计算机、自动控制设备的正常工况等。在配电系统运行中，这种电压波动现象有可能多次出现，变化过程可能是规则的、不规则的，或是随机的。电压波动的图形也是多种多样的，如跳跃形、斜坡形或准稳态形。

在风力发电场的接入和退出过程中，可能由不同步或者能量缺额等原因造成较大的系统电压波动。由于风力的波动性，常常需要启动和停运风力发电场，这可能使配电网的电压常常发生波动。风速变化、塔影效应、风剪切、偏航误差等因素均会引起风电机组输出功率的

波动，尤其是平均风速和湍流强度。随着风速的增大，风力发电机组产生的电压波动也不断增大。当风速达到额定风速并持续增大时，定桨失速风力发电机组因叶片的失速效应而使得电压波动减小；变速恒频风力发电机组因为能够平滑功率波动，产生的电压波动也将开始减小。湍流强度对电压波动的影响较大，二者几乎呈正比增长关系。

抛开风况的影响还有风电机组的特性外，风电机组接入系统的电网结构后，也对电压波动和闪变有较大的影响。代表电网强度的参数主要有带公共连接点的电源阻抗、电网线路的阻抗和感抗之比、传统发电系统的容量和风电机组容量的比等。风电场公共连接点的短路比和电网线路的风力是引起风电机组电压波动和闪变的主要因素，公共连接点处节点短路的容量越大，风电机组引起的电压波动和闪变就越小，适当的风力可以有效地使有功功率引起电压波动被无功功率引起的电压波动补偿掉，进而使总的平均闪变值有所降低。

并网风电机组不仅在持续运行过程中产生电压波动和闪变，而且在启动、停止和发电机切换过程中也会产生电压波动和闪变。典型的切换操作包括风电机组启动、停止和发电机切换，其中发电机切换仅适用于多台发电机或多绕组发电机的风电机组。这些切换操作引起功率波动，并进一步引起风电机组端点及其他相邻节点的电压波动和闪变。国外有研究文献分别计算了定桨失速和主动失速风力发电机组在切换过程中产生的电压波动，并与持续运行过程中产生的电压波动做了比较。由于启动时无法控制风力发电机组转矩，所以定桨失速风力发电机组在切换过程中产生的电压波动要比持续运行过程中产生的电压波动大。对于主动失速风力发电机组，结论是相反的。

风电并网引起的电压偏差问题，属于风电场规划和控制的问题，是能够通过合理的系统设计、采取并联补偿等措施来限制的；而风电并网引起的电压波动问题是一个固有的问题，只要风力发电机组处于运行状态，其波动的功率输出就会对电网电压造成影响，只是影响程度大小不同而已。在某些情况下，电压波动闪变已经成为制约风电场装机容量的主要因素。从风力发电机组控制方面来讲，尽量控制功率输出的稳定就能最好地抑制电网电压波动和闪变。而控制功率输出的稳定则可以通过控制叶轮载荷稳定和优化功率控制两个方面来着手。从电力系统方面来讲，可以通过静止无功补偿器或有源电力滤波器等设备来降低电压波动。

闪变是人对灯光照度波动的主观视感。人对照度波动的最大觉察频率范围为 $0.05\sim35Hz$，其中闪变敏感的频率范围为 $6\sim12Hz$。衡量闪变的指标有短时间闪变值和长时间闪变值。短时间闪变值是衡量短时间（若干分钟）内闪变强弱的一个统计量值。短时间闪变值的计算不仅要考虑电压波动造成的白炽灯照度变化，还要考虑到人的眼和脑对白炽灯照度波动的视感。长时间闪变值由短时间闪变值推出，反映长时间（若干小时）闪变强弱的量值。

风力发电机组并网运行引起的电压波动源于其波动的功率输出，而输出功率的波动主要是由风速的快速波动，电网运行产生的 $1\sim2Hz$ 的周期性电压波动正好位于人眼对灯光照度波动最敏感的频率范围内，由此可能引起可察觉的闪变问题。定桨失速风力发电机组引起的闪变问题相对较为严重，通常情况下，变速恒频风力发电机组引起的闪变强度只相当于定桨失速风力发电机组的 $1/4$。

1.4.3 高次谐波

谐波问题是风电并网引起的另外一个电能质量问题。谐波的概念起源于声学，表示一根弦或者一个空气柱以本循环的频率倍数频率振动。把这个概念引入电学中，国际上公认的谐波定义为：谐波是一个周期电气量的正弦波分量，其频率是基波频率的整数倍，常称它为高次谐波。谐波对电力系统或并联的负载产生种种危害，危害的程度取决于谐波量的大小、现场条件等因素。

电力系统中，谐波是由非线性备的存在而造成的。不论何种类型的风力发电机组，发电机本身产生的谐波是可以忽略的，谐波电流的真正来源是风力发电机组中的电力电子元件。对于定桨失速风力发电机组来说，在持续运行过程中，没有电力电子元件的参与，因而也基本没有谐波电流的产生；当机组进行投入操作时，软并网装置处于工作状态，将产生部分谐波电流，但由于投入过程较短，这时的谐波电流注入实际上对电网的影响并不大。真正需要考虑谐波干扰的是变速恒频风力发电机组，这是因为其中的变流器始终处于工作状态，谐波电流的大小与输出功率基本呈线性关系，也就是与风速的大小有关。在正常状态下，谐波干扰的程度取决于变流器装置的设计结构及其安装的滤波装置状况，同时与电网的短路容量有关。

第 2 章　风力发电机组的启动及试运行

风力发电机组安装调试完成后，应根据制造厂推荐的程序方法进行试运行，以确信所有装置、控制系统和设备合适，安全和性能正常，能保证机组安全、稳定运行。

2.1　试运行的检查项目

试运行的检查项目内容包括：

（1）风力发电机组的调试记录、安全保护试验记录、250h 连续并网运行记录。

（2）按照合同及技术说明书的要求，核查风力发电机组各项性能技术指标。

（3）齿轮箱、发电机、偏航电动机、油泵电动机、风扇电动机转向应正确、无异声，满足运行要求。

（4）风力发电机组的集电环及电刷工作情况是否正常。

（5）液压系统、冷却系统、齿轮箱润滑系统等无漏、渗油现象。

（6）风力发电机组自动、手动启停操作控制是否正常。

（7）控制系统中软件版本和控制功能、各种参数设置应符合运行设计要求；各种信息参数显示应正常。

（8）风力发电机组各部件温度有无超过产品技术条件的规定。

（9）试运行时间按风力发电机组生产厂要求或生产厂与建设单位（业主）预先商定的条件，一般应为 500h，最少不得低于 250h。

2.2　机组试运行前应满足的条件

机组试运行前应满足的条件包括：

（1）风力发电机组的安装质量符合生产厂标准的要求，所有螺栓拧紧力矩均达到标准力矩值。

（2）相序校核正常，固定牢固，连接紧密，测量绝缘、电压值和电压平衡性符合要求。

（3）升压站、电网、机电设备及线路、控制系统及附属设施设备满足试运行要求。

（4）机组现场调试已完成，按照设备技术要求进行了超速试验、振动试验、飞车试验、正常停机试验及安全停机、事故停机试验，结果均符合要求。

（5）风力发电机组生产厂规定的其他要求均已得到满足。

（6）试运转情况正常，通过现场验收，具备并网运行条件。

（7）当地电网电压、频率稳定，相应波动幅度不应大于风力发电机组规定值。

（8）风力发电场对风力发电机组的适应性要求已得到满足，如对低温环境条件或抗强台风，防潮湿、多盐雾、沙尘暴等。

（9）试运行技术资料及相应文件准备完毕。

2.3　风力发电机组的启动、停机与并网

2.3.1　风电机组投入运行前应具备的条件

风电机组投入运行前应具备的条件包括：

（1）三相电源相序正确，三相电压平衡。

（2）制动系统和控制系统的液压装置的油压和油位在规定范围内。

（3）偏航系统处于正常状态，风速仪和风向标处于正常运行的状态。

（4）齿轮箱油位和油温在正常范围内。

（5）各控制电源开关在投入位置。

（6）控制计算机显示处于正常状态。

（7）手动启动前风轮叶片上应无结冰现象。

（8）确认各项控制功能完好。

（9）各项保护装置均在正确投入位置，且保护定值均与批准设定的值相符。

（10）在寒冷和潮湿地区长期停用和新投运的风力发电机组，在投入运行前，应检查绝缘合格后才允许启动。

（11）经维修的风力发电机组在启动前所有为检修而设立的各种安全措施应已拆除。

2.3.2　风电机组工作参数的运行范围

风电机组工作参数的运行范围包括：

（1）风速：自然界风的变化是随机的、没有规律的。风机正常运行所需风速（$3\sim25\text{m/s}$）在对应的风速等级为 $3\sim10$ 级，风机的额定风速为 12m/s（6 级风）。当风速为 $3\sim25\text{m/s}$ 时，只对风力发电机组的发电有影响，当风速变化率较大且风速超过 25m/s 以上时，则对机组的安全性产生威胁。

（2）转速：风力发电机组的风轮转速通常低于 40r/min，发电机的最高转速一般不超过额定转速的 30%，不同型号的机组数字不同。当风力发电机组超速时，超速保护动作，风力发电机组停运。

（3）温度：运行中风力发电机组的各部件运转将会引起温升，通常控制器环境温度应为 $0\sim30℃$，发电机温度小于 $150℃$，齿轮箱油温小于 $120℃$，传动等环节温度小于 $70℃$。由于温度过高引起风力发电机组退出运行，在温度降至允许值时，仍可自动启动风力发电机组运行。

（4）功率：在额定风速以下时，不做功率调节控制，只有在额定风速以上应做限制最大功率的控制，通常运行安全最大功率不允许超过设计值的 20%。

（5）电压：发电电压允许的范围在设计值的 10%，当瞬间值超过额定值的 30% 时，视为系统故障。

（6）频率：机组的发电频率应限制在 $50\text{Hz}\pm1\text{Hz}$，否则视为系统故障。

（7）压力：机组的许多执行机构由液压执行机构完成，各液压站系统的压力必须监控，由压力开关设计额定值确定，通常低于 100MPa。

2.3.3　风力发电机组的工作状态及状态转换

当风力发电机组加电之后，控制系统自检，然后再判断机组各部位状态是否正常。如果

一切正常，机组就可以启动运行。风电机组总是工作在以下的状态之一：

（1）运行状态。刹车打开，风电机组处于允许运行发电状态，发电机可以并网（变桨距处于最佳桨距角），自动偏航投入，冷却系统、液压系统自动运行。此时叶片处于自由旋转状态，如果风速较低不足以使风电机启动到发电，风电机组将一直保持自由空转状态。如果风速超过切入（并网发电）风速，风电机组将在风的作用下逐渐加速达到同步转速，在软并网的控制下，风电机组平稳地并入电网，运行发电；如果较长时间风电机组负功率，控制器将操作使发电机与电网解列。

主要特征：机械刹车松开；机组自动调向；液压系统保持工作压力；允许机组并网发电；叶尖阻尼板回收或变桨距系统选择最佳工作状态。

（2）暂停（手动）状态。这种状态是使风电机组处于一种非自动状态的模式，主要用于对、风电机组实施手动操作或进行试验，也可以手动操作机组启动（如电动方式启动），常用于维护检修时。

主要特征：机械刹车松开；液压泵保持工作压力；自动调向保持工作状态；叶尖阻尼板回收或变距系统调整桨叶节距角向 90°方向；风力发电机组空转。

暂停状态在调试风力发电机组时非常有用，因为调试风力机的目的是要求机组的各种功能正常，而不一定要求发电运行。

（3）停机状态。也称正常停机状态或手动停机状态，此时发电机已解列，偏航系统不再动作，刹车仍保持打开状态（变桨距顺桨），液压压力正常。

主要特征：机械刹车松开；液压系统打开电磁阀使叶尖阻尼板弹出，或变距系统失去压力而实现机械旁路；液压系统保持工作压力；调向系统停止工作。

（4）紧急停机状态。安全链动作或人工按动紧急停机按钮，所有操作都不再起作用，直至将紧急停机按钮复位。

主要特征：机械刹车与气动刹车同时动作；紧急电路（安全链）开启；计算机所有输出信号无效；计算机仍在运行和测量所有输入信号。

当紧急停机电路动作时，所有接触器断开，计算机输出信号被旁路，使计算机没有可能去激活任何机构。

风力发电机组工作状态主要有运行、暂停、停机、紧停几个层次，为确保风力发电机组的安全运行，通常提高工作状态层次只能一层一层地上升，而降低工作状态层次可以是一层或多层。用这种过程确定系统的每个故障是否被检测，当系统在状态转变过程中检测到故障，则自动进入停机状态。当系统在运行状态中检测到故障，并且这种故障是致命的，那么工作状态不得不从运行直接到紧停，而不需要通过暂停和停止。

1. 工作状态层次上升

（1）紧停—停机。如果停机状态的条件满足，则关闭紧急停机电路；建立液压工作压力；松开机械刹车。

（2）停机—暂停。如果暂停的条件满足，则启动偏航系统；对变桨距风力发电机组，接通变桨距系统压力阀。

（3）暂停—运行。如果运行的条件满足，则核对风力发电机组是否处于上风向；叶尖阻尼板回收或变桨距系统投入工作；根据所测转速，发电机是否可以切入电网。

2. 工作状态层次下降

工作状态层次下降包括 3 种情况：

（1）紧急停机。紧急停机也包含 3 种情况，即停止—紧停、暂停—紧停、运行—紧停。其主要控制指令为：打开紧停电路；置所有输出信号为无效；机械刹车作用；逻辑电路复位。

（2）停机。停机操作包含了两种情况，即暂停—停机、运行—停机。

暂停—停机：停止自动调向；打开气动刹车或变桨距机构回油阀（使失压）。

运行—停机：变桨距系统停止自动调节；打开气动刹车或变桨距机构回油阀（使失压）；发电机脱网。

（3）暂停。如果发电机并网，调节功率降到零后通过晶闸管切出发电机；如果发电机没有并入电网，则降低风轮转速至零。

2.3.4　风力发电机组的启动操作

风力发电机组的启动操作内容包括：

（1）风力发电机组的自动启动。自动启动可在无人值守的情况下，控制器监测各参数满足启动条件时，风力发电机组按计算机程序自动启动并入电网。

（2）风力发电机组的手动启动。手动启动有 4 种操作方式。当风速达到启动风速范围时，采取下列方法操作即可起机：

1）机舱操作。工作人员在机舱内部的控制盘上操作启动键，但机舱操作仅限于调试时使用。

2）主控室操作。在主控室操作计算机启动键。

3）现地操作。断开遥控操作开关，在风力发电机组的控制盘上操作启动按钮，操作后再合上遥控开关。

4）远程操作。在远程终端发出启动指令。

2.3.5　风力发电机组的停机操作

风力发电机组的停机操作内容包括：

（1）风力发电机组的自动停机。风力发电机组处于自动状态，当风速超出正常运行范围时，风力发电机组按计算机程序自动与电网解列停机。

（2）风力发电机组的手动停机。手动停机有 4 种操作方式。当风速超出正常范围时，采取下列方法操作即可停机。风力发电机组按计算机停机程序与电网解列停机。

1）机舱操作。在机舱的控制盘上操作停机键，但机舱上操作仅限于调试时使用。

2）主控室操作。在主控室操作计算机停机键。

3）现地操作。断开遥控操作开关，在风力发电机组的控制盘上操作停机按钮，操作后再合上遥控开关。

4）远程操作。在远程终端操作停机键。

（3）风力发电机组异常情况紧急停机。

当执行紧急停机指令时，立即切出补偿电容器组，发电机脱网，断开发电机。并同时将气动刹车与机械刹车投入，使风轮尽快停转。释放偏航系统归零，向上位机发送故障报告。最后，控制器停止对各项参数的监测，等待工作人员解除故障后，数据清零，重新启动。

（4）凡经手动停机操作后，须再按启动按钮，方能使风力发电机组进入自启动状态。

（5）故障停机和紧急停机状态下的手动启动操作风力发电机组在故障停机和紧急停机后，如故障已排除且具备启动的条件，重新启动前，必须按重置或复位就地控制按钮，才能按正常启动操作方式进行启动。

2.3.6 风力发电机组启动程序

风力发电机组的整个启动过程可分为 4 个步骤。风力发电机组启动程序如图 2-1 所示。

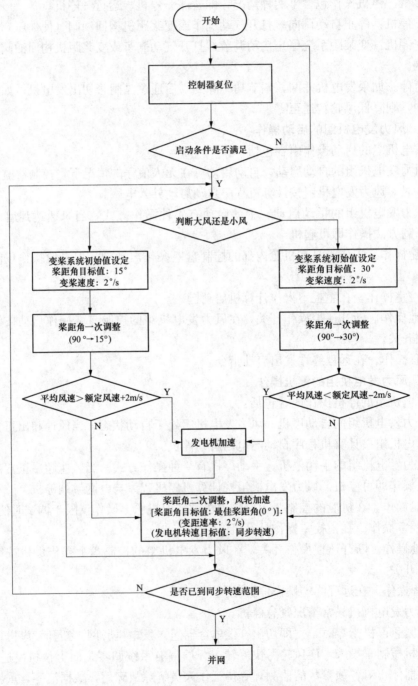

图 2-1 风力发电机组启动程序

（1）准备状态。控制器复位，判断启动条件是否满足。在风速、温度等外部因素都满足启动条件的前提下，机组进入启动准备状态。此时，控制器会检查润滑系统、液压系统等是否工作正常，并要求变流器做好准备。在变流器已正常并处于待机状态后，使能变桨系统，随后机组开始启动。

（2）启动。根据此时风速大小，启动分为小风启动和大风启动两种情况。

1）小风启动：若当前平均风速小于等于额定风速（WD77-1500 为 11.2m/s，WD70-1500 为 11.5m/s），则进入小风启动状态。控制器进入桨距角一次调整状态，首先将桨距角目标值初始化为 15°，随后变桨系统以 2°/s 的速率开始变桨。如果在此过程中当前平均风速大于额定风速 2m/s，控制器随之将变桨目标值重新设定为 30°，转入大风启动状态。

2）大风启动：若当前平均风速大于等于额定风速（WD77-1500 为 11.2m/s，WD70-1500 为 11.5m/s），则进入大风启动状态。控制器进入桨距角一次调整状态，首先将桨距角目标值初始化为 30°，随后变桨系统以 2°/s 的速率开始变桨。如果在此过程中前平均风速小于额定风速 -2m/s，控制器随之将变桨目标值重新设定为 15°，转入小风启动状态。由于各款风力发电机组的启动策略略有不同，在风力发电机组启动时设定的变桨角度和变桨速度可能存在一定的差异。

（3）桨距角二次调整状态。控制器将桨距角目标值进行二次设定，调整为最佳桨距角（WD77-1500 为 0°，WD70-1500 为 -1.5°），并且将发电机转速目标值设定为风轮稳定运行时所允许的最低发电机转速，随后变桨系统以 2°/s 开始变桨，通过变桨系统的闭环控制，将发电机转速恒定在并网同步转速范围之内。转速在此范围内在持续一段时间之后，开始并网。

（4）并网。变流器检测到发电机转速已经在并网同步转速范围之内后，网侧变流器开始给直流母线电容充电。充电完成后，转子侧变流器根据发电机转速进行发电机转子励磁，励磁后会在发电机定子侧感应出电压，在检测到定子感应电压与电网电压同频率、同相位、同幅值之后，主空气开关合上，并网完成。风力发电机组开始正常发电。

2.3.7　风力发电机组停机程序

风力发电机组有 6 个不同的停机程序，见表 2-1。其中，前 4 个停机程序由状态机控制，后 2 个由安全系统控制。

表 2-1　　　　　　　　　　　　　　风力发电机组关机程序

关机程序	变桨系统动作	发电机动作	偏航系统是否继续运行	高速轴刹车是否动作
normal shut down	转矩设置减到 0，断开发电机；速度减到 0；变桨以正常速度到顺桨位置		是	否
fast shut down	快速顺桨	功率为 0 时断开发电机	是	否
grid loss shut down	快速顺桨	由电网故障断开发电机	可能	否
pitch battery shut down	变桨电池驱动顺桨	功率为 0 时断开发电机	是	否
safety system shut down	变桨电池驱动顺桨	立即断开发电机	否	否
e-stop button push shut down	变桨电池驱动顺桨	立即断开发电机	否	是（延时）

其中，normal shut down 关机程序仍然采取变桨变速闭环控制，而其他关机程序都是开环控制。在关机过程中，程序同时会检测变桨是否长时间没有动作，以便做出必要响应。

紧急关机程序（safety system shut sown）和紧停按钮关机程序（e-stop button push shut down）都是由安全系统触发，控制器将保持在紧急关机状态，直到整条安全链被复位为止。

2.3.8　风力发电机组的并网过程

风速仪检测风速，风向标检测风向并执行偏航操作，当平均风速高于 3m/s 时，风轮开始逐渐启动；风速继续升高，当风速高于 4m/s 时，机组可自启动直到某一设定转速，此时发电机将按控制程序被自动地连入电网。一般总是小发电机先并网，当风速继续升高到 7～8m/s，将切换到大发电机运行。如果平均风速处于 8～20m/s，则直接使大发电机并网。发电机的并网过程，是通过三相主电路上的三组晶闸管完成的。当发电机过渡到稳定的发电状态后，与晶闸管电路平行的旁路接触器合上，机组完成并网过程，进入稳定运行状态。为了避免产生火花，旁路接触器的开与关，都是在晶闸管关断前进行的。

1. 大小发电机的软并网程序

（1）发电机转速已达到预置的切入点，该点的设定应低于发电机同步转速。

（2）连接在发电机与电网之间的开关器件晶闸管被触发导通（这时旁路接触器处于断开状态），导通角随发电机转速与同步转速的接近而增大，随着导通角的增大，发电机旋转的加速度减小。

（3）当发电机达到同步转速时，晶闸管导通角完全打开，转速超过同步转速进入发电状态。

（4）进入发电状态后，晶闸管导通角继续完全导通，但这时绝大部分的电流是通过旁路接触器输送给电网的，因为它比晶闸管电路的电阻小得多。

2. 同步发电机并网

当风速超过切入风速时，桨距控制器调节叶片桨距角，使风力发电机组启动，当发电机被风力发电机组带到接近同步转速时，励磁调节器动作，向发电机供给励磁，并调节励磁电流使发电机的端电压接近于电网电压。在发电机被加速，几乎达到同步速度时，发电机的电动势或端电压的幅值将大致与电网电压相同。它们频率之间的很小差别将使发电机的端电压和电网电压之间的相位差在 0°～360°的范围内缓慢地变化。检测出断路器两侧的电位差，当其为零或非常小时，就可使断路器合闸并网。由于自整步的作用，合闸后只要转子转速接近同步转速就可以将发电机牵入同步，使发电机与电网的频率保持完全相同。

3. 感应发电机并网

当风速达到启动条件时风力发电机组启动，感应发电机被带到同步转速附近时（一般为同步转速的 98%～100%）合闸并网。

对于较大型的风力发电机组，目前比较先进的并网方法是采用双向晶闸管控制的软投入法。当风力发电机组将发电机带到同步转速附近时，发电机输出端的短路器闭合，使发电机组经双向晶闸管与电网连接，双向晶闸管触发角由 180°～0°逐渐打开，双向晶闸管的导通角由 0°～180°通过电流反馈对双向晶闸管导通角控制，将并网时的冲击电流限制在额定电流的 1.5 倍以内，从而得到一个比较平滑的并网过程。瞬态过程结束后，微处理机发出信号，利用一组开关将双向晶闸管短接，从而结束了风力发电机的并网过程，进入正常发电运行。

4. 电动机启动

电动机启动是指风力发电机组在静止状态时，把发电机用作电动机将机组启动到额定转速并入电网。电动机启动目前在大型风力发电机组的设计中不再进入自动控制程序。因为气动性能良好的叶片在风速 $v>4\mathrm{m/s}$ 的条件下即可使机组顺利地自启动到额定转速。

电动机启动一般只在调试期间无风时或某些特殊的情况下使用，比如气温特别低，又未安装齿轮油加热器时使用。电动机启动可使用安装在机舱内的上位控制器按钮或是通过主控制器键盘的启动按钮操作，总是作用于小发电机。发电机的运行状态分为发电机运行状态和电动机运行状态。发电机启动瞬间，存在较大的冲击电流（甚至超过额定电流的 10 倍），将持续一段时间（由静止至同步转速之前），因而发电机启动时需采用软启动技术，根据电流反馈值，控制启动电流，以减小对电网冲击和机组的机械振动。电动机启动时间不应超出 60s，启动电流小于小发电机额定电流的 3 倍。

第3章　风力发电机组的运行

3.1　风力发电机组的基本运行过程

以一台变桨距风力机—双速异步发电机构成机组的并网运行为例，说明风力发电机组的基本运行过程。有关它与并网定桨距风电机组、并网变转速调节风电机、离网型风力发电机和光伏电池组等联合运行风电机运行过程的细微差别，这里不再赘述。

图 3-1 给出风力发电机的基本运行过程，过程如下。

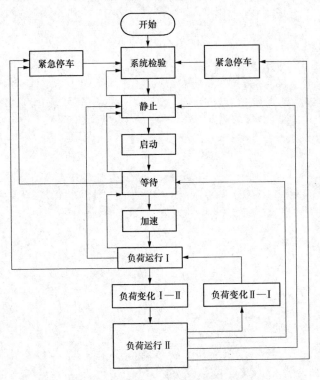

图 3-1　风力发电机的基本运行过程

1. 系统检验与启动准备

运行前控制系统对风速与风向、电网和风力发电机组的状态做自动测试结果满足以下标准时方能达到运行必备条件。

（1）电网：电网频率在设定范围之内；0.1s 内电压跌落值小于设定值；三相完全达到平衡；连续 10min 内，无过电压、低电压现象。

（2）风速与风向：连续 10min 时间，风速在风力发电机组运行风速范围内（3.0～25m/s），风向无突变。

（3）风电机组与控制系统：风轮叶片处于顺桨位置；发电机温度、增速器油温在规定值范围以内；液压油箱油位和轮润滑油箱油位正常；液压系统所有部位各自的压力都达到设定值；机械刹车摩擦片正常；电缆缠绕开关复位；控制系统 AC 24V、DC 5V、DC±15V 电源供电正常；非正常停机后，控制屏显示的所有排除；手动开关处在运行位置。

（4）启动准备。上述条件全部满足时，控制程序开始执行"风轮对风"与"制动解除"指令。

风轮对风：偏航角度通过风向仪测定。角度确定后延迟 10s，才执行向左或向右的偏航调整，以避免风向扰动情况下的频繁动作。调整前先释放偏航刹车，1s 后偏航执行机构根据指令执行左右偏航。偏航停止时，偏航刹车投入。

制动解除：当启动条件全部满足时，控制叶尖扰流器的电磁阀打开，压力油进入桨叶液压缸，扰流器被收回与桨叶主体合为一体。控制器收到扰流器回收信号后，压力油进入机械盘式制动器液压缸，松开盘式制动器。

2. 静止状态

风轮处于顺桨位置，机械刹车未投入，风轮缓慢转动，便于排出叶片中的积水，可消除额外的离心载荷，避免冬季结冰、胀裂叶片。此时，由操作台手动可使风轮停止。

3. 启动

按动正常运行按钮后，叶片达到叶尖 70°攻角的启动位置，风轮转动速度加快。

4. 等待状态

当风轮转速超过 3r/min，但此时风速尚不足以将风力发电机组拖动到切入的转速，或者风力发电机从小功率发电状态切出，还未重新并入电网时，机组自由转动，称为等待状态。这时控制系统已做好切入电网的一切准备：机械刹车已松开；液压系统的压力保持在设定值上；风况、电网和机组的所有状态参数均在控制系统连续检测之中。

5. 空载高速运行加速状态

控制桨距角使风轮加速到额定转速以下，在风轮超过某确定转速时，发电机转速和电网频率同步。

6. 低负荷（Ⅰ）运行

在转速接近小功率发电机同步转速的时刻，连接在发电机与电网之间的开关元件——晶闸管被触发导通（这时旁路接触器处于断开状态），晶闸管导通角随发电机转速与同步转速的接近而增大。当达到小功率发电机 1000r/min 的同步转速时，晶闸管导通角完全打开，经 1s 时间，旁路接触器吸合，发出吸合命令 1s 内应收到旁路反馈信号，否则旁路投入失败，正常停机；在旁路接触器吸合、晶闸管导通角继续完全导通的短暂时间内，绝大部分电流通过旁路接触器输送给电网，因为旁路接触器比晶闸管电路的电阻小得多；此后，在旁路反馈信号作用下，晶闸管停止触发，风力发电机组进入低负荷正常发电状态。

小功率发电机并网过程中，电流一般被限制在大发电机额定电流以下，如超出额定电流时间持续 3.0s，可以断定晶闸管故障，需要安全停机：由于并网过程是在转速达到同步转速附近进行的，这时转差率较小，冲击电流不大。

这一阶段的运行中，叶片叶尖攻角取最佳运行角（2°）。若 5min 内测量所得发电机功率值全部大于低负荷运行额定值，说明风速已足够使机组升到第Ⅱ级的高负荷段运行。

7. 负荷 Ⅰ-Ⅱ和负荷 Ⅱ-Ⅰ 的切换

执行从低负荷Ⅰ向高负荷Ⅱ的切换时，首先断开小发电机接触器，再断开旁路接触器；

此时，小发电机脱网，风力机带动发电机转速迅速上升，达到大发电机 1500r/min 同步转速附近时，执行大发电机的软并网程序。当 10min 内大发电机功率持续低于设定值时，控制系统将执行负荷Ⅱ-Ⅰ的切换。大发电机接触器和旁路接触器依次先后断开；脱网后，发电机转速将在原高于 1500r/min 基础上进一步上升。由于存在快速采样的转速连续检测和超速保护，只要转速低于超速保护的设定值，系统就开始执行小发电机的软并网，并由电网负荷将发电机转速拖到略高于小发电机的同步转速。

8. 高负荷（Ⅱ）运行

大发电机输出功率。部分负荷时，依据风速大小，调整发电机转差率使风力机尽量运行在最佳叶尖速比上。大风时变桨距功率调节系统由风速的低频分量和发电机转速控制，而风速高频分量产生的机械能波动则以发电机转速的迅速改变加以平衡，即通过发电机转子电流控制器以发电机转差率的变化吸收或释放风轮获得的瞬变风能，使风力机的输出功率特性达到理想状态。风速超过 30m/s，叶片叶尖攻角超过 30°时，风力发电机回到等待状态直到风小为止。

9. 正常停机

如风况仍无改善，机组将由等待状态返回到静止状态，甚至返回到停机状态（系统检测，见图 3-1）。上述运行步骤是自动进行的；故障发生时可自动停机，也允许手动停机，这有赖于运行这一时刻的故障情况是稳定、渐变的，还是不稳定、突发的。

10. 紧急停机

发电机与电网脱离，两部机械刹车同时投入，叶片顺桨起到空气动力刹车的作用，使机组很快停止下来。总之，从图 3-1 风力发电机组运行过程的箭头所指可以看出：高负荷（Ⅱ）运行状态处在最高层次，停机状态处在最低层次；提高机组的运行状态层次只能一步一步地上升，而要降低工作状态层次，则可以是一层层递降，也可以跨越多层式地完成。这种运行状态之间的转变方式是基本的控制策略，其主要出发点就是为确保机组运行的安全。

3.2 双馈式风力发电机组的运行

1. 交流励磁变速恒频技术

变速恒频发电是从 20 世纪 70 年代发展起来的一种新型发电方式。它将先进的电力电子技术引入发电机控制之中，获得了一种全新的、高质量的电能获取方式。

以下是变速恒频风力发电技术的优点：

（1）根据叶轮的气动特性，风力发电机组采用变速运行，使风力发电机组叶轮转速跟随风速的变化而变化，保持基本恒定的最佳叶尖速比，从而获得最大风能利用系数。

（2）采用适当的控制策略可以灵活地调节系统的有功功率和无功功率，这样可以在适当的情况下实现对电网功率因数补偿的作用。

（3）采用先进的脉宽调制（PWM）控制技术可以抑制谐波，减小开关损耗，提高效率，降低成本。

变速恒频发电技术的诸多优点受到了人们的广泛关注，使它越来越多地被应用到大型风力发电机组中。自 20 世纪 90 年代开始，国外新建的大型风力发电系统大多采用变速恒频方式，特别是兆瓦级以上的大容量风力发电机组。

目前广泛应用的是交流励磁变速恒频双馈风力发电技术，双馈式异步发电机（doubly fed induction generator，DFIG）是一种绕线式转子电机，定子直接接到电网上，转子在三相变流器的控制下实现交流励磁，保持定子恒频恒压输出，转子绕组端口的功率可以实现逆向流动，其流向取决于转子转速，如图 3-2 所示。一般情况下，其定子、转子同时向电网馈电，因此又称为双馈发电机。

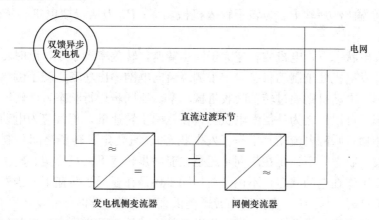

图 3-2　双馈型异步发电机的交流励磁变速恒频风力发电系统

2. 双馈电机运行原理及功率分析

在研究风力发电机及变流器特性之前，有必要先了解变速恒频双馈发电机组的基本原理，如图 3-3 所示。

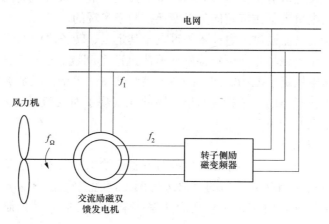

图 3-3　变速恒频双馈发电机组运行原理图

在变速恒频双馈发电机组运行过程中，定子绕组并网，而转子绕组外接转差频率电源实现交流励磁。当风速发生变化时，发电机转速随之变化，也就是 f_Ω 发生变化，若控制转子励磁电流的频率 f_2，可是定子频率 f_1 恒定，即可实现变速恒频发电，即

$$f_1 = n_p f_\Omega + f_2 \tag{3-1}$$

式中：f_1 为电网频率，Hz；f_Ω 为转子旋转频率，Hz；n_p 为发电机的极对数；f_2 为转子电流频率，Hz。

由式（3-1）可知，当双馈发电机的转速变化时，即 $n_p f_\Omega$ 变化时，可以控制 f_2 进行相应的变化，以使 f_1 保持恒定不变，实现变速恒频控制。

双馈电机充分地利用了转差能量，可以将其运行状态分为亚同步电动、亚同步发电、超同步电动、超同步发电 4 种。在不计损耗的理想条件下，双馈电机的功率传递关系可以表示成如下形式

$$P_1 = P_m + P_s \qquad\qquad (3\text{-}2)$$

式中：P_1 为定子输出功率；P_m 为转子输入机械功率；P_s 为从双馈电机转子侧输入的转差功率。

在超同步发电状态下，电机的转速大于同步转速，转差率小于零，此时转速方向与电磁转矩方向相反，发电机处于制动状态。定子侧绕组向电网输出功率，转子侧绕组同时向电网侧馈送转差功率，电动机则通过转轴吸收机械功率。亚同步运行状态，即转子转速低于同步转速的运行状态，可以称之为补偿发电状态（在亚同步转速下，正常应为电动机运行，但可以在转子回路中通入励磁电流使其工作于发电状态）。只要定、转子之间呈制动力矩，双馈电机就工作在发电状态，不论是在超同步还是在亚同步转速下。只要定、转子之间呈电动力矩，双馈电机就工作在电动状态，不论是在超同步还是在亚同步转速下。当发电机转速等于气隙磁场旋转速度时，$f_2 = 0$，变流器向转子提供直流励磁，此时 $s = 0$，$p = 0$，变流器与转子绕组之间无功率交换。由此可见，发电机励磁频率的控制是实现变速恒频的关键。

最大风能追踪控制实质上就是风力机组的转速控制。在追踪最大风能捕获的变速运行中，风力发电机组在不同风速下均能以保持风能利用系数 $CP = CP_{max}$。最大的最佳转速运行。而要保持恒定的 CP，可以通过调节发电机的有功功率来改变其电磁阻力转矩，进而调节机组转速。因此，发电机有功功率及无功功率的独立调节是风力发电机组变速运行控制的关键，这又是通过发电机定子磁链定向矢量变换控制来实现的。

双馈异步发电机的交流励磁发电技术关键在于其定子、转子之间的解耦及磁场定向的问题，利用坐标变换和定子磁场定向可以很好地解决这两个问题。通过矢量控制的基本原理，可以得出交流励磁发电机定子磁场定向下的系统控制框图。由于交流励磁发电机的空载并网可以看作是其正常工作状态的一个特殊情形，因此在实现了对交流励磁发电机的控制之后，可以进一步研究其空载并网策略。

3. 未并网时的变桨控制

控制系统根据额定功率、欠功率或发电机脱网状态给出所需要的桨距角给定值，变桨执行机构根据给定桨距角与当前桨距角的差值进行调节，将桨距角调整到满足系统要求的位置，并根据当前实际风速，给定桨距角变距速率。未并网时的变桨控制程序框图如图 3-4 所示。

（1）低风速段启动（风速小于 5m/s）。

当机组无故障，且满足风速为 3～5m/s 时，控制系统将桨距角定位至接近 45°的啮合角，提供高启动扭矩（如图 3-4 右上角所示）。

随着发电机转速的增加，系统控制叶片桨距角由 45°向 0°逐渐减小，直到发电机转速增加到并网转速值。启动完成后，桨叶停止在最大开桨位置（0°桨距角位置），以实现最大限度地捕获风能。但在风速非常低（如小于 3m/s）时，系统不对桨距角进行定位，以节约能量。

（2）中风速阶段（风速大于等于 5m/s 且小于等于 12m/s）。

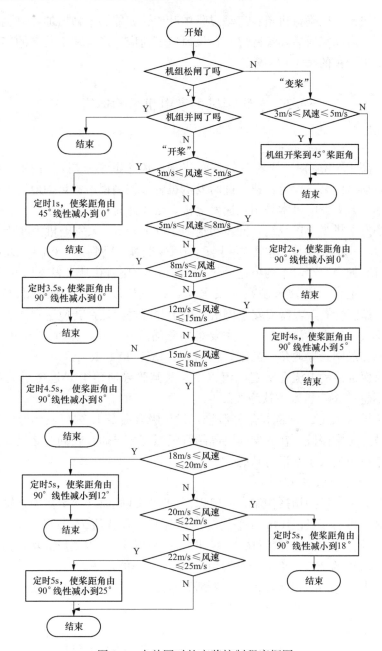

图 3-4　未并网时的变桨控制程序框图

当风速高于 5m/s 但低于额定风速时，控制系统无须对桨距角进行定位以获取最大启动扭矩的控制，桨距角将直接从 90°逐渐减小 0°。控制系统根据风速值大小选择桨距角减小的快慢，启动完成后，桨距角停止在最大开桨位置（0°桨距角位置），以实现最大限度地捕获风能。

（3）高风速阶段（风速大于 12m/s）。

当风速高于额定风速但低于启动最大允许风速值，即包含在风中的能量足够产生额定的功率时，控制系统调节桨距角从 90°逐渐减小至给定的桨距角值，并根据风速值大小选择叶片桨距角减小的快慢，以确保机组在启动过程中叶轮转速能够平稳增加，直至达到合适的条件使发电机并网。启动完成后，桨叶停止在该风速下对应于产生额定功率的桨距角位置，以实现风力发电机组平稳的额定功率输出。

3.3　定桨距风力发电机组的运行

1. 定桨距风力发电机组的并网

当平均风速高于 3m/s 时，风轮开始逐渐启动；风速继续升高，当平均速度高于 4m/s 时，机组可自启动直到某一设定转速，此时发电机将按控制程序被自动地连入电网。为提高发电机运行效率，风力发电机常采用双速发电机。低风速时，小发电机工作；高风速时，大发电机工作。小发电机为 6 极绕组，同步转速为 1000r/min，大发电机为 4 极绕组，同步转速为 1500r/min。一般总是小发电机先并网；当风速继续升高到 7～8m/s，发电机将被切换到大发电机运行。如果启动时平均风速处于 8～20m/s，则直接从大发电机并网。

并网过程中，电流一般被限制在大发电机额定电流以下，如超出额定电流时间持续 3.0s，可以断定晶闸管故障，需要安全停机。由于并网过程是在转速达到同步转速附近进行的，这时转差不大，冲击电流比较小，主要是励磁涌流的存在，持续 30～40ms。因此无需根据电流反馈调整晶闸管导通角。晶闸管按照 $0°$、$15°$、$30°$、$45°$、$60°$、$75°$、$90°$、$180°$ 导通角依次变化，可保证启动电流在额定电流以下。晶闸管导通角由 $0°$ 迅速增大到 $180°$ 完全导通，时间一般不超过 6s，否则被认为故障。

晶闸管完全导通 1s 后，旁路接触器吸合，发出吸合命令 1s 内应收到旁路反馈信号，否则旁路投入失败，正常停机。在此期间，晶闸管仍然完全导通，收到旁路反馈信号后，停止触发，风力发电机组进入正常运行状态。

2. 大小发电机之间的切换

小发电机向大发电机的切换控制，一般以平均功率或瞬时功率参数为预置切换点。采用平均功率参数时，机组一般以 10min 平均功率达到某一预置值 P_1 或以 4min 平均功率达到预置值 P_2 作为切换依据。采用瞬时功率参数时，一般以 5min 内测量的功率值全部大于某一预置值 P_1 或 1min 内的功率全部大于预置值 P_2 作为切换的依据。

小发电机向大发电机的切换过程：首先断开小发电机接触器，其次断开旁路接触器。此时，发电机脱网，风力将带动发电机转速迅速上升，在到达同步转速 1500r/min 附近时，执行大发电机的软并网程序。

在大发电机运行时，如果风速降低，执行大发电机向小发电机切换。当大发电机功率持续 10min 内低于预置值 P_3 时，或 10min 内平均功率低于预置值 P_4 时，作为大发电机向小发电机的切换依据。

大发电机向小发电机的切换过程：首先断开大发电机接触器，其次断开旁路接触器。由于发电机在此之前仍处于输出状态，转速在 1500r/min 以上，脱网后转速将进一步上升，应迅速投入小发电机接触器，执行软并网，由电网负荷将发电机转速拖到小发电机额定转速附近。由于存在过速保护和计算机超速检测，因此只要转速不超过超速保护的设定值，就允许执行小发电机软并网。

由于风力机是一个巨大的惯性体；当它转速降低时要释放出巨大的能量，这些能量在过渡过程中将全部加在小发电机轴上而转换成电能，这就必然使过渡过程延长。为了使切换过程得以安全、顺利地进行，可以考虑在大发电机切出电网的同时释放叶尖扰流器，使转速下降到小发电机并网预置点以下，再由液压系统收回叶尖扰流器。稍后，发电机转速上升，重新切入电网。

3.4　变桨距风力发电机组的运行

1. 变桨距风力发电机组控制的特点

（1）比定桨距风力机额定风速低、效率高；并且不存在高于额定风速的功率下降问题。

（2）改善机组的受力，优化功率输出。

（3）启动时控制气动转矩易于并网；停机气动转矩回零避免突甩负荷。

（4）叶根承受的静、动载荷小，刹车机构简单。

（5）功率反馈控制是额定功率不受海拔、温度、湿度、空气密度变化影响。

2. 运行状态

（1）启动状态——转速反馈控制，速度给定加升速率限制有利于并网。

变桨距风轮的桨叶在静止时，节距角为 90°，这时气流对桨叶不产生转矩，整个桨叶实际上是一块阻尼板。当风速达到启动风速时，桨叶向 0° 方向转动，直到气流对桨叶产生一定的功角，风轮开始启动。启动时，桨叶节距按所设定的变桨距速度将节距角向 0° 方向打开，直到发电机转速上升到同步转速附近，变桨距系统才开始投入工作。转速控制的给定值是恒定的，即同步转速，转速反馈信号与给定值进行比较，当转速超过同步转速时，桨叶节距就向迎风面积减小的方向转动一个角度，反之则向迎风面积增大的方向转动一个角度，当转速在同步转速附近保持一定时间后发电机即并入电网。

（2）欠功率状态——不控制（变速机组可通过追求最佳叶尖速比提高风机效率）。

欠功率状态是指发电机并入电网后，由于风速低于额定风速，发电机在额定功率以下的低功率状态运行。与转速控制相同的道理，在早期的变桨距风力发电机组中，对欠功率状态不加控制，这时的变桨距风力发电机组与定桨距风力发电机组相同，其功率输出完全取决于桨叶的气动性能。

近年来，为了改善低风速时桨叶的气动性能，以 Vestas 为代表的新型变桨距风力发电机组，采用了 OptitiP 技术，即根据风速的大小，调整发电机的转差率，即调节发电机的转速，进而带动转叶的速度，使其尽量运行在最佳叶尖速比上，以优化功率输出。当然，能够作为控制信号的只是风速变化稳定的低频分量，对于高频分量并不响应，这种优化只是弥补了变桨距风力发电机组在低风速时的不足之处，与定桨距风力发电机组相比，并没有明显的优势。

（3）额定功率状态——功率控制，为了解决变桨对风速响应慢问题，可通过调节电机转差率调速，用风轮蓄能特性吸收风波动造成的功率波动，维持功率恒定。

当风速达到或超过额定风速后，风力发电机组进入额定功率状态。在传统的变桨距控制方式中，这时将转速控制切换到功率控制，变桨距系统开始根据发电机的功率信号进行控制。控制信号的给定值是恒定的，即额定功率。功率反馈信号与给定值进行比较，当功率超过额定功率时，桨叶节距就向迎风面积减小的方向转动一个角度，反之则向迎风面积增大的方向转动一个角度。其控制系统框图如图 3-5 所示。

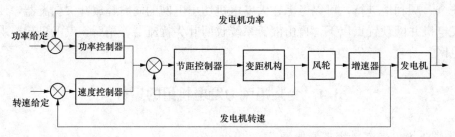

图 3-5　传统变桨距风力发电机组的控制系统框图

　　由于变桨距系统的响应速度受到限制，对快速变化的风速，通过改变节距来控制输出功率的效果并不理想。因此，为了优化功率曲线，最新设计的变桨距风力发电机组在进行功率控制的过程中，其功率反馈信号不再作为直接控制桨叶节距的变量。变桨距系统由风速低频分量和发电机转速控制，风速的高频分量产生的机械能波动，通过迅速改变发电机的转速来进行平衡，即通过转子电流控制器对发电机转差率进行控制，当风速高于额定风速时，允许发电机转速升高，将瞬变的风能以风轮动能的形式储存起来；转速降低时，再将动能释放出来，使功率曲线达到理想的状态。

　　3. 适合变距机组运行的地区

　　变距机组比较适于高原空气密度低的地区运行，避免了当失速机安装角确定后，有可能夏季发电低，而冬季又超发的问题。变桨距机组适合于额定风速以上风速较多的地区，这样发电量的提高比较明显。从今后的发展趋势看，在大型风力发电机组中将会普遍采用变桨距技术。

3.5　风力发电机的运行和安全性

　　风力发电机的运行是完全自动的，为保证大中型风电机组在多种恶劣环境下稳定可靠运行，必须采取必要的安全保护措施，以使在故障时能处于保护状态，并能指出故障运行时使运行停止，并达到不可逆转的保护状态。而机组容量越大，运行监控系统越复杂，要求也越高，造价就越高。在正常运行中的风力发电机的监控和保护应有两个功能：一种是随时可以手动停机；另一种是运行操作控制系统误操作时，没有误控制或非允许的运行情况发生，不允许由于极限值操作台外造成参数变化，或开关过程变化而产生机器动作。这一极限值尤为重要的是风轮超速极限，在故障时用来设计并保护不超过容许值。

　　期望风力发电机运行达到的目标首先是安全可靠，在故障发生时机组能处于保护状态，并能及时确定故障的原因；其次是按设计要求高效输出电能；再次是对小型风力发电机要求运行的自动化程度高，对大型风力发电机则要求完全自动操纵运行，尽管随着机组容量的增大，运行监控系统将更复杂，造价也就更高，但对于前面两目标而言，这是值得付出的代价。

　　1. 安全性方针

　　为了确保人身和风力发电机组的安全，以下各点是至关重要的：

　　(1) 设计无缺陷。风力机负载考虑周全、准确；预测风力机特性符合实际特性；结构合理、强度符合要求；安全和保护系统完善、设计无缺陷。

（2）制造、安装和维护时无缺陷。组装和整机安装质量良好，维修时能完全排除出现的问题和问题隐患。

（3）传感器灵敏、准确，无故障。

（4）电压、电流、断流容量、操作次数、温度等运行参数应符合要求。

（5）对突发灾难性气象、环境变故有预报，应对措施得当。

（6）杜绝运行操作人员可能发生的错误。

2. 安全系统设计和运行前安检中应遵循的原则

（1）风力发电机组必须有两套以上的制动系统，每套系统必须保证机组在安全运行范围内工作。必须使两套系统具有不同的工作方式，其动力源也应各自不同。

（2）故障发生时，至少一套系统有效动作，使风轮及时停车。

（3）在电网或负载丢失且一套制动系统失效时，其他制动系统必须能使风轮转速保持在最大转速 n_{max} 以下，并应能将风轮制动到静止。最大转速 n_{max} 应在设计阶段根据系统的固有频率和可能的不稳定性确定。

（4）用于对无空气动力刹车的失速型风力机超速时制动的机械刹车、转速测量传感器应设置在风轮轴（齿轮箱低速轴）上。

（5）安全系统执行使风轮停车或减速动作时，不允许手动操作，不允许产生对安全系统正常工作的影响。

（6）一般情况下，制动系统不应兼作锁定装置。特殊情况下，装置的设计能保证制动系统各个部件的工作均能可靠地执行时，可以例外。

（7）风力发电机组出现故障停机后，安全系统应确保机组处于静止状态，不再运行并网，待确认故障排除后，方可投入再运行。

（8）对由电网原因引起的故障停机；控制系统在电网回归正常后，允许风力机自动恢复并网运行。

（9）应有检测电缆缠绕情况的传感器，风力发电机组有自动解除电缆缠绕的功能。

（10）发生故障时，电器、液压、气动系统的动力源仍应得到保证，以保障安全系统工作的正常投入。

（11）如在风力发电机组运行期间，操作维修人员在转动部件上工作，应启动锁定装置。即使机组通过制动保持在停止状态或提供方位制动，仍应启动锁定装置。操作维修人员应十分重视这一安全措施，在操作手册中应写入相应注意事项。

3.6　输变电设施的运行

由于风电场对环境条件的特殊要求，一般情况下，电场周围自然环境都较为恶劣，地理位置往往比较偏僻。这就要求输变电设施在设计时就应充分考虑到高温、严寒、高风速、沙尘暴、盐雾、雨雪、冰冻、雷电等恶劣气象条件对输变电设施的影响。所选设备在满足电力行业有关标准的前提下，应当针对风力发电的特点力求做到性能可靠、结构简单、维护方便、操作便捷。同时，还应当解决好消防和通信问题，以便提高风电场运行的安全性。由于风电场的输变电设施地理位置分布相对比较分散，设备负荷变化较大，规律性不强，并且设备高负荷运行时往往气象条件比较恶劣，这就要求运行人员在日常的运行工作中应加强巡视检查的力度。在巡视时应配备相应的检测、防护和照明设备，以保证工作的正常进行。风电场场区内的变压器及附属设施、电力电缆、架空线路、通信线路、防雷设施、升压变电站的运行工作应执行表 3-1 中的标准。

表 3-1　　　　　　　　　　　　风电场设施运行标准

标准年号	标准名称
GB/T 14285—2006	《继电保护和安全自动装置技术规程》
DL/T584—2007	《3kV～110kV 电网继电保护装置运行整定规程》
DL/T 596—1996	《电力设备预防性试验规程》
DL 5027—1993	《电力设备典型消防规程》
DL 408—1991	《电业安全工作规程（发电厂和变电所电气部分）》
DL/T 741—2010	《架空输电线路运行规程》
GB/T 25095—2010	《架空输电线路运行状态监测系统》
DL/T 572—2010	《电力变压器运行规程》
DL 409—1991	《电业安全工作规程（电力线路部分）》
DL/T 620—1997	《交流电气装置的过电压保护和绝缘配合》
DL/T 1253—2013	《电力电缆线路运行规程》
DL/T 666—2012	《风力发电场运行规程》
GB/T 25385—2010	《风力发电机组 运行及维护要求》

3.7　风力发电机组的制动

风力发电机组的安全保护最终由风力机的制动系统这一重要环节来完成。这里将要分析的是运行中的风力发电机组执行制动动作的不同方式，以及须执行制动动作的机组安全保护项目。

下面将以定桨距风轮、具有叶尖扰流器气动刹车以及两部盘式机械刹车的风电机组为例，说明制动过程的 3 种不同情况。

1. 正常停机的制动程序

（1）控制气动刹车的电磁阀失电，释放气动刹车液压缸液压油，叶尖扰流器在离心力作用下滑出。

（2）若机组正处于联网发电状态，须待发电机转速降低至同步转速，发电机主接触器动作使发电机与电网脱离后，第一部机械刹车投入；若发电机并未联网，则待风轮转速低于设定值时，即使第一部机械刹车投入动作。

（3）以上两步动作执行后若转速继续上升，则第二部机械刹车立即投入运作（为使两部刹车装置刹车片的磨损程度均匀，并得到经常性的实际动作考核，下一次正常停机时，刹车投入的顺序与此次相反）。

（4）停机后叶尖扰流器收回。

2. 安全停机程序

从机组的满负荷工作状态刹车时，若叶尖扰流器释放 2s 后发电机转速超速 5%，或 15s

后风轮转速仍未降至设计额定值，视为情况反常，执行安全停机。在叶尖扰流器已释放的基础上第一、二部刹车相继投入，停机后叶尖扰流器不收回。

3. 紧急停机

紧急停机指令由控制系统计算机发出。另一条发出指令的通道是独立于计算机系统的紧急安全链，它是风力发电机组的最后一级保护措施，采用反逻辑设计，将可能对风力发电机组造成致命伤害的故障节点串联成一个回路，一旦其中一个动作，将引起紧急停机反应。一般将如下传感器的信号串接在紧急安全链中：手动紧急停机按钮、控制器看门狗、叶尖扰流器液压缸液压油压力传感器、机械刹车液压缸油压传感器、电缆缠绕传感器、风轮转速传感器、风轮轴振动传感器、控制器 24V 直流电源失电传感器。

紧急停机步骤如下：

（1）所有的继电器、接触器失电；

（2）叶尖扰流器和两部机械刹车同时投入，发电机同时与电网脱离。

第 4 章 风力发电机组的控制

4.1 风力发电机组控制系统组成

风力发电机组的控制系统是综合性控制系统，它不仅要监视电网、风况和机组运行参数，而且还要根据风速和风向的变化、对机组进行优化控制，以提高机组的运行产和发电量。

控制系统组成框图如图 4-1 所示。这是定桨距双速发电机型机组控制系统的组成，对于变桨距风力发电机组只是发电机软切入控制略有区别。控制系统由微机控制器（包括监控显示运行控制器、并网控制器、发电机功率控制器）、运行状态数据监测系统、控制输出驱动电路模板（输出伺服电动机、液压伺服机构、机电切换装置）等系统组成。主要有空气断路器、控制切换接触器、过电流、过电压及避雷保护器件、电流、电压及温度的变换电路、发电机并网控制装置、偏航控制系统、相位补偿系统、停机制动控制装置。传感信号主要由信号接口电路完成，它们向计算机控制器提供电气隔离标准信号。这些信号有模拟量 20 点、开关量 60 多点、频率量 10 多点，信号的电压和电流范围一般为工业标准信号。

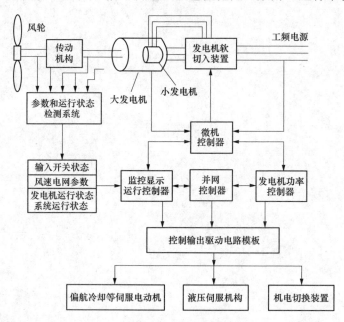

图 4-1 控制系统组成框图

1. 控制系统输入信号

系统监测的参数有三相电压、三相电流、电网频率、功率因数、输出功率、发电机转速、风轮转速、发电机绕组温度、齿轮箱油温、环境温度、控制板温度、机械制动闸片磨损及温度、电缆扭绞、机舱振动、风速仪和风向标等。为了得到系统运行的情况，系统还需监测各接触器的开关、液压阀压力状况、偏航运作和按键输入等情况。而控制系统输出控制的是并网晶闸管触发、相补偿、旁路接触器的开合、空气断路器的开合、空气制动、机械制动和偏航。这些控制输出都需要状态反馈，所以系统的输入量包括 20 多点模拟量、10 点频率量、60 多点开关量。它们主要为系统的模拟输入量：发电机和电网的三相电压、三相电流和发电机绕组温度、齿轮箱油温、环境温度、传动机构等旋转机构的热升温度；频率输入量有风轮转速、发电机转速、风速仪、风向仪，偏航正反向计数、扭缆正反向计数等；开关输入量主要有按键信号 16 个、制动闸片磨损、制动闸片热、风向标 0°、风向标 90°、偏航顺时针传感、偏航逆时针传感、机舱振动、偏航电动机过载、旁路接触器状态、风轮液压压力信号（风轮转速过高时出现）、机械制动液压压力高、机械制动液压压力低、外部错误信号等。

2. 控制系统输出信号

系统的控制输出主要是控制各电磁阀、接触器线圈、空气断路器的开合输出。电磁阀和接触器侧的开合则与发电动机的并网、偏航电动机（顺时针和逆时针）的动作、相位补偿的三步投切、空气制动及机械制动系统的动作等。还有系统的软并网和软脱网控制。此外，对变桨距风力发电机组还要求根据风速变化调节变桨距控制输出。

3. 控制与安全系统维护的技术要求

(1) 一般安全守则。

1) 维修前机组必须完全停止，各维修工作按安全操作规程进行。

2) 拖拉电缆应在停电情况下进行，若因工作需要不能停电时，应先检查电缆有无破裂之处，确认完好后，戴好绝缘手套才能拖拉。

3) 各电器设备和线路的绝缘必须良好，非电工不准拆装电器设备和线路。

4) 工作前检查所有维修用设备仪器，严禁使用不符合安全要求的设备和工具。

5) 操作隔离开关和电气分合开关时，必须戴绝缘手套，并要设专门人员监护。电动机、执行机构进行实验或试运行时，也应有专人负责监视，不得随意离开。如发现异常声音或气味时，应立即停止机器切断电源进行检查修理。

6) 带熔断器的开关，其熔丝应与负载电流匹配，更换熔丝必须向拉开刀开关。

(2) 运行前的检查和试验要求。

1) 控制器内是否清洁、无垢，所安装的电器型号、规格是否与图纸相符，电器元件安装是否牢靠。

2) 用手操作的刀开关、组合开关、断路器等，不应有卡住或用力过大的现象。

3) 刀开关、断路器、熔断器等各部分应接触良好。

4) 电器的辅助触点的通断是否可靠，断路器等主要电器的通断是否符合要求。

5) 二次回路的接线是否符合图纸要求，线段要有编号，接线应牢固、整齐。

6) 仪表和互感器的变比及接线极性是否正确。

7) 母线连接是否良好，其支持绝缘子、夹持件等附件是否牢固可靠。

8) 保护电器的整定值是否符合要求，熔断器的熔体规格是否正确，辅助电路各元件的触点是否符合要求。

9) 保护接地系统是否符合技术要求，并应有明显标记。表计和继电器等二次元件的动作是否准确无误。

10) 用欧姆表测量绝缘电阻值是否符合要求，并按要求做耐压试验。

（3）控制与安全系统运行的检查。

1）保持柜内电器元件的干燥、清洁。

2）经常注意柜内各电器元件的动作顺序以保证其正确、可靠。

3）运行中特别注意柜中的开断元件及母线等是否有温升过高或过热、冒烟、异常的声音及不应有的放电等不正常现象，如发现异常，应及时停电检查，并排除故障，并避免事故的扩大。

4）对断开、闭合次数较多的断路器，应定期检查主触点表面的烧损情况，并进行维修。断路器每经过一次断路电流，应及时对其主触点等部位进行检查修理。

5）对主接触器，特别是动作频繁的系统，应及时检查主触点表面，当发现触点严重烧损时，应及时更换不能继续使用。

6）定期检查接触器、断路器等电器的辅助触点及电器的触点，确保接触良好。定期检查电流继电器、时间继电器、速度继电器、压力继电器等整定值是否符合要求，并做定期整定，平时不应开盖检修。

7）定期检查各部位接线是否牢靠及所有紧固件有无松动现象。

8）定期检查装置的保护接地系统是否安全可靠。

9）经常检查按钮、操作键是否操作灵活，其接触点是否良好。

4.2　大型风电场及风电机组的控制系统

4.2.1　风力发电机组控制系统的结构原理

1. 风力发电机组的控制目标

大型风力发电机组的控制系统要求跟踪风况的变化，调整发电机组转速，使发电机组保持最佳状态运行。风力发电机组是一个复杂多变量非线性系统，且有不确定性和多干扰等特点。在考虑风力发电机组控制系统的控制目标时，应结合它们的运行方式重点实现以下控制目标：

（1）保证风电机组高效、稳定运行是"优化控制"与"可靠控制"的综合控制目标。

（2）控制系统采用计算机控制技术实现对风力发电机组的运行参数、状态监控显示及故障处理，完成机组的最佳运行状态管理和控制。

（3）利用计算机智能控制实现机组的功率优化控制，定桨距恒速机组主要进行软切入、软切出及功率因数补偿控制，对变桨距风力发电机组主要进行最佳尖速比和额定风速以上的恒功率控制。

（4）大于开机风速并且转速达到并网转速的条件下，风力发电机组能软切入自动并网，保证电流冲击小于额定电流。当风速为 4～7m/s 时，切入小发电机组（小于 300kW）并网运行，当风速为 7～30m/s 时，切入大发电机组（大于 500kW）并网运行。

主要完成下列自动控制功能：

1）为了避免小风时发生频繁开、停机现象，在并网后 10min 内不能按风速自动停机。同样，在小风自动脱网停机后，5min 内不能软切并网。

2）低风速时，跟踪最佳叶尖速比，获取最大风能。

3）高风速时，限制风能的捕获，保持风力发电机组的输出功率为额定值。

4）当风速小于停机风速时，为了避免风力发电机组长期逆功率运行，造成电网损耗，应自动脱网，使风力发电机组处于自由转动的待风状态。

　　5）风力发电机组的叶尖闸除非在脱网瞬间、超速和断电时释放，起平稳刹车作用。其余时间（运行期间、正常和故障停机期间）均处于归位状态。

　　6）在大风停机和超速停机的情况下，风力发电机组除了应该脱网、抱闸和甩叶尖闸停机外，还应该自动投入偏航控制，使风力发电机组的机舱轴心线与风向成一定的角度，增加风力发电机组脱网的安全度，待机舱转约 90°后，机舱保持与风向偏 90°跟风控制，跟风范围－15°～＋15°。

　　7）在电网中断、缺相和过电压的情况下，风力发电机组应停止运行，此时控制系统不能供电。如果正在运行时风力发电机组遇到这种情况，应能自动脱网和抱闸停机，此时偏航机构不会动作，风力发电机组的机械结构部分应能承受考验。

　　8）风力发电机组应具有手动控制功能（包括远程遥控手操），手动控制时"自动"功能应该解除，相反地投入自动控制时，有些"手动"功能自动屏蔽。

　　9）风力发电机组塔架内的悬挂电缆只允许扭转±2.5 圈，系统已设计了正/反向扭缆计数器，超过时自动停机解缆，达到要求后再自动开机，恢复运行发电。

　　10）控制系统应该保证风力发电机组所有监控参数在正常允许的范围内，一旦超过极限并出现危险情况，应能自动处理并安全停机。

　　2. 控制系统主要参数（见表 4-1～表 4-3）

表 4-1　　　　　　　　　　　　　　　　主要技术参数

主发电机输出功率（额定）	P_e(kW)
发电机最大输出功率	$1.2P_e$(kW)
工作风速范围	4～25m/s
额定风速	v_e(m/s)
切攻风速（1min 平均值）	4m/s
切出风速（1min 平均值）	5m/s
风轮转速	N(r/min)
发电机并网转速	1000/1500＋20r/min
发电机输出电压	$U±10\%$
发电机发电频率	50Hz±0.5Hz
并网最大冲击电流（有效值）	$<I_e$
电容补偿后功率因数	0.6～0.92

表 4-2　　　　　　　　　　　　　　　　控制指标及效果

方　式	专用微控制器
过载开关	＜690V，660A
自动对风偏差范围	±15°
风力发电机组自动起、停时间	＜60s
系统测试精度	≥0.5%
电缆缠绕	2.5 圈自动解缆
解缆时间	55min
手动操作响应时间	＜5s

表 4-3	保护功能
超电压保护范围	连续 30s＞1.3U_e(V)
欠电流保护范围	连续 30s＜1.3I_e(A)
风轮转速极限	＜40r/min
发电机转速极限	＜1800r/min
发电机过功率保护值	连续 60s＞1.2P_e(kW)
发电机过电流保护值	连续 30＞1.5I_e(A)
大风保护风速	连续 600s＞25m/s
系统接地电阻	＜4Ω
防雷感应电压	＞3500V

4.2.2　风力发电机组的类型

根据不同的机组特性和应用目的，归纳风电机组主要类型及其控制系统新特点见表 4-4。

表 4-4	风电机组主要类型及控制系统新特点	
分类标准	机组类型	控制系统新特点
应用领域	陆上风电→海上风电	高可靠性远程监控、容错控制
桨距特性	定桨距→变桨距	复杂结构及智能控制，高效风能转换
并网类型	离网型→并网型	无蓄电模块，高性能并网变流控制
发电机类型	双馈异步→永磁直驱同步	无齿轮箱，大体积电机及驱动系统
发电机容量	中小型→大型	大型动力学系统的快速、精准控制

近年来，海上风电的发展代表着基于新结构新材料的风机大型化应用新趋势。大型发电机组在相对成本、发电回报率、海上风电应用等方面比中小型发电机组有较大优势，因此逐渐成为研发重点。

根据转速变化又可将风力发电机组分为恒速机组和变速机组。在风力发电中，当风力发电机组与电网并网时，要求风电的频率与电网的频率保持一致，即保持频率恒定。恒速恒频即在风力发电过程中，保持风车的转速（即发电机的转速）不变，从而得到恒频的电能。在风力发电过程中让风车的转速随风速而变化，而通过其他控制方式来得到恒频电能的方法称为变速恒频。

由于风能与风速的三次方成正比，当风速在一定范围变化时，如果允许风车做变速运动，则能达到更好利用风能的目的。风车将风能转换成机械能的效率可用输出功率系数 CP 来表示，CP 在某一确定的风轮周速比 λ（桨叶尖速度与风速之比）下达到最大值。恒速恒频机组的风车转速保持不变，而风速又经常在变化，显然 CP 不可能保持在最佳值。变速恒频机组的特点是风车和发电机的转速可在很大范围内变化而不影响输出电能的频率。由于风车的转速可变，可以通过适当的控制，使风车的周速比处于或接近最佳值，从而最大限度地利用风能发电。

过去采用的恒速恒频发电机存在风能利用率低、需要无功补偿装置、输出功率不可控、叶片特性要求高等不足，成为制约并网风电场容量和规模的严重障碍变速恒频发电是 20 世纪 70 年代中后期逐渐发展起来的一种新型风力发电技术，通过调节发电机转子电流的大小、频率和相位，或变桨距控制实现转速的调节，可在很宽的风速范围内保持近乎恒定的最佳叶尖速比，进而实现追求风能最大转换效率；同时又可以采用一定的控制策略灵活调节系统的有功、无功功率，抑制谐波，减少损耗，提高系统效率，因此可以大大提高风电场并网的稳定性。尽管变速系统与恒速系统相比，风电转换装置中的电力电子部分比较复杂和昂贵，但成本在大型风力发电机组中所占比例并不大，因而发展变速恒频技术将是今后风力发电的必然趋势。

4.2.3　恒速恒频风电机组的控制

1. 恒速恒频机组的特点

目前，在风力发电系统中采用最多的异步发电机属于恒速恒频发电机组。为了适应大小风速的要求，一般采用两台不同容量、不同极数的异步发电机，风速低时用小容量发电机发电，风速高时则用大容量发电机发电，同时一般通过变桨距系统改变桨叶的攻角以调整输出功率。但这也只能使异步发电机在两个风速下具有较佳的输出系数，无法有效地利用不同风速时的风能。

这种风力发电系统通常在发电机定子与电网连接处有无功补偿用的电容器组。其容量一般按补偿发电机空载时吸收的无功功率来设计。负载运行时所吸收的额外无功则要来自电网。为了配合系统的启动，一般发电机具有电动机启动功能。

2. 风电机组的软启动并网

在风电机组启动时，控制系统对风速的变化情况进行不间断的检测，当 10min 平均风速大于启动风速时，控制风电机组做好切入电网的一切准备工作：松开机械刹车，收回叶尖阻尼板，风轮处于迎风方向。控制系统不间断地检测各传感器信号是否正常，如液压系统压力是否正常、风向是否偏离、电网参数是否正常等。如 10min 平均风速仍大于启动风速，则检测风轮是否已开始转动，并开启晶闸管限流软启动装置快速启动风轮机，并对启动电流进行控制，使其不超过最大限定值。异步风力发电机在启动时，由于其转速很小，切入电网时其转差率很大，因而会产生相当于发电机额定电流的 5～7 倍的冲击电流，这个电流不仅对电网造成很大的冲击，也会影响风电机组的寿命。因此在风电机组并网过程中采取限流软启动技术，以控制启动电流。当发电机达到同步转速时电流骤然下降，控制器发出指令，将晶闸管旁路。晶闸管旁路后，限流软启动控制器自动复位，等待下一次启动信号。这个启动过程约 40s，若超过这个时间，被认为是启动失败，发电机将被切出电网，控制器根据检测信号，确定机组是否重新启动。

异步风电机组也可在启动时转速低于同步速时不并网，等接近或达到同步速时再切入电网，则可避免冲击电流，也可省掉晶闸管限流软启动器。

3. 大小发电机的切换控制

在风电机组运行过程中，因风速的变化而引起发电机的输出功率发生变化时，控制系统应能根据发电机输出功率的变化对大小发电机进行自动切换，从而提高风电机组的效率。具体控制方法为：

（1）小发电机向大发电机的切换。在小发电机并网发电期间，控制系统对其输出功率进行检测，若 1s 内瞬时功率超过小发电机额定功率的 20%，或 2min 内的平均功率大于某一定值时，则实现小发电机向大发电机的切换。切换过程为：首先切除补偿电容，然后小发电机脱网，等风轮自由转动到一定速度后，再实现大发电机的软并网；若在切换过程中风速突然变小，使风轮转速反而降低的情况下，应再将小发电机软并网，重新实现小发电机并网运行。

（2）大发电机向小发电机的切换。检测大发电机的输出功率，若 2min 内平均功率小于某一设定值（此值应小于小发电机的额定功率）时，或 50s 瞬时功率小于另一更小的设定值时，立即切换到小发电机运行。切换过程为：切除大发电机的补偿电容器，脱网，然后小发电机软并网，计时 20s，测量小发电机的转速，若 20s 后未达到小发电机的同步转速，则停机，控制系统复位，重新启动。若 20s 内转速已达到小发电机旁路转速则旁路晶闸管软启动装置，再根据系统无功功率情况投入补偿电容器。

4.2.4　变速恒频发电机组的控制

1. 变速恒频系统的实现

变速恒频发电技术的诸多优点受到了人们的广泛关注，使它越来越多地被应用到大型风力发电机组中。可用于风力发电的变速恒频系统有多种：如交-直-交变频系统，交流励磁发电机系统，无刷双馈电机系统，开关磁阻发电机系统，磁场调制发电机系统，同步异步变速恒频发电机系统等。这种变速恒频系统有的是通过改造发电机本身结构而实现变速恒频的；有的则是发电机与电力电子装置、微机控制系统相结合而实现变速恒频的。它们各有其特点，适用场合也不一样。

当变速恒频风电机组的运行条件发生变化时，如风速波动和系统电压波动等，控制系统将调整转子绕组电压的幅值和相角，以满足风电机组的设计性能，因而变速恒频风电机组的动态特性比固定转速风电机组复杂得多。

2. 变速恒频发电机组的控制

（1）风轮机的控制。

风轮机的启动、控制、保护功能基本上与恒速恒频机组相似，所不同的是这类机组一般采用定桨距风轮，因此省去了变桨距控制机构。

（2）发电机的控制。

发电机的输出功率由励磁来控制。当输出功率小于额定功率时，以固定励磁运行；当输出功率超过额定功率时，则通过调整励磁来调整发电机的输出功率在允许的安全范围内运行。励磁的调整是由控制器调整励磁系统晶闸管的导通角来实现的。

（3）交-直-交变频系统的控制。

变频器的概念与普通变频器的概念不一样。普通变频器是将电压和频率固定的市电（220/380V，50Hz），变成频率和电压都可变的电源，以适应各种用电器的需要，如果用于变频调速系统，则电压和频率根据负载的要求不断地改变。相反，变频器则是将风力发电机发出的电压和频率都在不断改变的电能，变成频率和电压都稳定（220/380V，50Hz）的电能，以便与电网的电压及频率相匹配，而使风电机组能并网运行。

所谓的"交-直-交"变频，是变频方式的一种，是将一种频率和电压的交流电整流成直流电，再通过微机控制电力电子器件，将直流电再逆变成某种频率和电压的交流电的变频方式。其基本原理如图 4-2 所示。

风力发电机发出的三相交流电，经二极管三相全桥整流成直流电后，再由六只绝缘栅双极型电力晶体管（IGBT），在控制和驱动电路的控制下，逆变成三相交流电并入电网。逆变器的控制一般采用 SPWM-VVVF 方式，即正弦波脉宽调制式变压变频方式。采用交-直-交

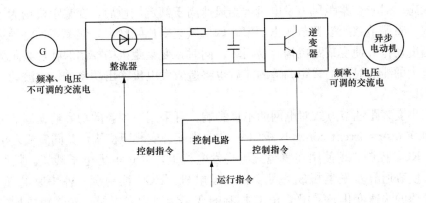

图 4-2　交-直-交变频基本原理图

系统的变频装置的容量较大，一般要选发电机额定功率的 120% 以上。

4.2.5　桨距控制方式

1. 桨距控制

桨距控制的实质是功率控制。根据功率控制对应的风轮特性不同，可划分为主动控制和被动控制两类。

（1）主动控制。

"主动变桨距控制"是最常见的变桨距控制方式。在大于额定风速时，通过调整全部叶片（统一变桨距）或各个独立叶片（独立变桨距），减小功角从而限制功率吸收。为了限制瞬时风能造成的脉动功率影响，通常要求快速而精确动作，这就是研究变桨距控制的主要目的。

"主动失速控制"是将被动失速和主动变桨距相结合的技术。低风速时等同于变桨距调节，高于额定风速时将叶片调向失速模式。与主动变桨距相比，其对桨距执行机构的调节幅度和速度的要求较低。

（2）被动控制。

"被动失速控制"是最基本的功率控制方式。通过设计特殊的叶片几何形状，使得风电机组在期望的风速下达到最大（额定）功率。该方式易受到不确定的气动因素影响，导致在额定或更高风速时对功率等级和叶片载荷的估计失误。

"被动变桨控制"是一种新颖的被动功率控制方式。通过设计叶片或叶片轮毂，使其高风速时在叶片载荷作用下被动扭转，获得所需的桨距角。该方式由于叶片扭转量与载荷匹配存在难度，使其难以在并网风机中得到应用。

2. 变桨距控制方式及其改进

风力发电机并网以后，控制系统根据风速的变化，通过桨距调节机构，改变桨叶攻角以调整输出电功率，更有效地利用风能。在额定风速以下时，此时叶片攻角在零度附近，可认为等同于定桨距风力发电机，发电机的输出功率随风速的变化而变化。当风速达到额定风速以上时，变桨距机构发挥作用，调整叶片的攻角，保证发电机的输出功率在允许的范围内。但是，由于自然界的风力变幻莫测。风速总是处在不断地变化之中，而风能与风速之间成三次方的关系，风速较小的变化都将造成风能的较大变化，导致风力发电机的输出功率处于不断变化的状态。对于变桨距风力发电机，当风速高于额定风速后，变桨距机构为了限制发电机输出功率，将调节桨距以调节输出功率。如果风速变化幅度大，频率高，将导致变桨距机构频繁大幅度动作，使变桨距机构容易损坏；同时，变桨距机构控制的叶片桨距为大惯量系统，存在较大的滞后时间，桨距调节的滞后也将造成发电机输出功率的较大波动，对电网造成一定的不良影响。

为了减小变桨距调节方式对电网的不良影响，可采用一种新的功率辅助调节方式——转子电流控制（rotor current control，RCC）方式来配合变桨距机构，共同完成发电机输出功率的调节。RCC 控制必须使用在线绕式异步发电机上，通过电力电子装置，控制发电机的转子电流，使普通异步发电机成为可变滑差发电机。RCC 控制是一种快速电气控制方式，用于克服风速的快速变化。采用了 RCC 控制的变桨距风力发电机，变桨距机构主要用于风速缓慢上升或下降的情况，通过调整叶片攻角，调节输出功率；RCC 控制单元则应用于风速变化较快的情况，当风速突然发生变化时，RCC 单元调节发电机的滑差，使发电机的转速可在一定范围内变化，同时保持转子电流不变，发电机的输出功率也就保持不变。

4.2.6 无功补偿控制

风力发电机大多采用异步发电机，而异步发电机的最大特点是需要从电网系统吸收相应的无功功率才可以向外输出电能，即发电机的激磁无功电流以及定转子漏抗消耗无功电流要由电网提供或由电容器补偿。若由电网提供，则电网功率因数降低，导致电网损耗增大；若由电容器补偿，则无功补偿设备需要增加，维持风力发电机输出电能时的功率因数与电网相同，保持在理想功率因数状态。

风力发电机在运行中，均采用由电容器组成的无功补偿设备，就地为异步发电机提供发电时所需的无功功率，电网侧适当进行少量无功补偿。由于风速变化的随机性，在达到额定功率前，发电机的输出功率大小是随机变化的，因此对补偿电容的投入与切除需要进行控制。在控制系统中设有四组容量不同的补偿电容，计算机根据输出无功功率的变化，控制补偿电容器分段投入或切除。保证在半功率点的功率因数达到 0.99 以上。

4.2.7 偏航与自动解缆控制

1. 自动解缆

由于风向的不确定性，风力发电机就需要经常偏航对风，而且偏航的方向也是不确定的，由此引起的后果是电缆会随风力发电机的转动而扭转。如果风力发电机多次向同一方向转动，就会造成电缆缠绕、绞死，甚至绞断，因此必须设法解缆。不同的风力发电机需要解缆时的缠绕圈数都有其规定。当达到其规定的解缆圈数时，系统应自动解缆，此时启动偏航电机向相反方向转动缠绕圈数解缆，将机舱返回电缆无缠绕位置。若因故障，自动解缆未起作用，风力发电机也规定了一个极值圈数，在纽缆达到极值圈数左右时，纽缆开关动作，报纽缆故障，停机等待人工解缆。自动解缆包括计算机控制的凸轮自动解缆和纽缆开关控制的安全链动作计算机报警两部分，以保证风电机组安全。

2. 偏航控制系统主要功能

正常运行时自动对风。当机舱偏离风向一定角度时，控制系统发出向左或向右调向的指令，机舱开始对风，直到达到允许的误差范围内，自动对风停止。风速且无功率输出，则停机，控制系统使机舱反方向旋转 2、3 圈解缆；若此时机组有功率输出，则暂不自动解缆；若机舱继续向同一方向偏转累计达 3 圈时，则控制停机、解缆；若因故障自动解缆未成功，在扭缆达 4 圈时，扭缆机械开关将动作，此时报告扭缆故障，自动停机，等待人工解缆操作。失速保护时偏离风向。当有特大强风发生时，停机，释放叶尖阻尼板，桨距调到最大，偏航 90°背风，以保护风轮免受损坏。

4.2.8　停车控制

停机过程分为正常停机和紧急停机。

1. 正常停机

当控制器发出正常停机指令后，风电机组将按下列程序停机：

(1) 切除补偿电容器；

(2) 释放叶尖阻尼板；

(3) 发电机脱网；

(4) 测量发电机转速下降到设定值后，投入机械刹车；

(5) 若出现刹车故障则收桨，机舱偏航 90°背风。

2. 紧急故障停机

当出现紧急停机故障时，执行如下停机操作：首先切除补偿电容器，叶尖阻尼板动作，延时 0.3s 后卡钳闸动作。检测瞬时功率为负或发电机转速小于同步速时，发电机解列（脱网），若制动时间超过 20s，转速仍未降到某设定值，则收桨，机舱偏航 90°背风。

停机如果是由于外部原因，例如风速过小或过大，或因电网故障，风电机组停机后将自动处于待机状态；如果是由于机组内部故障，控制器需要得到已修复指令，才能进入待机状态。

4.3　风电场监控系统总体结构

风力发电机组一般工作在恶劣的环境下，在无人值守的情况下长年运行，因而要保证对其进行实时、可靠的控制。根据风力发电控制要求、现场总线的特点及风力发电机运行的现场环境，构成风力发电机集群控制系统。风力发电机集群控制系统包括上位监控计算机、下位风力发电机组控制节点，上、下位机均通过 RS-422 串口连接到监控网络。拓扑结构采用总线式，各风力发电机控制节点之间用双绞线连接，形成控制网络。

4.3.1　国内外现状及发展趋势

风电场微机监控系统是风电机组的关键技术之一，也是风电机组安全运行的核心。我国已经把风电场微机监控系统列为国产化的突破口，作为"九五"攻关课题，大型风电场微机监控系统在我国还处在研制、开发阶段，试验的样品可靠性、功能等方面还不能满足大型机组安全稳定运行的要求。从国外引进的大型风电机组，微机监控系统技术比较完善，但价格十分昂贵，其中如果机组数量太大，上、下位机之间距离超过几十公里时，微机监控系统在通信方面也存在问题，有待进一步解决。现场总线技术在国内外许多工业控制系统中得到广泛运用，效果十分理想，在大型风电厂微机监控系统中是一种新的探索。

4.3.2　风电场对监控系统的要求

风电场对监控系统的要求包括：

(1) 下位机能独立运行，完成本机组安全运行所需的各种控制要求。现代微机技术发展得快，选用功能齐全、性能可靠的微机是可以完成的，这一要求比较容易实现。

（2）每台风电机组的下位控制器都应具有与上位机进行数据交换的功能，使上位机随时了解下位机的运行状态并对其进行常规的管理性控制。

（3）上位机和下位机可靠双工通信，尽量节省通信电缆。由于风力发电组排列不一定很规则，特别是在山上建立风电场，这就决定上位机和下位机组成的通信网十分不规范，即不是总线形，也不是星形或环形。确切地讲，应该是分布式网络。因此，一般的通信方式很难保证通信可靠。

（4）一般风电场有几十台风机组成，上、下位机之间距离较远，有时可能超过几公里。这就要求双工通信要有较强的负载能力，通信距离较远。下位机之间的安装距离也较远，一般大于风轮直径的3～5倍。

（5）能避免各种干扰，主要指工业干扰（如高压交流电场、静电场、电弧、可控硅）、自然界干扰（如雷电冲击）、高频干扰（如微波通信、无线电信号、雷达）。

4.4　大型风力发电机组远程监控系统组成

风电场远程监控系统主要对分布在不同地区风电场的风力发电机组及场内变电站的设备运行情况及生产运行数据进行实时采集和监控，使监控中心能够及时准确地了解各风电场的生产运行状况。状态监测系统测量风电设备运行状态参数，评估设备运转状况全过程，是风电机组综合维修解决方案的关键部分。状态监测系统需建立在一个硬件的平台上，选择合适的传感器，并安装在恰当的位置，通过特定的应用软件采集、储存、传递数据。

如图4-3所示，大型风力发电机组状态监测的远程监控一般由下位机采集信息，再由通信线路和协议传至上位机（服务器和工控PC机）进行监控，通过人工发出指令，传至向下位机，对风电机组进行控制，并且网络监视机可在各地实时查看风电场的运行状况。上位机与下位机之间属于远距离一对多通信。

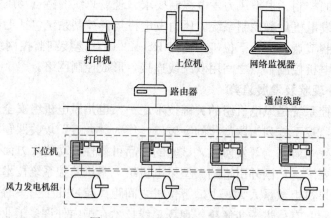

图4-3　远程监控系统的组成

远程监控系统的功能如下：

（1）启动或停止远程监视。

（2）设置和存储系统运行所必需的各项信息，用户可以设置用户密码、背景图案、快捷按钮等信息。

（3）依靠完善的网络拓扑设计结构及设备，实现远程信息传输功能。

（4）有友好的控制界面，在编制监控软件时，充分考虑到风电场运行管理的要求，使用汉语菜单，使操作简单，尽可能为风电场的管理提供方便。

（5）可以显示各台机组的运行数据，如每台机组的瞬时发电功率、发电小时数、累计发电量、风轮及电机的转速和风速、风向等。

（6）及时提示风电机运行状态，对有故障的风电机报警，并提示故障信息。

（7）可以用曲线或图表的形式直观地显示出风电机组的主要信息，如功率曲线、风速变化曲线等。

风电机组的数据采集和监控系统（supervisory control and data acquisition，SCADA）都是由风电机组制造商配套供应，各厂家的监控系统互不兼容。国内自行开发和在研究的监控系统有新疆风能研究所的通用风电场中央及远程监控系统和大型海上风电场的制造执行系统 MES。

监控系统的运行：控制系统开始运行时，首先进行系统初始化、控制程序初始化，检查微控制处理器和外设状态是否正常、检测系统参数（温度、液压油、压力、风向、风速等），比较所选的操作参数，备份系统工作表，正式启动。启动时，首先检查电网，检测电网的各个参数，设置各个计数器、输出机构初始工作状态及晶闸管的开通角，然后风力发电机开始自动运行，风轮开始转动。监控系统实时监测各个状态参数，随着风轮转速提高，风轮反馈的转速信号作为判断发电系统是否可以并网的条件，系统实时监测的参数用以判断振动是否正常、执行、偏航、安全制动等。

4.5　控制与安全系统的常见故障

4.5.1　故障来源

风力发电机组控制系统的故障表现形式，由于其构成的复杂性而千变万化。但总起来讲，一类故障是暂时的，而另一类则属于永久性故障。例如，由于某种干扰使控制系统的程序"走飞"，脱离了用户程序。这类故障必然使系统无法完成用户所要求的功能。但系统复位之后，整个应用系统仍然能正确地运行用户程序。还有，某硬件连线、插头等接触不良，有时接触有时不接触；某硬件电路性能变坏，接近失效而时好时坏，它们对系统的影响表现出来也是系统工作时好时坏，出现暂时性的故障。当然，另外一些情况就是硬件的永久性损坏或软件错误，它们造成系统的永久故障。

不管是暂时故障还是永久故障，作为控制系统设计者来说，在进行系统设计时，就必须考虑使它们减到最小，达到用户的可靠性指标的要求。造成故障的因素是多方面的，归纳起来主要有以下几个方面。

1. 内部因素

产生故障的原因来自构成风力发电机组控制系统本身，是由构成系统的硬件或软件所产生的故障。例如，硬件连线开路、短路；接插件接触不良；焊接工艺不好；所用元器件失效；元器件经长期使用后性能变坏；软件上的种种错误以及系统内部各部分之间的相互影响等。

2. 环境因素

风力发电机所处的恶劣环境会对其控制系统施加更大的应力，使系统故障率显著增加。读者会有这样的经验，当环境温度很高或过低时，控制系统都容易发生故障。环境因素除环境温度外，还有湿度、冲击、振动、压力、粉尘、盐雾以及电网电压的波动与干扰；周围环境的电磁干扰等。所有这些外部环境的影响在进行系统设计时都要认真加以考虑，力求克服它们所造成的不利影响。

3. 人为因素

风力发电机组控制系统是由人来设计而后供人来使用的。因此，由于人为因素而使系统产生故障是客观存在的。例如，在进行电路设计、结构设计、工艺设计以至于热设计、防止电磁干扰设计中，设计人员考虑不周或疏忽大意，必然会给后来研制的系统带来后患。在进行软件设计时，设计人员忽视了某些条件，在调试时又没有检查出来，则在系统运行中一旦进入这部分软件，必然会产生错误。

同样，风力发电机组控制系统的操作人员在使用过程中也有可能按错按钮、输入错误的参数、下达错误的命令等，最终结果也是使系统出现错误。

以上这些是风力发电机组控制系统故障的原因，可直接使系统发生故障。

4.5.2　控制与安全系统常见的硬件故障

1. 主要硬件故障

构成风力发电机组控制系统的硬件包括各种部件。从主机到外设，除了集成电路芯片。电阻、电容、电感、晶体管、电机、继电器等许多元器件外，还包括插头、插座、印制电路板、按键、引线、焊点等。硬件的故障主要表现在以下几方面。

（1）机械故障。机械故障主要发生在风力发电机组控制系统的电气外设中。例如，在控制系统的专用外设中、移动部件卡死不走、伺服电动机卡死不动、阀门机械卡死等。凡由于机械上的原因所造成的故障都属于这一类。

1）安全链开关弹簧复位失效；

2）轮齿折断、齿面点蚀、齿面胶合和擦伤、齿面磨损、塑性变形；

3）液压伺服机构电磁阀芯卡涩，电磁阀线圈烧毁；

4）低速轴和高速轴机械松动、轴弯曲；

5）风速仪、风向仪转动轴承损坏；

6）转速传感器支架脱落；

7）液压泵堵塞或损坏。

（2）电气故障。电气故障主要是指电器装置、电气线路和连接、电气和电子元器件、电路板、接插件所产生的故障。这是下面要仔细讨论的问题，也是风力发电机组控制系统中最常发生的故障。

1）输入信号线路脱落或腐蚀；

2）控制线路、端子板、母线接触不良；

3）保护线路熔丝烧毁或断路器过电流保护；

4）配电箱过热或配电板损坏；

5）执行输出电动机过载或烧毁；

6）热继电器安装不牢、接触不可靠、动触点机构卡住或触头烧毁；

7）中间继电器安装不牢、接触不可靠、动触点机构卡住或触头烧毁；

8）控制接触器安装不牢、接触不可靠、动触点机构卡住或触头烧毁；

9）控制器输入/输出模板功能失效、强电烧毁或意外损坏。

（3）传感器故障。传感器故障主要是指风力发电机组控制系统的信号传感器所产生的故障，例如，闸片损坏引起的闸片磨损或破坏，风速风向仪的损坏等。

1）电压变换器和电流变换器对地短路或损坏；

2）温度传感器引线振断、热电阻损坏；

3）磁电式转速电气信号传输失灵；

4）速度继电器和振动继电器动作信号调整不准或给激励信号不动作；

5）开关状态信号传输线断或接触不良造成传感器不能工作。

（4）人为故障。人为故障是由人为地不按系统所要求的环境条件和操作规程而造成的故障。例如，将电源加错、将设备放在恶劣环境下工作，在加电的情况下插拔元器件或电路板等。

2. 硬件产生故障因素——元器件失效

元器件在工作过程中会发生失效，通过对各类元器件在一定条件下，大量试验的统计结果发现，电子元器件的失效率是有一定规律的。元器件的失效，包括元器件的失效特征和失效机理分析，以及元器件的可能性筛选几个方面。

元器件的失效率与时间的关系，也就是失效特征其曲线形状如同"浴盆"，故又称其为"浴盆"特性。"浴盆曲线"分为早期失效期、稳定工作期、衰老期三个部分。元器件早期失效的原因有：①元器件本身的缺陷，如硅裂、漏气、焊接不良；②环境条件的变化，加速了元器件、组件失效；③工艺问题，如焊接不牢，筛选不严等因素。稳定工作期也叫正常寿命期。元件在这一期间突然失效较少，而暂时性故障较多。这时，应力引起失效是暂时故障的主要原因。当元器件工作中瞬时应超过了元件的强度，便产生暂时性故障，使机器不能正常使用。衰老期也叫耗损期，元件到了这一时期，失效率大大增加，可靠性急剧下降，接近报废。形成这一阶段的主要原因是机械磨损或元件物理变化。

元器件失效的表现形式有多种：突然失效（灾难性失效）、退化失效（衰变失效）、局部失效和全部失效。突然失效是由于元器件参数的急剧变化造成的，经常表现为短路或开路状态。退化失效，即元器件的参数或性能逐渐变坏。局部失效使系统的局部无法正常工作；全部失效则使整个系统无法正常工作。例如，风力发电机组控制系统的打印机接口失效，使系统无法打印是局部失效；若微型机失效，则整个系统就无法工作。

3. 硬件产生故障因素——使用不当

在正常使用条件下，元器件有自己的失效期。经过若干时间的使用，它们逐渐衰老失效，这都是正常现象。在另一种情况下，如果不按照元器件的额定工作条件去使用它们，则元器件的故障率将大大提高。在实际使用中，许多硬件故障是由使用不当造成的。因此，当在设计风力发电机组控制系统时，必须从使用的各个方面仔细设计，合理地选择元器件，以便获得高的可靠性。

（1）注意元器件的电气性能。

各种元器件都有它们自己的电气额定工作条件，这里仅以几种最常使用的元器件为例，予以简单的说明。

1）电阻器：各种电阻器具有各自的特点、性能和使用场合。必须按照厂家规定的电气条件使用它们，随便乱用，肯定要出问题。电阻器的电气特性主要包括阻值、额定功率、误差、线性度、温度系数、温度范围噪声、稳定性、频率特性等指标。在选用电阻器时，应根据系统的工作情况和性能要求，选用合适的电阻器。例如，薄膜电阻可用于高频或脉冲电路；而线绕电阻只能用于低频或直流电路中。每个电阻都有一定的额定功率；不同的电阻温度系数也不一样。因此，系统设计者在设计电路时，必须根据多项电气性能的要求，合理地选择电阻器。

2）电容器：同电阻器一样，电容器的种类繁多，它们的电气性能参数也各不一样。电气性能参数也包括各方面的特性。例如容量、损耗、耐压、误差、频率特性、温度系数、线性度、温度范围等。在使用时必须注意这些电气特性，否则容易出现问题。例如，大的铝电解电容器在频率为几百兆赫兹时，会呈现感性。在电容损耗大时，应用于大功率场合会使电容发热烧坏。超过电容的耐压范围使用，电容很快就会击穿。凡此种种，就要求设计者在选择电容器时，必须考虑系统工作的多种因素来决定采用什么样的电容器。

（2）集成电路芯片。

查看集成电路手册，如线性电路手册、数字集成电路（74 系列或 CMOS 系列）手册，可以发现就电气性能而言，不同的芯片、不同的用途都有许多要求。例如，工作电压、输入电平、开关特性、负载能力、工作最高频率、环境工作温度、电源电流等。同样，在选用集成电路时也必须按照厂家给定的条件，不可有疏忽。同时，应特别注意以下几个问题。

1）74（或 54）系列集成电路的最大工作电压比较低，在使用时应特别注意。其他如温度范围、负载能力等指标也应认真考虑。

2）注意电路的驱动能力。必须保证每块集成电路的负载都是合适的。

3）为了获得最快的开关速度和最好的抗干扰能力，与门及与非门的不用的输入端不要悬空。可以把它们接高电平；也可把一个固定输出高电平的门的输出接到这些输入端上；若前面输出有足够的负载能力，则可将不用的输入端并联在有用的输入端上。对于 54LS 或 74LS 系列的与门及与非门。它们的输入端有钳位二极管，可以将其不用的输入端直接接电源电压；无钳位二极管的与门或与非门，可以通过一个几千欧姆电阻接电源电压。

4）集电极开路门负载电阻的计算。一般地说，非集电极开路门是不允许将它们的输出端线"或"的。而当选择合适的集电极开路门的负载之后，就可以实现这种门输出端的线"或"。在电路设计时，需确定一个合适的负载电阻值。此电阻有一个最大值，用以保证在输出均为高电平时，能为下级门提供足够的高电平输入电流。而且也为并联的各开路门提供高电平输出电流。另外，该电阻应有一个最小值，以保证当某一集电极开路门输出为低电平时，此电阻上流过足够的电流，确保输出为低电平。

5）使用 MOS 及 CMOS 应注意的问题。在使用 MOS 及 CMOS 器件时，要特别防止静电损坏器件。人体静电是很高的，这与人所穿衣服、地面的绝缘程度等有很大关系，通常会有数千伏甚至一万多伏。因此，必须特别注意防止静电，虽然现在许多 MOS 及 CMOS 器件都增加了防静电的齐纳二极管，起着保护器件的作用。即使如此，在使用这些器件时，仍然要十分小心。在使用这类器件中如何防止静电损坏器件，这里不再仔细说明。使用 MOS

及 CMOS 器件时，通常采用较高的电源电压，在与 TTL 电路相连接时，注意它们之间的电平转换。

4. 硬件产生故障因素——环境的影响

环境因素对风力发电机组控制系统产生很大的影响。有些元器件，当温度增加 10℃ 时，其失效率可以增加一个数量级，这说明环境因素对硬件系统的影响的程度。因此，当在进行系统设计时，必须想办法减少外界应力对硬件的影响。

（1）温度：高温是降低电子及磁性元件可靠性的一种应力形式。经验告诉我们，由于温度增高，微机应用系统故障率明显增加。在系统设计时，热设计必须仔细考虑，使系统的温度满足系统硬件的要求。

（2）湿度的影响：湿度过高会使密封不良、气容性较差的元器件受到侵蚀。有些系统的工作环境不仅湿度大且具有腐蚀性气体或粉尘，或者湿度本身就是由溶解有腐蚀性物质的液体所造成的，故元器件受到的损害会更大。

（3）电源的影响：电源自身的波动、浪涌及瞬时掉电都会对电子元器件带来影响，加速其失效的速度。电源的冲击、通过电源进入微机应用系统的干扰、电源自身的强脉冲干扰，同样会使系统的硬件产生暂时的或永久性故障。

（4）振动、冲击的影响：振动和冲击可以损坏系统的部件或者使元器件断裂、脱焊、接触不良。不同频率、不同加速度的振动和冲击造成的后果不一样。但这种应力对风力发电机组控制系统的影响可能是灾难性的。

（5）其他应力的影响：除上面所提到的环境因素之外，还有电磁干扰、压力、盐雾等许多因素。这些均需要在风力发电机组控制系统设计时加以考虑，尽可能减少环境应力的影响。

5. 硬件产生故障因素——结构及工艺上的原因

硬件故障中，由于结构不合理或工艺上的原因而引起的故障占相当大的比重。工艺上的不完善也同样会影响到系统的可靠性。例如，焊点虚焊、印制电路板加工不良，金属氧化孔断开等工艺上的原因，都会使系统产生故障。

6. 常见故障处理

（1）运行中设备和部件超过设定温度。根据风机故障信息判断过温部件（齿轮箱、电机、控制柜等），结合风机运行的工况，判断是否过负荷运行引起的正常过温。检查故障部位的测温传感器工作是否正常，检查测温回路接线及控制器测温模块插头是否松动。

（2）机组过转速或过振动。风机在运行中，由于叶尖制动系统或者变桨跟随故障，在瞬时强阵风以及电网频率波动的情况下将会造成风机过转速。风机传动系统、叶片不平衡以及电气故障均会造成机组振动异常，导致机组发生振动故障停机现象。发生过转速故障时首先应判断机组是否超出报警门限，具体问题具体分析。

（3）机组安全链故障。运行人员应借助就地监控机提供的故障信息及有关信号指示灯的状态，查找导致安全链回路动作的故障环节。经检查处理并确认无误后，才允许重新启动风力发电机组。

4.5.3　控制与安全系统软件设计中常见故障

1. 软件故障的特点

软件是由一系列按照特定顺序组织的计算机数据和指令的集合，大型软件的结构十分复杂。软件错误指软件产品中存在的导致期望的运行结果和实际运行结果间出现差异的一系列问题，这些问题包括故障、失效、缺陷。软件故障是指软件运行过程中出现的一种不希望或不可接受的内部状态。软件失效是指软件运行时产生的一种不可接受的外部行为结果。软件缺陷是存在于软件之中的那些不希望或不可接受的偏差。在许多方面，软件故障不同于硬件故障，有它的特点。

对硬件来说，元器件越多，故障率也越高。可以认为它们呈线性关系。而软件故障与软件的长度基本上是指数关系。因此，随着软件（指令或语句）长度的增加，其故障（或称错误）会明显地增加。软件故障完全来自设计，与复制生产、使用操作无关。当然，复制生产的操作要正确，所用介质要良好。单就软件故障本身来说，取决于设计人员的认真设计、查错及调试。

软件错误与时间无关，它不像硬件会随时间呈现"浴盆"特性，软件不因时间的加长而增加错误，原有错误也不会随时间的推移而自行消失。软件错误一经维护改正，将永不复现。这不同硬件，某芯片损坏后，换上新芯片还有失效的可能。因此，随着软件的使用，隐藏在软件中的错误被逐个发现、逐个改正，其故障率会逐渐降低。在这个意义上讲，软件故障与使用时间是有关系的。

可以认为软件是不存在损耗的，也与外部环境无关。这是指软件本身而不考虑存储软件的存储媒体。

2. 软件错误的来源

软件错误是由设计者的错误、疏忽及考虑不够周全等设计上的原因造成的。具体说明如下：

（1）没有认真进行需求调查。软件设计的第一步就是用户的需求调查。这一步工作极为重要，因为如果没有弄清楚用户的要求，或者没有理解或者将用户的要求理解错了。则设计出的软件必然无法满足用户要求，错误的出现也就是料想之中的事了。

用户的需求是设计软件的依据、出发点。在进行系统设计中，包括软件设计之前，一定要彻底了解用户的要求，对这些要求要逐字逐句推敲。将你的理解与用户进行讨论，看双方对每一种要求的理解是否一致。用户与设计者在软件上要经常沟通，达到理解上的完全一致。如果不这样，错误是肯定难以避免的。

（2）编程中的错误。在软件设计者编写程序的过程中，经常会出现各种各样的错误。例如，在编程过程中，会出现语法错、语义错、定义域错、逻辑错、无法结束的死循环等。这些错误很容易发生。设计者必须知道，在编程过程中所出现的错误，有些可以利用编译（汇编）、查错和测试程序可以检查出来。但有些错误，如逻辑错误、定义域错误只在软件执行中甚至偶尔某一次执行中发生，要发现这些错误并不是容易的事情。为此，要求设计者在编程时，对上面提到的错误要特别注意。

（3）规范错误。在程序设计中，制定编程的规范极为重要。要将用户的需求转化成软件，这中间必定要制定一系列的规范，以便顺利编程。所谓规范就是解决问题的逻辑及算法规约。如果在制定规范时出错；或者有漏洞，考虑不周；或者出现自相矛盾，则设计出来的软件就会出错。

（4）中断与堆栈操作。在软件设计中，尤其是工程应用系统的软件设计，中断和堆栈操作是极为有用的手段。在对某些事件的实时响应时，中断是必不可少的手段。在程序调用及对内存的某些快速操作中，经常会用到堆栈操作。这种操作使编程更加简单。另一方面，中断与堆栈操作很容易产生一些错误，而这些错误必须仔细地与所采用的中断及堆栈操作联系在一起才能解决。

（5）性能错误。性能错误是指所设计的软件性能与用户的要求相差太大，不能满足用户的性能要求。例如，软件的响应时间、执行时间、控制系统的精度等性能指标。尽管软件可以完成所要求的功能，但性能上太差也是无法使用的。如果风力发电机组控制系统在被测控的对象发生某种故障时，需要立即做出响应，包括系统自动保护，并向操作人员报警。若是响应时间太长，系统就有可能发生严重后果。类似这样的问题，都属于软件错误，在设计软件时应加以避免。

（6）人为因素。软件对设计人员有着极大的依赖性。设计人员的素质将直接影响到软件的质量。因此，要求设计人员具有丰富的基础知识和软件编程能力，能够熟练地运用所使用的程序设计语言，在微机的工程应用中，C 语言和汇编语言将是不可缺少的程序设计语言。要求软件设计人员具有较好的数据结构及程序设计方法的知识，以便编出效率高、错误少的软件。同时，应用系统的软件设计人员必须能熟练地对软件进行查错和测试。通过这些手段，使软件的错误减到最少。

3. 减小故障出现的方法

（1）元器件的选择。合理地选择微机应用系统的元器件，对提高硬件可靠性是一个重要步骤。选择合适的元器件，首先要确定系统的工作条件和工作环境。例如，系统工作电压、电流、频率等工作条件，以及环境温度、湿度、电源的波动和干扰等环境条件。同时，还要预估系统在未来的工作中可能受到的各种应力、元器件的工作时间等因素，选择合适的元器件，满足上面所考虑到的种种条件。

（2）筛选。把所选择的合适元器件的特性测试后，对这些元器件施加外应力，经过一定时间的工作，再把它们的特性重新测一遍，剔除那些不合格的元器件，其过程称为筛选。

在筛选过程中所加的外应力可以是电的、热的、机械的等。在选择器件之后，使元器件工作在额定的电气条件下；甚至工作在某些极限的条件下；甚至还加上其他外应力，如使它们同时工作在高温、高湿、振动、拉偏电压等应力下，连续工作数百小时。此后，再对它们进行测试并剔除不合格者。

（3）降额使用。降额设计是使零部件的使用应力低于其额定应力的一种设计方法。降额使用就是使元器件工作在低于它们的额定工作条件以下。实践证明，这种措施对提高可靠性是有用的。

一个元件或器件的额定工作条件是多方面的，其中包括电气的电压、电流、功耗、频率等，机械的压力、振动、冲击等及环境方面的温度、湿度、腐蚀等。元器件在降额使用时，就是设法降低这些条件。

1）电子元器件的降额使用。从电路设计来说，在设计时降低元器件的工作电参数。从系统的结构设计、热设计来说要降低机械及环境工作参数。这里主要对几种元器件的电气上的降额使用做简单说明。

电容器的降额使用主要是指降低它们的工作电压。由于电容器种类繁多，所用材料也不一样。因此，降额使用的标准也有差别。一般工作电压选择在小于其额定电压的 60%，环境温度不要高于 45℃。对于电阻器，降额使用主要是指降低它工作时的功率。通常使电阻工作在它的额定功率的 0.1～0.6 之间，其工作环境温度在 45℃以下。这样的条件下，电阻器保持较低的失效率。对于整流二极管及晶闸管器件，降额是指降低其电流。对于稳压二极管、晶体管，降额是指降低其功率损耗。一般工作在额定值的一半或更小。环境温度也最好在 45℃以下。集成电路的降额使用也需从电气及环境等方面来考虑。在电气上，主要考虑降低功耗，在保证工作的条件下，适当降低工作电压。同时，减少其输出的负载。在它们的工作环境下，环境温度、湿度、振动、干扰等都应保持在较好的水平上。

对于其他元器件的降额可以参照上面所提到的方法进行，这里不再说明。

2) 机械及结构部件上的降额。在风力发电机组控制系统中也可能会遇到一些机械或结构部件的设计。在设计中，为提高可靠性，同样采用降额的方法。首先，根据使用条件并进行一些必要的实验，以便确定机械的应力强度。在设计时采用降额使用的办法。

总之，在设计风力发电机组控制系统时，从各个方面采取降额措施。据文献介绍，合适的降额使用，可使硬件的失效率降低 1～2 个数量级。

(4) 可靠的电路设计。可靠性资料调查表明，影响风力发电机组控制系统可靠性的因素，大约四成来自设计。可见，作为一个设计人员，其工作的重要性。

1) 在电路设计中，要采用简化设计。完成同一个功能，使用的元器件越多、越复杂，其可靠性就越低。在设计中，尽可能简化。在逻辑电路设计中，采用简化的方法进行设计，必能获得提高可靠性的结果。在电路设计中尽量采用标准器件。这样做一方面标准器件容易更换，便于维修；另一方面标准器件都是前人已使用过，经过实际考验的，其可靠性必然较高。

2) 最坏设计。各电子元器件的参数都不可能是一个恒定值，总是在其标称上下有一个变化范围。同时，各种电源电压也有一个波动范围。在设计跑路时，考虑电源及元器件的公差，取其最坏（最不利）的数值，核算审查电路每一个规定的特性。如果这一组参数能够保证电路正常工作，那么，在公差范围内的其他所有元件值一定都能使电路可靠地工作。

3) 瞬态及过应力保护。在电路工作过程中，会发生瞬态应力变化甚至出现过应力。这些应力的变化，对电路元器件的工作是极为不利的。为此，在电路设计时，就应预计到将来的各种瞬时应力及过应力，例如，应对静电、电源的冲击浪涌、各种电磁干扰采取各种保护性措施。对于各种晶体管、TTL 电路、MOS 及 CMOS 集成电路的保护措施，在许多资料上均有介绍。由于所占篇幅太多，此处不做说明。

4) 减少电路设计中的误差和错误。在进行电路设计时，由于人为的原因，设计误差太大，致使系统投入运行后出现故障。更有甚者，在设计上有错误而没有检查出来，当系统投入运行后会产生灾难性后果。

(5) 冗余设计。所谓冗余，就是为了保证整个系统在局部发生故障时能够正常工作，而在系统中设置一些备份部件，当系统出现故障时便启动备份部件投入工作，使系统保持正常工作的方法。冗余系统是采取两套或两套以上相同、相对独立配置的设计，以此来增加系统的可靠性。一套单独的系统也许运行的故障率很高，但采取冗余措施后，在不改变内部设计的情况下，这套系统的可靠性可以立即大幅度提高。假如单独系统的故障率为 50%，而采取冗余系统后马上可以将故障率降低到 25%。冗余系统的优点在于：以现有的系统为依托，不需要任何时间或科研投入，可以立即实现；配置、安装、使用简单，无需额外的培训、设计等；使用冗余系统，理论上来讲，系统的故障率可以接近为零。

硬件冗余可以在元器件级、部件级、分系统级乃至系统级上进行。利用这种措施，提高可靠性是显而易见的。但是，硬件冗余要增加硬件，同时也要增加系统的体积、质量、功耗及成本。在采用冗余技术时，要看到它的利也要看到它的弊。

将若干个功能相同的装置并联运行，这种结构称为并联系统。而若干个部件串联运行构成的系统称为串联系统。在并联系统中，只要其中一个装置（部件）正常工作，则系统就能维持正常功能。对于 n 个装置的串联系统，其中任何一个装置出现故障，则整个系统就无法工作。根据上述基本结构，还可以构成串并联系统。同样，系统还可以构成并串联系统。若已知各部件的可靠性，利用算法可以计算各系统的可靠性。

冗余并联必须是同型号、同功率的 UPS 并联，必须安装在同一个位置。冗余并联 UPS 的电池得到了相同的充电和放电过程，并且在市电长期不停电的情况下便于进行手动放电维护。

1）首先讨论部件级的冗余：在某些系统中，对某种部件的可靠性要求特别高，用一个部件又难以达到那样高的要求，则可以采用多个同样的部件并联冗余。利用并联冗余措施，在部件级上实现的。

2）微控制器双机并联：一种微型机双机并联系统中两个微型计算机是相互独立的，各自都有自己的 CPU、内存、总线和输入输出接口。对系统的检测控制对象来说，两个微型机中只有其中一个用来完成用户的检测控制任务，另一个处于并行工作的待命状态。它与另一微型机执行同样的程序且两个微型机在运行用户程序时是同步进行的。一旦发现主控机出现故障，则处于待命状态的备份机立即自动切换上去，代替原主控机的工作，使整个检测控制系统维持正常工作。这时可对出故障的微型机进行检修。这种工作方式有时也称为双机热备份工作。显然，这比提供一台冷备份微型机要好得多。因为冷备份机在进行代换时，必然对系统的正常工作产生影响，而热备份可以实现双机的无扰动切换。

3）三机表决系统：在前面双机并联系统中，如果两个微型机执行某个事件结果不一致，就会难以判别是哪一台微型机出现了故障。如果采用 3 个微型机并联工作，对故障机做出判断就容易得多。理论和实践已证明，3 台微型机中，两台或两台以上同时出现故障的概率较其中某一台出现故障的概率要小得多。因此，3 机并联系统中，采用表决的办法来解决故障检测问题。

4）其他冗余手段：在风力发电机组控制系统设计中，有时要增加一些硬件来提高可靠性，而这些硬件并不是系统所必需的。下面的例子就属于这种情况。例如，为了指示输入输出接口的工作状态，可以增加发光二极管显示。利用这些发光二极管，可为检查、发现故障提供了方便。又如，在某一控制系统中，前一步动作未执行时，不允许后一步动作提前执行。这可以利用软件采集状态反馈信号，确知前者已经发生，再执行下一步。

4.6　塔底控制系统、变流器

1. 塔底控制系统检查

（1）检查塔底控制系统软件是否能正常操作。

（2）检查控制系统硬件是否完好，并检查控制柜内、外连线有无破损。

2. 变流器

变流器（converter）是使电源系统的电压、频率、相数和其他电量或特性发生变化的电器设备，包括整流器、逆变器、交流变流器和直流变流器。变流器是把风能转化成电能并入电网的纽带，既能对电网输送风力发电的有功分量，又能联结、调节电网端无功分量，起到无功补偿的作用。对于风机来说，由于风能的不恒定性，导致了从发电机输出的电能的不稳定性，对于这种电能是不能直接接入电网的。要接入电网必须满足发电机输出电压的大小、频率以及相位和电网的一致。所以通常在风机里有变流器和变频器来起到变压和变频的作用。一般由发电机发的电先经过变流器的变压作用达到输出的标准电压，然后经过变频器，达到相应的频率。

以 Verteco 变流系统为例。该变流器采用了可控整流的方式把发电机发出的电整流为直流电，通过网测逆变模块把直流电变成工频交流电并入电网。其控制方式为分布式控制，网测和发电机侧各有独立的控制器，以网测控制器为主控制器，其他控制器为子控制器。变流柜操作面板如图 4-4 所示。

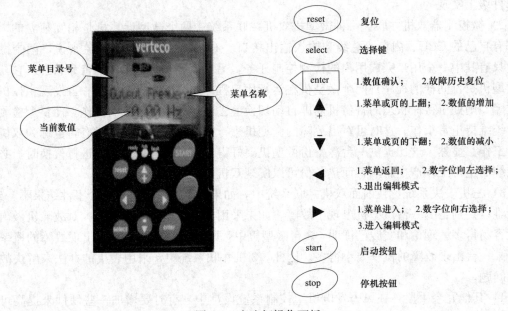

图 4-4　变流柜操作面板

3. 变流系统接线及接地检查

（1）检查时要确保电源已经断开。

（2）检查接线是否牢固可靠。

（3）检查定子和转子的动力电缆是否磨损现象。

（4）检查转子电缆的屏蔽线是否连接可靠。

（5）检查紧急停止链。

（6）对变流系统保护设定值的检查，如过电压保护值、过电流保护值、过热保护值等，既包括软件中的保护值，又包括硬件上的保护值。应根据参数表和电路图纸中的数值进行检查。

4. 水冷系统检查

(1) 检验冷却液所要求的防冻性。冬季需注入防冻液（乙二醇）以免空气散热器被冻坏。一般北方平原地区冷却水与防冻剂按 1:1 的比例配比，混合液的冰点可达到 $-35℃$。东北地区冷却水与防冻剂按 1:1.3 的比例配比，混合液的冰点可达到 $-45℃$。

(2) 检查水泵的连接螺栓紧固力矩。

(3) 查看水冷系统 3.6bar 的系统静止压力。

(4) 检查所有管道及软管的密封性。

(5) 使用无纤维抹布和清洗剂清除冷却器的脏物。注意水冷系统中的主要成分乙二醇属有毒物质，检修前必须穿好防护服，戴好橡胶手套，如果有必要应戴上护目镜。

(6) 水冷系统密封性检查。如果发现管路漏水，立即停止水冷系统的工作，查明漏水的地方并进行处理。如果在带压状态下无法完全处理，要对水冷系统进行放水处理。注意回收放出的水，并清理漏出的水。

5. 变流器加热/冷却系统注意事项

(1) 正确关闭所有变流器门至关重要，从而确保加热/冷却系统的最佳操作。

(2) 注意不要堵塞回路的进气口或出气口。

(3) 除电气危险外，电阻加热器在工作时还存在烧伤的危险。在开始任何工作前，应确保电阻器已冷却。

6. 散热器、过滤器及水冷管路的清洗

(1) 散热器的清洗：散热器是水冷系统的主要部件，担负着冷却水与外部环境热量交换的作用。由于长期暴露在风机外部，运行过程中会不断有灰尘及其他污染物附着在散热器表面及散片之间，从而使散热器的热交换效率降低，影响系统的整体散热效果。建议每年对散热器使用高压水枪进行一次冲洗、清理，清洗的时间可定在每年的 5、6 月（炎热夏季来临之前）。

(2) 过滤器的清洗：为了保证冷却系统的冷却效果，建议每年对变流器侧的冷却水过滤器进行一次检查、清洗。

(3) 水冷管路的清洗：为了能够持续保证冷却水的冷却效果，以相应时间间隔对机组的冷却管路进行清洗（包括变流器内的管路）。

机组水冷系统一般运行两年后需要清理管路中的杂质。水硬度越高，清理周期越短。水冷系统在运行过程中，冷却水中的悬浮物会附着到水冷管路的内壁上，随着时间会积累到一定程度，影响机组的热量交换，需要及时清洗。如果管路里产生超标的杂质，建议进行清洗。化学清洗只允许受过相应培训的专业人员来进行。

第 5 章　风电机组的传动系统维护

5.1　主 传 动 装 置

　　风力发电机组主传动装置的功能是将风力机的动力传递给发电机。主传动装置主要由主轴、主轴承、齿轮箱、联轴器等部分组成，如图 5-1 所示。

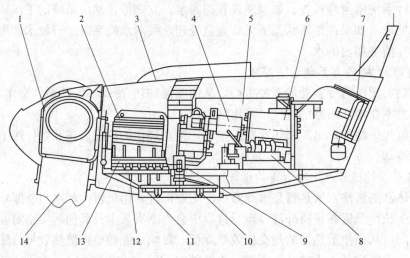

图 5-1　主传动装置

1—轮毂；2—齿轮箱；3—机舱罩；4—联轴器；5—电控系统；6—发电机；

7—冷却系统；8—泵站；9—偏航驱动；10—偏航制动；

11—偏航轴承；12—底座；13—弹性底座；14—叶片

5.1.1　主轴及主轴承

　　风力发电机主轴轴承的寿命关系到整台风电机的寿命，一旦失效，更换非常困难并且费用非常昂贵。主轴安装在风轮和齿轮箱之间，前端通过螺栓与轮毂刚性连接，后端与齿轮箱低速轴连接，承力大且复杂。受力形式主要有轴向力、径向力、弯矩、转矩和剪切力，风机每经历一次启动和停机，主轴所受的各种力，都将经历一次循环，因此会产生循环疲劳。所

图 5-2　主轴

以，主轴具有较高的综合机械性能。

　　根据受力情况主轴被做成变截面结构。在主轴中心有一个轴心通孔，作为控制机构通过或电缆传输的通道，如图 5-2 所示。

　　通常，主轴承选用调心滚子轴承，这种轴承装有双列球面滚子，滚子轴线倾斜于轴承的旋转轴线，其优点是对主轴的偏斜具有适应性，不会卡死。调心滚子轴承外圈滚道呈球面形，因此滚子可在外圈滚道内进行调心，

以补偿轴的挠曲和同心误差。轴承的滚道型面与球面滚子型面非常匹配。双排球面滚子在具有三个固定挡边的内圈滚道上滚动。每排滚子均有一个黄铜实体保持架或钢制冲压保持架。通常在外圈上设有环形槽，其上有三个径向孔，用作润滑油通道，使轴承得到极为有效的润滑。轴承的套圈和滚子主要用铬钢制造并经淬火处理，具备足够的强度、高的硬度和良好的韧性和耐磨性。图 5-3 所示为主轴、主轴承和轴承座装配示意图。

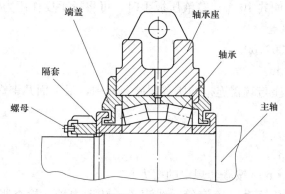

图 5-3　主轴、主轴承和轴承座

风力发电机组主轴从叶轮传递扭矩到增速箱，主轴轴承承受的力主要包括桨叶、轮毂及其附属部件的质量，在工作过程中为悬臂梁结构，转速低（10～30r/min）且波动范围大，传输载荷也容易突变，产生弯曲变形，要求其有较高的承载能力和传动平衡精度。工作过程中，不但要耐受强烈的风沙和各种腐蚀，还要承受较大的温差。主轴轴承故障主要的原因是由润滑不良引起滚动体和滚道产生损伤从而过早失效的。

主轴承运行过程中，在轴承盖处有微量渗油是允许的，如果出现大量油脂渗出时，必须停机检查原因。渗出的润滑脂按有关环保法规要求处理，不允许重新注入轴承使用。

1. 主轴集中润滑系统

（1）油脂类型：SKF LGWM1。1500kW 主轴润滑采用 BAKE 集中润滑系统，检查集中润滑系统油箱油位，当油位少于 1/2 时，必须添加润滑脂。半年维护的用油量约为 2.4kg，记录添加前、后的油脂面刻度，验证油脂的实际用量是否准确。检查油管和润滑点是否有脱离或泄漏现象。

（2）强制润滑。按泵侧面的红色按钮，即可在任何时候启动一次强制润滑。这个强制润滑键也可以用于检查系统的功能。在维护过程中，对集中润滑系统进行 1、2 次的强制润滑，确保润滑系统正常工作。

（3）积油盆清理。在主轴轴承座正下方有一个积油盆，应该定期对积油盆进行清理，保持机组整洁。

2. 主轴与轮毂连接

（1）连接螺栓：M36×330。

（2）力矩：2250N·m。

（3）所需工具：液压扳手、55 套筒、线滚子。

先检查上半圈连接螺栓，再转动风轮将下半圈的螺栓转上来进行检查。为了操作方便，检查前需先拆下防护栏，检查完后再装回。

需注意：为保障安全，不得在转动风轮时进行螺栓的检查工作。

3．主轴轴承座

（1）连接螺栓：M39×340。

（2）力矩：3000N·m。

（3）所需工具：液压扳手、55套筒、线滚子。

主轴轴承座螺栓两侧共10个。打液压扳手时，可将扳手反作用力臂靠在相邻的螺栓上。

4．主轴轴承座与端盖

（1）连接螺栓：M20×60。

（2）力矩：420N·m。

（3）检查主轴轴承座与端盖连接的所有螺栓。其中，最下面几颗螺栓可以拆掉积油盆后进行检查。

5．胀套

（1）连接螺栓：M30。

（2）力矩：1900N·m（按胀套规定的扭力）。

（3）所需工具：液压扳手、46套筒、线滚子，转动主轴，检查胀套螺栓是否达到规定扭力。

5.1.2　齿轮箱

风力发电机组中的齿轮箱是一个重要的机械部件，其主要功用是将风轮在风力作用下所产生的动力传递给发电机并使其得到相应的转速，通常风轮的转速较低，在多数风力发电机组中，达不到发电机发电的要求，必须通过齿轮箱齿轮副的增速作用来实现增速，故也将齿轮箱称之为增速箱。

1．常用齿轮箱

（1）直齿、斜齿和人字圆柱齿轮。直齿和斜齿圆柱齿轮箱由一对转轴相互平行的齿轮构成。直齿圆柱齿轮的齿与齿轮轴平行，而斜齿圆柱齿轮的齿与轴线呈一定角度，人字齿轮在每个齿轮上都有两排倾斜方向的斜齿。各种圆柱齿轮如图5-4所示。

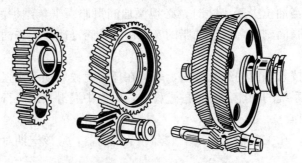

图5-4　直齿、斜齿和人字圆柱齿轮

（2）行星齿轮系。行星齿轮系是一个或多个所谓的行星轮绕着一个太阳轮公转，本身又自转的齿轮传动轮系。图5-5为行星齿轮原理图。

实际应用的风力发电机主齿轮系中，最常见的形式是由行星齿轮系和平行轴轮系混合构成的。在直齿轮、斜齿轮、人字齿轮中最常用的齿形是渐开线齿形。这种齿形意味着当基圆

匀速转动时，齿面产生匀速位移，接触线是
一条直线。

2. 齿轮箱形式

风力发电机组齿轮箱的种类很多，按照
传统类型可分为圆柱齿轮箱、行星齿轮箱以
及它们互相组合起来的齿轮箱；按照传动的
级数可分为单级和多级齿轮箱；按照传动的
布置形式又可分为展开式、分流式、同轴式
齿轮箱以及混合式齿轮箱等。

5.1.3　箱体和轴承

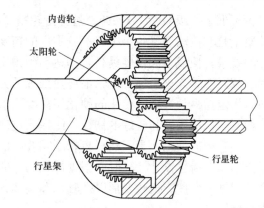

图 5-5　行星齿轮原理

1. 箱体

箱体是齿轮箱的重要部件，它承受来自风轮的作用力和齿轮传动时产生的反力。箱体必
须具有足够的刚性去承受力和力矩的作用，防止变形，保证传动质量。批量生产时，常采用
铸铁箱体，减振性好，易于切削加工。所用的材料有球墨铸铁和其他高强度铸铁。单件、小
批生产时，常采用焊接或焊接与铸造相结合的箱体。箱体的设计应按照风力发电机组动力传
动的布局、加工和装配、检查以及维护等要求来进行。应注意轴承支承和机座支承的不同方
向的反力及其相对值，选取合适的支承结构和壁厚，增设必要的加强筋。筋的位置须与引起
箱体变形的作用力的方向相一致。为了便于装配和定期检查齿轮的啮合情况，在箱体上设有
观察窗。机座旁一般设有连体吊钩，供起吊整台齿轮箱用。为了减小齿轮箱传到机舱机座的
振动，齿轮箱可安装在弹性减振器上。最简单的弹性减振器是用高强度橡胶和钢垫做成的弹
性支座块。箱盖上还设有透气罩，在相应部位设有油位指示器、注油器和放油孔。采用强制
润滑和冷却的齿轮箱，在箱体上设有进出油口和相关液压件的安装位置。齿轮箱上常采用的
轴承有圆柱滚子轴承、圆锥滚子轴承、调心滚子轴承等。在所有的滚动轴承中，调心滚子轴
承的承载能力最大，且能够广泛应用在承受较大负载或者难以避免同轴误差和挠曲较大的支
承部位。

2. 齿轮和轴

风力发电机组运转环境非常恶劣，受力情况复杂，要求所用的材料除了要满足机械强度
条件外，还应满足极端温差条件下所具有的材料特性，如抗低温冷脆性、冷热温差影响下的
尺寸稳定性等。对齿轮和轴类零件而言，由于其传递动力的作用而要求极为严格的选材和结
构设计，一般情况下不推荐采用装配式拼装结构或焊接结构，齿轮毛坯只要在锻造条件允许
的范围内，都采用轮辐轮缘整体锻件的形式。当齿轮顶圆直径在 2 倍轴径以下时，由于齿轮
与轴之间的连接所限，常制成轴齿轮的形式。

为了提高承载能力，齿轮一般都采用优质合金钢制造。外齿轮推荐采用 20CrMnMo、
15CrNi6、17Cr2Ni2A、20CrNi2MoA、17CrNiMo6、17Cr2Ni2MoA 等材料。内齿圈按其结
构要求，可采用 42CrMoA、34Cr2Ni2MoA 等材料，也可采用与外齿轮相同的材料。采用锻
造方法制取毛坯，可获得良好的锻造组织纤维和相应的力学特征。合理的预热处理以及中间
和最终热处理工艺，保证了材料的综合机械性能达到设计要求。

3. 齿轮

(1) 齿轮精度。齿轮箱内用作主传动的齿轮精度，外齿轮不低于 5 级 GB/T 10095，内

齿轮不低于 6 级 GB/T 10095。选择齿轮精度时要综合考虑传动系统的实际需要，优秀的传动质量是靠传动装置各个组成部分零件的精度和内在质量来保证的，不能片面强调提高个别件的要求，使成本大幅度提高，却达不到预定的效果。

（2）渗碳淬火。通常齿轮最终热处理的方法是渗碳淬火，齿表面硬度达到 HRC60±2，同时规定随模数大小而变化的硬化层深度要求，具有良好的抗磨损接触强度，轮齿心部则具有相对较低的硬度和较好的韧性，能提高抗弯曲强度。

（3）齿形加工。为了减轻齿轮副啮合时的冲击，降低噪声，需要对齿轮的齿形、齿向进行修形。在齿轮设计计算时已根据齿轮的弯曲强度和接触强度初步确定轮齿的变形量，再结合考虑轴的弯曲、扭转变形以及轴承和箱体的刚度，绘出齿形和齿向修形曲线，并在磨齿时进行修正。

4. 轴承

滚动轴承齿轮箱的支承中，大量应用滚动轴承，其特点是静摩擦力矩和动摩擦力矩都很小，即使载荷和速度在很宽范围内变化时也如此。滚动轴承的安装和使用都很方便，但是，当轴的转速接近极限转速时，轴承的承载能力和寿命急剧下降，高速工作时的噪声和振动比较大。齿轮传动时轴和轴承的变形引起齿轮和轴承内外圈轴线的偏斜，使轮齿上载荷分布不均匀，会降低传动件的承载能力。由于载荷不均匀性，轮齿经常发生断齿的现象，在许多情况下又是由于轴承的质量和其他因素，如剧烈的过载而引起的。选用轴承时，不仅要根据载荷的性质，还应根据部件的结构要求来确定。相关技术标准或者轴承制造商的样本，都有整套的计算程序可供参考。

5. 密封

齿轮箱轴伸部位的密封一方面应能防止润滑油外泄，同时也能防止杂质进入箱体内。常用的密封分为非接触式密封和接触式密封两种。

（1）非接触式密封。所有的非接触式密封不会产生磨损，使用时间长。

（2）接触式密封。接触式密封使用的密封件应使密封可靠、耐久、摩擦阻力小、容易制造和装拆，应能随压力的升高而提高密封能力和有利于自动补偿磨损。

5.1.4 润滑油净化和温控系统

风力发电机组齿轮箱的润滑，是齿轮箱持续稳定运行的保证。齿轮箱润滑系统如果工作不正常，由于齿面润滑油膜减少而热量增加，将造成齿面和轴承的损坏。特别是在我国北方，冬季温度过低，润滑油品黏度增大，如果齿轮箱润滑部位不能得到充分润滑，长期运行将会导致啮合齿面以及轴承滚动体和座圈发生点蚀、胶合和磨损现象；夏季温度过高，如果齿轮箱散热不好，当风力发电机组在额定功率下运行时，齿轮箱内油品温度上升较快，根据热平衡态原理，在没有外界影响的条件下，一个热力学系统经长时间后必将趋于热平衡态，即齿轮箱内循环油品和齿面润滑油品达到温度较高的热平衡状态，由于润滑油黏度下降，对啮合齿面油膜的形成不利，齿面也容易出现点蚀、胶合现象，因此，较好地解决齿轮箱的润滑，对润滑油进行有效的净化和温控也是保证齿轮箱稳定运行的条件。齿轮箱内常采用飞溅润滑或强制润滑，一般多见强制润滑。

大功率风机的齿轮箱设有润滑油净化和温控系统，图 5-6 为一种典型结构。

电动机 1 和驱动液压泵 2 将油液从齿轮箱底部经过单向阀 3 泵人滤油器 7，由齿轮箱驱动的液压泵 4 将油液通过单向阀 5 泵入过滤器，由于单向阀 3 和单向阀 5 的单向功能，保证

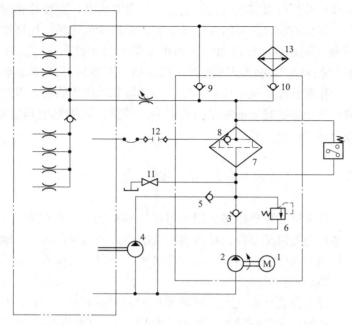

图 5-6　润滑油净化和温控系统

1—电动机；2、4—液压泵；3、5、9、10—单向阀；6—溢流阀；
7—滤油器；8—单向阀；11—截止阀；12—放气接头；13—冷却器

了这两个液压泵能够独立或同时工作。溢流阀 6 作为安全阀使用，为了防止系统压力过高对元件造成损坏。

过滤器采用多级过滤精度的混合滤芯，在粗精度滤芯和高精度滤芯之间用单向阀 8 隔开，当油温较低时，由于油液黏度较高，通过高精度滤芯时产生的压降增大，当大于单向阀 8 的开启压力时，油液经粗精度滤芯过滤后流经过滤器；随着温度的升高，通过高精度滤芯时产生压降逐渐减小，单向阀 8 开口逐渐减小直到完全关闭（大约 10℃时），油液完全流过高精度滤芯。采用这种结构的过滤器能够保证在任何情况下，进入齿轮箱的油液都是经过过滤的油液。

油液经过过滤后，由单向阀 9 和 10 来分配其是直接进入齿轮箱或是经过冷却器 13 后进入齿轮箱。当油温较低时，由于黏度较大，通过冷却器的压差增大，当压差大于单向阀 9 的开启压力时，大部分油液通过单向阀 9 直接进入齿轮箱；同时仍有一小部分油液进入冷却器，这部分油液是从齿轮箱里流出的温度逐渐升高的油液，它逐渐将冷却器及连接管路中无法加热的油液替换出来，这就保证了冷却器里无论温度如何始终有油流过，避免了冷却器内冷热油流的突然切换，因为这样会导致冷却器内的压力出现剧烈升高。

截止阀 11 的作用是在更换滤芯时将过滤器壳体内的油液排出。过滤器有压差发讯器，当滤芯堵塞严重时，会发出信号，此时应更换滤芯。放气接头 12 的作用是尽可能将系统中的气泡排出，防止其进入润滑部位产生危害，同时能够降低齿轮箱噪声。

为了解决低温下启动时润滑油凝固问题，有的润滑油净化和温控系统设有油加热装置。常见的油加热装置是电热管式的，装在油箱底部。在低温状况下启动时，利用油加热器加热油液后再启动机组，以避免因油的流动性不良而造成润滑失效，损坏齿轮和传动件。

润滑油净化和温控系统可以实现自动控制。机组每次启动，在齿轮箱运转前先启动润滑油泵，待各个润滑点都得到润滑后，间隔一段时间方可启动齿轮箱。当环境温度较低时，例如小于10℃，须先接通电热器加热机油，达到预定温度后才投入运行。若油温高于设定温度，如65℃时，机组控制系统将使润滑油进入系统的冷却管路，经冷却器冷却降温后再进入齿轮箱。润滑油净化和温控系统中还装有压力传感器和油位传感器，以监控润滑油的正常供应。如发生故障，监控系统将立即发出报警信号，使操作者能迅速判定故障并加以排除。润滑油系统中的冷却器常用风冷式的。

5.2　联　轴　器

联轴器是一种通用元件，种类很多，用来连接不同机构中的两根轴（主动轴和从动轴）使之共同旋转以传递扭矩的机械零件。在高速重载的动力传动中，有些联轴器还有缓冲、减振和提高轴系动态性能的作用。联轴器由两部分组成，分别与主动轴和从动轴连接。一般动力机大都借助于联轴器与工作机相连接。可以分为刚性联轴器（如胀套联轴器）和挠性联轴器两大类，挠性联轴器又分为无弹性元件联轴器（如万向联轴器）、非金属弹性元件联轴器（如轮胎联轴器）、金属弹性元件联轴器（如膜片联轴器）。刚性联轴器常用在对中性好的两个轴的联轴接；而挠性联轴器则用在对中性较差的两个轴的连接。挠性联轴器还可以提供一个弹性环节，该环节可以吸收轴系外部负载波动产生的振动。

在风力发电机组中通常在低速轴端（主轴与齿轴箱低速轴连接处）选用刚性联轴器。在高速轴端（发电机与齿轮箱高速轴连接处）选用挠性联轴器。

5.2.1　刚性胀套联轴器

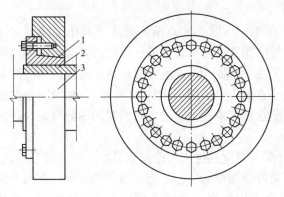

图 5-7　胀套式联轴器
1—缩紧盘；2—行星架；3—主轴

胀套式联轴器结构如图 5-7 所示。它是靠拧紧高强度螺栓使包容面产生压力和摩擦力来传递负载的一种无键连接方式，可传递转矩、轴向力或两者的复合载荷，承载能力高，定心性好，装拆或调整轴与毂的相对位置方便，可避免零件因键连接而削弱强度，提高了零件的疲劳强度和可靠性。

胀套连接与一般过盈连接、无键连接相比，具有许多独特的优点：制造和安装简单，安装胀套的轴和孔的加工不像过盈配合那样要求高精度的制造公差。安装胀套也无需加热、冷却或加压设备，只需将螺栓按规定的转矩拧紧即可。并且调整方便，可以将轮毂在轴上很方便地调整到所需位置。有良好的互换性，拆卸方便。这是因为胀套能把较大配合间隙的轮毂连接起来。拆卸时将螺栓拧松，即可使被连接件拆开。胀套连接可以承受重负荷。胀套结构可做成多种式样，一个胀套不够，还可多个串联使用。胀套的使用寿命长，强度高。因为它是靠摩擦传动，被连接件没有相对运动，工作中不会磨损。胀套在胀紧后，接触面紧密贴合不易锈蚀。胀套在超载时，可以保护设备不受损坏。

5.2.2　万向联轴器

万向联轴器利用其机构的特点，使两轴不在同一轴线，存在轴线夹角的情况下能实现所连接的两轴连续回转，并可靠地传递转矩和运动。万向联轴器最大的特点是：其结构有较大的角向补偿能力，结构紧凑，传动效率高。不同结构形式万向联轴器两轴线夹角不相同，一般为 5°～45°，是一类容许两轴间具有较大角位移的联轴器，适用于有大角位移的两轴之间的连接，一般两轴的轴间角最大可达 35°～45°，而且在运转过程中可以随时改变两轴的轴间角。

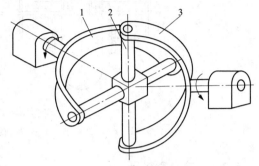

图 5-8　十字轴式万向联轴器结构简图
1、3—轴叉；2—十字轴

在风力发电机组中，万向联轴器也得到广泛的应用。例如图 5-8 所示的十字轴式万向联轴器。主、从动轴的叉形件（轴叉）1、3 与中间的十字轴 2 分别以铰链连接，当两轴有角位移时，轴叉 1、3 绕各自固定轴线回转，而十字轴则做空间运动。

可以将两个单万向联轴器串联而成为双万向联轴器，应用方式如图 5-9 所示。

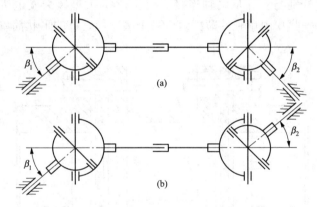

图 5-9　十字轴式双万向联轴器应用方式
（a）主、从动轴线相交；（b）主、从动轴线平行

5.2.3　轮胎联轴器

图 5-10 所示为轮胎式联轴器的一种结构，外形呈轮胎状的橡胶元件 2 与金属板硫化黏结在一起，装配时用螺栓直接与两个半联轴器 1、3 连接。采用压板、螺栓固定连接时，橡胶元件与压板接触压紧部分的厚度稍大一些，以补偿压紧时压缩变形，同时应保持有较大的过渡圆角半径，以提高疲劳强度。橡胶元件的材料有两种，即橡胶和橡胶织物复合材料，前一种材料的弹性高，补偿性能和缓冲减振效果好，后一种材料的承载能力大，当联轴器的外径大于 300mm 时，一般都用橡胶织物复合材料制成。轮胎式联轴器的特点是具有很高的柔度，阻尼大，补偿两轴相对位移量大，而且结构简单，装配容易。相对扭转角 6°～30°。轮胎式联轴器的缺点是随扭转角增加，在两轴上会产生相当大的附加轴向力。同时也会引起轴向收缩而产生较大的轴向拉力。为了消除或减轻这种附加轴向力对轴承寿命的影响，安装时宜保持一定量的轴向预压缩变形。

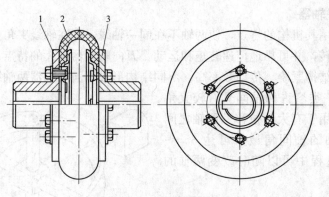

图 5-10　轮胎式联轴器

1、3—半联轴器；2—橡胶元件

5.2.4　膜片联轴器

膜片联轴器采用一种厚度很薄的弹簧片，制成各种形状，用螺栓分别与主、从动轴上的两半联轴器连接。图 5-11 为一种膜片联轴器的结构，其弹性元件为若干多边环形的膜片，在膜片的圆周上有若干螺栓孔。为了获得相对位移，常采用中间轴，其两端各有一组膜片组成两个膜片联轴器，分别与主、从动轴连接。图 5-12 为大型风力发电机组常用的分离膜片联轴器的拆分图。每一膜片由单独的薄杆组成一个多边形，杆的形状简单，制造方便，但要

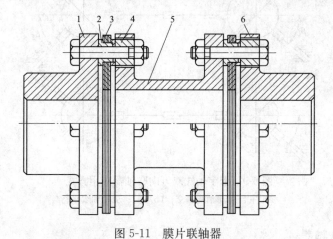

图 5-11　膜片联轴器

1、6—半联轴器；2—衬套；3—膜片；4—垫圈；5—中间轴

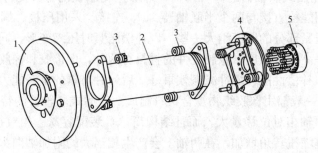

图 5-12　分离膜片联轴器

1—带测速盘的齿轮箱侧组件；2—带力矩限制器的中间体；3—胀紧螺母；4—发电机侧的组件；5—胀紧轴套

求各孔距精确，其工作性能与连续环形基本相同，适用于联轴器尺寸受限制的场合。中间体带力矩限制器，当传动力矩过大时可以自动打滑。

5.2.5　连杆联轴器

图 5-13 所示的连杆联轴器，也是一种挠性联轴器。每个连接面由 5 个连杆组成，连杆一端连接被联接轴，一端连接中间体。可以对被连接轴轴向、径向、角向误差进行补偿。连杆联轴器设有滑动保护套（见图 5-14），用于过载保护。滑动保护套由特殊合金材料制成，它能在风机过载时发生打滑从而保护电机轴不被破坏。在保护套的表面涂有不同的涂层，保护套与轴之间的摩擦力始终是保护套与轴套之间摩擦力的 2 倍，从而保证滑动永远只会发生在保护套与轴套之间。当转矩从峰值回到额定转矩以下时，滑动保护套与轴套之间继续传递转矩，无需专人维护。

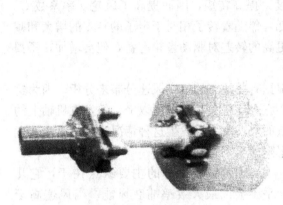

图 5-13　连杆联轴器

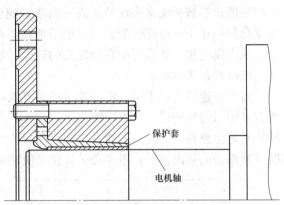

图 5-14　滑动保护套

5.2.6　联轴器的维护

（1）联轴器表面观察：联轴器表面是否变形扭曲，高弹性连杆表面是否有裂纹。图 5-15 所示的是联轴器。

（2）联轴器连接：由于联轴器的特殊性（起刚性连接和柔性保护作用），要求严格按照规定的力矩进行检查。

（3）齿箱输出轴与发电机输入轴对中：在机组月维护、半年维护和一年维护时，都要进行对中测试。轴向偏差为 0.25mm，径向偏差要求为 0.4mm，角向偏差为 0.1°。如果测试值大于以上精度要求，则要对发电机进行重新对中。

图 5-15　联轴器

（4）联轴器的维修保养周期应该与整机的检修周期保持一致，但至少 6 个月一次。

低速轴所用的胀套式联轴器出厂时安装并测试合格。严禁拆卸缩紧盘的螺栓。在联轴器投入使用后，每个整机检修周期都必须检查螺栓、行星架，如有异常（如出现裂纹、螺栓松动等），就应检查其拧紧力矩、查找故障原因。

要注意检查高速轴联轴器的安装偏差的变化。由于齿轮箱，发电机的底座为弹性支撑，随着风机运行时间的延长，有必要检验联轴器的安装对中度是否出现变化，如有必要需重新调整齿轮箱和发电机的安装位置，调整时需激光校准。对于膜片联轴器，万一单片膜片破裂就必须更换整个膜片组，并且检查相应的连接法兰，确保没有损坏。

5.3 发电机的传动

选择发电机的运行速度和根据变化的风速控制发电机速度，必须在系统设计早期就决定。这是很重要的，因为它决定了所有主要元件及其容量。发电机驱动策略和相应的速度控制方法属于以下范畴。

5.3.1 单定速传动

发电机定速运行带来了简单的系统设计，十分适合异步发电机，因为异步发电机本质上是一种定速电机。风力机速度一般较低，而发电机在高速时运行效率更高，两者之间的速度匹配是通过机械齿轮来实现的。齿轮箱降低速度，提高转矩，因而提高了风轮功率系数 C。在变化的风速下，电磁转矩及功率的增加和降低，伴随着转子相对于定子的转差的增大和减小。风力发电机一般运行于百分之几的转差，更高的转差对驱动齿轮有益，但会增加转子损耗，给冷却带来困难。

对于定速风力机来说，年度能量产量必须根据有关地点的给定风速分布来分析。因为这种方案中风力机的速度是恒定的，所以并不担心它会运行在额定速度以上，但发电机轴上的转矩必定会更高，因此，可能发出超过额定容量的电功率。当发生这种情况时，发电机通过跳开断路器而切出运行，甩掉负荷，使系统功率降落至零。

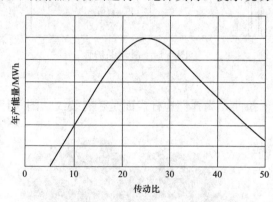

图 5-16　年产能量和传动比的关系曲线

固定速度运行的主要缺点在于，它几乎不会以最大效率捕获风能。当风速高于或低于某个选定的最优值时，风能就被浪费掉了。在发电机运行于恒定转速的条件下，年产能取决于风速的传动比，图 5-16 描述了年产能和传动比的关系，它是这种关系的典型关系曲线。在图中可以看到，年产能高大度依赖于传动比。对于图中给定的风速分布，该风力机的能量产出在传动比为 25 时达到最大。因此选择传动比时，考虑选定地点的平均风速是很重要的。风力机运行的最优传动比随风电场而变化。因为年产能偏低，所以定速传动一般限于小型发电机使用。

5.3.2 双定速传动

双速电机可提高能量捕获，降低转子的电损耗和齿轮噪声。速度通过改变传动比来改变。根据风电场期望的风速分布选择两种运行速度以优化年产能。显然，在两个传动比下发出峰值功率的风速 v_1 和 v_2 必然位于期望年平均风速的两侧。在图 5-17 所示的特例中，当风速低于 10m/s 时，系统运行于低传动比；当风速高于 10m/s 时，运行于高传动比。该例子中，运行在风速为 10m/s 时，可能会引起传动比变化。

在美国早期的设计中，采用两台不同的电机来实现双速，通过皮带传动在两台发电机之间切换。一个经济有效的方法是将异步发电机设计成可以运行在两个速度上。有两套

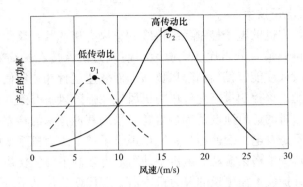

图 5-17　在低和高传动比时变化风速产生的功率概率分布

不同极对数的独立定子绕组的笼型电动机可以运行在两个或者多个相互关联速度上。此外，变极电机有一套定子绕组，可以改变其连接以给出不同的极数。符合系统要求的独立绕组是首选，因为速度改变肯定不会失去对电机的控制。但是，独立绕组在空间上较难安排。在单绕组变极方法中，绕制定子的线圈可以连接为 P 或 2P 个极。鼠笼转子则不需要作任何改动，实际上也是不可能的。用于低速运行的定子接法的极数是高速运行时极数的一半，保持 TSR 在接近最优的水平，以产生高转子功率系数 C，而电机只运行在一个速度比例 2∶1。图 5-18 显示了变极定子绕组的一相。对于更高极数，线圈是串联的；对于较低的极数，是串、并联的。由此导致的磁链模式分别对应于 8 极和 4 极。对于较高的极数，通常采用双层绕组，电气间隔 120°。在这样的绕组中，一个重要的设计考虑是限制空间谐波，因为它在发电模式下可能会降低效率，而作电动机运行时，瓦能会在起动阶段产生蠕动。

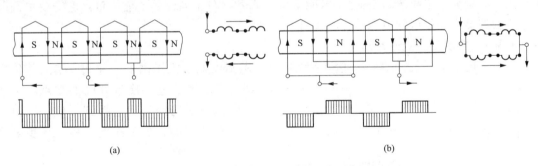

(a)　　　　　　　　　　　　　　　　　(b)

图 5-18　速度比 2∶1 的变极定子绕组
(a) 8 极磁链模式；(b) 4 极磁链模式

定子绕组一旦绕成，其线圈节距就是固定的，但是其电气距离取决于极数。对于 8 极连接方式，线圈节距占圆周 1/8 的是整距线圈，对于 6 极接法来说是 2/3，对于 4 极接法来说是 1/2。必须避免过窄的线圈节距。对于速度比为 2∶1 的发电机，可能的线圈节距对于较大极数来说是 1.33 极距，对于较小极数来说是 0.67。每种情况下，线圈节距因子应为 0.86。若使节距接近 1 和 0.5，节距因子为 1.0 和 0.71，则可以避免低速运行时漏抗过大。采用定桨距、失速设计风轮的双速技术在小型风力机（小于 1MW）中仍然适用。

5.3.3　变速电力电子技术

在一些风力机中，先进的电子控制系统持续调整风力机的叶片桨距角，使其在任一风速下获得最优转速，并得到最大升阻比。变速运行使风力机保持在最高效率水平的能力最大化。定速风轮必须被设计成能够偏离高阵风负荷，而变速运行却能够使得来自阵风的负荷被吸收掉，并转化为电能。该控制策略允许风力机风轮在强阵风时升速，因而降低了传动系统的转矩负荷。变速风力机的运行速度范围显著宽于采用其他技术的转差范围，后者在强阵风下调节功率时发热而不是发电。变速运行系统也提供了整个风力机系统的主动阻尼，这与恒速风力机相比，显著减少了塔架振动。电机主动阻尼也限制了峰值转矩，提供了更高的传动系统可靠性、更低的维护成本需更长的风力机寿命。现代变速传动系统采用电力电子装置将发电机的变压变频输出转换为定压定频输出，该技术和航空电源系统中的技术相似。不断下降的电力半导体器件成本推动了这种系统的应用。虽然可以采用常规的晶闸管整流器和逆变器，但是风力发电工业的现代设计似乎更倾向于脉宽调制晶闸管。速度比例在理论上是没有限制的，但实际中限制在3∶1，这比前述变极方法和下文要描述的歇尔皮斯电机得到的要宽。变速系统的能量产量更高，但增加的成本和电力电子装置的电损耗抵消了部分收益。在大型系统中，成本和收益折中一般都是正的。

除更高的年产能之外，变速电力电子系统提供了电能质量的远程调整和控制。这有其他系统所不具备的两个主要优势：

（1）远程控制的机会：这使得它对离岸应用很有吸引力；

（2）精确调校以实现最好的并网：这使得它更适合于满足发展中国家的较弱电网的要求，如中国和印度。

基于电力电子技术的变速系统引入了一些其他系统中没有发现的系统级问题，它在电网中产生高频谐波（电噪声），恶化了电能质量。或者，对于同样的电能质量，它需要更高阶的电力滤波器来满足电网电能质量的要求。

5.3.4　歇尔皮斯变速传动

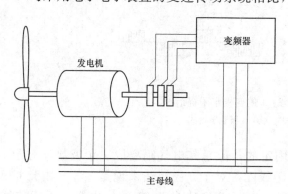

图 5-19　采用双馈异步发电机的
歇尔皮斯变速传动系统

与采用电子电子装置的变速传动系统相比，歇尔皮斯电机提供了一种低成本的替代方案，也能消除电能质量方面的缺点，它在工厂和矿区的提升机上得到了应用。引申第 5 章描述的等效电路的分析，异步电机的转速可以通过改变转子电阻或者注入与所需转子转差相对应频率的外部电压来改变。笼型结构不允许这样的注入，因此，带集电环的绕线式转子结构得到应用（见图 5-19）。转子电路通过集电环连接在一个外部变频电源，定子接到电网。因此，歇尔皮斯电机也叫作双馈异步电机，它从定子和转子两侧均得到能量馈送，速度通过调整转子电流外电源的频率来改变。采用歇尔皮斯电机的变速控制范围一般限制在2∶1。

这个概念在早期风力机中得到应用，但集电环处的摩擦性电接触导致可靠性下降，这已经成为一个担心。然而，一些生产厂家似乎已经解决了这个担心，并正在兆瓦容量风力机中实现该系统。转子对变频电源的需要增加了成本和复杂性，然而，对于大型系统，增加的成本小于变速运行增加的产能的收益。

在双馈歇尔皮斯传动系统中，电力电子变频器——脉宽调制或者循环变流器——接入受控主网线路，把电压和频率转换为需要的值以保持需要的转速。该控制通过两种不同的控制电路来实现：主母线频率控制器和注入电压控制器。主母线频率控制器的控制电路测量电网频率〔或者发电机转速（单位为 r/min）〕，将该频率和给定的参考值（50Hz或 60Hz）相比较。之后，一个信号被送入到注入电压控制器，该信号的大小取决于频率与参考值之间差值的大小。注入电压控制器从母线频率控制器接受收此信号，并将其与参考值相比较，这个参考值与 50Hz 或 60Hz 相对应。随后通过变频器对注入电压进行调整，使得注入电压和频率输出达到参考值。该作用使变速变压交流发电机在电网端发出恒定电压和频率的输出。

达塔（Datta）和兰加纳坦（Ranganathan）对比了双馈绕线式转子异步发电机与采用笼型转子的定速方案和变速方案，包括主要硬件需求、运行区域和实际风速分布对应的能量输出。对比显示，相似容量的绕线式转子发电机可以显著提高能量捕获，因为它在超同步速甚至也能以额定转矩运行，转子也可以和定子一样发出电能。而且，在转子侧控制使得电力电子器件电压容量和直流母线滤波器电容量被降低了，网测电感滤波线圈的尺寸也被降低了。

变速方案和桨距控制的结合日益变为更大型风力机的主导选择，具有定桨距叶片的双速主动失速结合和经典失速方案也还在使用。

5.3.5　变速直接传动

直接运行于风力机速度的发电机极具吸引力，尤其适用于风轮速度高的小型机组。直驱方式消除了机械齿轮，且不需要电力电子装置，这带来了多个优点：

(1) 更小的机舱质量；

(2) 降低噪声和振动；

(3) 功率损耗降低几个百分点；

(4) 机舱维护频度降低。

最后一个优点对于离岸风电场尤其具有吸引力。

在大型风力机中，低风轮转速限制了直驱型发电机设计。例如，德国 Vensys 公司在2003 年安装了一台 1.2MW 的样机，采用了皮带传动桨距系统的永磁发电机。西班牙MTorres 和美国 Zephyros 公司正在研究其他类型的直驱系统。

低速直驱发电机（没有齿轮箱或者只具有一个单级齿轮箱）是一种非常可取的设计。德国开发的混合驱动技术，被描述为具有单级齿轮箱和中等速度（150r/min）、船用型永磁发电机的紧凑传动系统。一台 5MW 的混合技术样机已经开发并测试成功。

5.4　传　动　的　选　择

恒速系统有简单、坚固和低成本的传动链，而变速系统则带来以下优势：

(1) 高出 20%～30%的产能；

(2) 更低的机械应力——阵风加速叶片而不是扭矩冲击；

（3）电能波动更小，因为风轮惯量可起到能量缓冲的作用；

（4）低风速时噪声降低。

电力电子装置在变速系统设计中引入的电流和（或）电压谐波要引起注意。

理论上讲，变速运行比定速系统每年可以多捕获大约 1/3 的能量。变速系统现场运行人员上报的实际数据稍低，为 20%～30%。然而，即便是年产能有 15%～20% 的提高，也使得变速系统在低风速区域商业可行，能为风力发电装机打开一个全新的市场，这在很多国家正在发生着。因此，较新的装机更可能采用变速系统。

现在系统设计的近似分布是单定速 30%、双定速 40%、变速电力电子系统 30%（见图5-20）。然而，变速系统的市场份额每年都在增长。

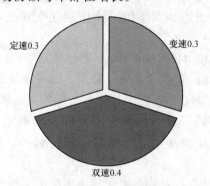

图 5-20　发电机传动系统设计选择

5.5　切出速度的选择

在任何情况下，发电机运行在其最高速度和功率限制下是很重要的，超过任何一个设计限值都会损伤甚至毁坏电机。

在设计变速系统时，必须对运行速度的上限做出重要的决定。对于图 5-21 显示的能量分布，如果风电场设计运行在 18m/s 的风速，则可以捕获年度积分能量 E_1（曲线下的面积）；如果系统设计成可变速运行在高达 25m/s 的风速下，则可在同期捕获能量 E_2。然而，

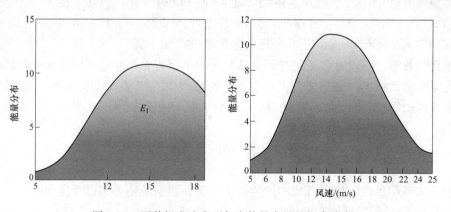

图 5-21　两种切出速度下年度能量产量的概率分布

后者要承受更高风速和更大功率，因此会带来风力机和发电机成本增加的问题。对于给定的风电场，收益和成本必须折中以达到风轮转速的最优上限。

折中的一个方面是一年内可以额外多捕获（$E_2 - E_1$）的能量。如果发电收入是 p 美元/kWh 则每年增加的收入是 $p(E_2 - E_1)$ 美元。年度收益在 n 年寿命期内对年度投资成本 i 的现值 PW 为：

$$PW > (C_2 - C_1) \tag{5-1}$$

在这个例子中，如果切出速度为 25m/s 的变速系统的初始成本为 C，切出速度为 18m/s 的为 Cp，那么具有 25m/s 切出速度的变速系统在财务上是有利的。这种折中应该顾及其他非主要但很重要的事情，例如对更高切出风速的潜在噪声的考虑。

第6章　风电机组制动及变桨系统维护

6.1　风电机组的制动系统

大型风力发电机组设置制动装置的目的是保证机组从运行状态到停机状态的转变。制动一般有两种情况：一种是运行制动，它是在正常情况下经常性使用的制动；另一种是紧急制动，它只用在突发故障时，平常很少使用。

制动装置有机械制动、空气动力制动两类。在机组的制动过程中，两种制动形式是相互配合的。

制动系统的工作原理如图 6-1 所示。

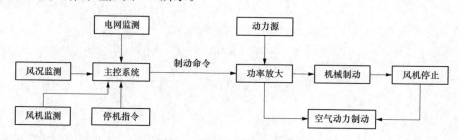

图 6-1　制动系统的工作原理

6.1.1　制动系统的任务

在上文中，机组按照其采用的制动原理，机械制动可以完成多种任务。对于机械制动最小的要求是停机制动，以便机组在维修时可以停机。制动在大部分机组设计中也可以用来在大风速时进行停机，以便将叶轮带到静止状态，并且在低速停机情况下也一样。起初利用空气动力来制动叶轮，因此机械制动转矩能够非常低。然而，IEC 61400-1 需要机械制动能够在任何风速低于每年一遇 3s 的阵风时，将叶轮从危险的空载状态带到完全停止。

如果要求机械制动在空气动力制动系统完全失败时能够制动叶轮，那么就有两种配置选择值得考虑。既可以检测到空气动力制动系统失效导致超速时起作用，也可以作为标准紧急事件停机程序和空气动力制动同时作用。前一个策略的优势在于：机械制动即使以此方式使用过也是极少的。因此，当实际使用时，一些衬垫甚至制动盘损伤都能容忍。另外，如果制动设备安装在高速轴上，齿轮箱的疲劳负荷会得到减小。在另外一方面，如果机械制动在严重超速发生前作用，那么在空气动力制动失效发生时机械制动要克服的空气动力转矩将会较小。

最严重的紧急制动情况将出现在风速大于额定风速，且在发电情况下电网突然掉电时。对于变桨距调节风电机组，最大超速发生在额定风速时电网掉电的情况下，这时空气动力转矩随着转速的变化率下降，并且在更高风速下变成负数。相反的，如果变桨距装置失灵了，制动情况在切除或更大的风速时变得更加严重，因为更大的空气动力转矩随着叶轮的减速和攻角增加而上升了。对于失速型风电机组，危险风速一般是在额定风速和切出风速之间的一个中间值。

6.1.2　刹车装置分类

机械刹车一般有两种类型：一种是运行刹车，它是在正常情况下经常性使用的刹车，如失速机（依靠叶片在大攻角下失去升力以控制转速的风力机）在切出时，要使风轮从运行转速尽快静止，就需要这样一个机械刹车；另一种是紧急刹车，它只用在突发故障时，平常很少使用。机械刹车一般采用刹车片结构，它的设置点可在齿轮箱高速轴或低速轴上做出选择。

刹车设在低速轴时，其制动功能直接作用在风轮上，可靠性高，并且刹车力矩不会变成齿轮箱载荷。但一定的制动功率下，在低速轴刹车，刹车力矩就很大；并且，在风轮轴承与低速轴前端轴承合二为一的齿轮箱中，低速轴上设置刹车，在结构布置方面较为困难。高速轴上刹车的优缺点则与低速轴上的情形相反。

失速型风力机常用机械刹车，出于可靠性考虑，刹车装在低速轴上；变桨距风力机使用机械刹车时，可设置在高速轴上，用于应对变桨距控制转速之后可能出现的紧急情况。在高速轴上刹车，易发生动态中刹车的不均匀性，从而产生齿轮箱的冲击过载。例如，从开始的滑动摩擦到刹车后期的紧摩擦过程中，临近停止的叶片常不连贯地停顿，风轮转动惯量的这一动态特性使增速器齿轮来回摆动。为避免这种情况，保护齿轮箱和刹车片，应试验调整刹车力矩的大小及其变化特性，以使整个刹车过程保持柔性、稳定的性能。

刹车系统要按风轮超速、振动超标等故障情况下绝对保障风力机安全的原则来设计。刹车力矩应至少两倍于风轮转矩特性曲线上最大转矩工况下制动轴上所对应传递的转矩。应注意的是，最大转矩系数所对应的叶尖速比值小于最大功率系数所对应的输入，所以刹车过程中因转速降低，风轮转矩反而会提高。

机械刹车的设计中还应考虑到刹车片的散热、维护的方便性以及减小刹车过程中装置对临近轴承的作用力等问题。

6.1.3　机械制动

机械制动的工作原理是利用非旋转元件与旋转元件之间的相互摩擦来阻止转动或转动的趋势。机械制动装置一般由液压系统、执行机构（制动器）、辅助部分（管路、保护配件等）组成。液压系统将在后文详述。

1. 制动器

按照工作状态，制动器可分为常闭式和常开式。常闭式制动器靠弹簧或重力的作用经常处于紧闸状态，而机构运行时，则用人力或松闸器使制动器松闸。与此相反，常开式制动器经常处于松闸状态，只有施加外力时才能使其紧闸。

常闭式制动器的工作原理如图6-2所示。平时处于紧闸状态，当液压油进入无弹簧腔时制动器松闸。如果将弹簧置于活塞的另一侧，即构成常开式制动器。利用常闭式制动器的制动机构称为被动制动机构，否则，称为主动制动机构。被动制动机构安全性比较好，主动制动机构可以得到较大的制动力矩。

在风力发电机组中，常用的机械制动器为盘式液压制动器。盘式制动器沿制动盘轴向施力。制动轴不受弯矩。径向尺寸小，散热性能好，制动性能稳定。盘式制动器有钳盘式、全盘式及锥盘式三种。最常用的是钳盘式制动器，这种制动器制动衬块与制动盘接触面很小，在盘中所占的中心角一般仅 $30° \sim 50°$。故又称为点盘式制动器。

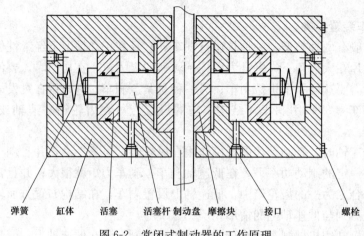

弹簧　缸体　活塞　活塞杆 制动盘 摩擦块　接口　　螺栓

图 6-2　常闭式制动器的工作原理

按制动钳的结构形式区分，钳盘式制动器有以下几种：

（1）固定钳式如图 6-3（a）所示，制动器固定不动，制动盘两侧均有液压缸。制动时仅两侧液压缸中的活塞驱使两侧摩擦块做相向移动。

（2）浮动钳式分滑动钳式和摆动钳式两种。

1）滑动钳式如图 6-3（b）所示，制动器可以相对于制动盘做轴向滑动，其中只在制动盘的内侧置有液压缸。外侧的摩擦块固装在制动器体上。制动活塞在液压作用下使活动摩擦块压靠紧制动盘，而反作用力则推动制动器体连同固定摩擦块压向制动盘的另一侧，直到两摩擦块受力均等为止。

2）摆动钳式如图 6-3（c）所示，它也用单侧液压缸结构。制动器体与固定支座铰接。为实现制动，制动器体不是滑动而是在与制动盘垂直的平面内摆动。显然，摩擦块不可能全面均匀磨损。为此有必要将摩擦块预先做成楔形（摩擦面对背面的倾斜角为60°左右）。在使用过程中，摩擦块逐渐磨损到各处残存厚度均匀（一般为1mm左右）后即应更换。

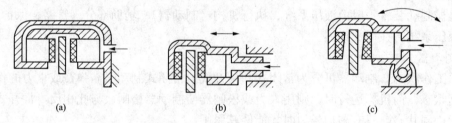

(a)　　　　　　　　　　(b)　　　　　　　　　　(c)

图 6-3　钳盘式制动器的种类
（a）固定钳式；（b）滑动钳式；（c）摆动钳式

2. 制动器安装方式

为了不使制动轴受到径向力和弯矩，钳盘式制动器应成对布置。制动转矩较大时可采用多对制动器（见图 6-4）。

制动器可以安装在齿轮箱高速轴上，也可以安装在齿轮箱低速轴上。

制动器设在低速轴时，其制动功能直接作用在风轮上，可靠性高，并且制动力矩不会变成齿轮箱载荷。但一定的制动功率下，在低速轴制动，制动力矩就很大；并且，在风轮轴承

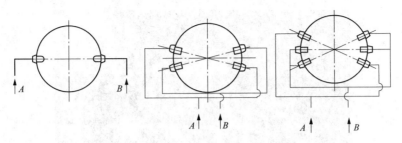

图 6-4　多对制动器组合安装示意图

与低速轴前端轴承合二为一的齿轮箱中，低速轴上设置制动器，在结构布置方面较为困难。高速轴上制动的优缺点则与低速轴上的情形相反。失速型风力机常用机械制动，出于可靠性考虑，制动器常装在低速轴上；变桨距风力机使用机械制动时，制动器常装在高速轴上（见图 6-6）。在高速轴上制动，易发生动态中制动的不均匀性，从而产生齿轮箱的冲击过载。例如，从开始的滑动摩擦到制动后期的紧摩擦过程中，临近停止的叶片常不连贯地停顿，风轮转动惯量的这一动态特性使增速器齿轮来回摆动。为避免这种情况，保护齿轮箱和摩擦块，应试验调整制动力矩的大小及其变化特性，以使整个制动过程保持稳定。高速轴上的主传动制动机构制动盘有双盘结构和单盘结构两种形式。

3. 风轮的锁定

由于安全的需要，风力发电机设有风轮锁定装置。锁定装置由锁紧手柄、机械销轴等组成。当需要锁定风轮时，先使风力发电机组停止运行，确认叶片处于顺桨位置。然后顺时针摇动锁紧手柄，直至机械销轴完全插于定位盘。如果需要可以转动转子锁定圆盘，使定位圆盘上的孔与机械销轴相对。操作方法是：松开高速轴制动器，用手盘动高速轴制动盘。直到机械销轴穿入定位盘为止。

4. 传动系统

叶轮产生的机械能由机舱里的传动系统传递给发电机，风力机的传动系统一般包括低速轴、高速轴、齿轮箱、联轴器和一个能使风力机在紧急情况下停止运行的刹车机构等。

齿轮箱用于增加叶轮转速，从 20～50r/min 增速到 1000～1500r/min，驱动发电机。齿轮箱有平行轴式和行星式两种，大型机组中多用行星式一（质量和尺寸优势）。但有些风力机的轮毂直接连接到齿轮箱上，不需要低速传动轴。还有些风力机（特别是小型风力机）设计成无齿轮箱的，风轮直接连接到发电机。在整个传动系统中除了齿轮箱，其他部件基本上一目了然。

传动系统要按输出功率和最大动态扭矩载荷来设计。由于叶轮功率输出有波动，通过增加机械适应性和缓冲驱动来控制动态载荷，对大型的风力发电机来说是非常重要的，因其动态载荷很大，而且感应发电机的缓冲余地比小型风力机的小。

机械刹车机构由安装在低速轴或高速轴上的刹车圆盘与布置在四周的液压夹钳构成。如图 6-5 所示。

液压夹钳固定，刹车圆盘随轴一起转动。刹车夹钳有一个预压的弹簧制动力，液压力通过油缸中的活塞将制动夹钳打开。机械刹车的预压弹簧制动力，一般要求在额定负载下脱网时能够保证风力发电机组安全停机。但在正常停机的情况下，液压力并不是完全释放，即在

图 6-5　机械刹车机构

制动过程中只作用了一部分弹簧力，为此，在液压系统中设置了一个特殊的减压阀和蓄能器，以保证在制动过程中不完全提供弹簧的制动力。

为了监视机械刹车机构的内部状态，刹车夹钳内部装有温度传感器和指示刹车片厚度的传感器。

5. 机构刹车机构

图 6-6 为机构刹车机构，由安装在低速轴或高速轴上的刹车圆盘与布置在四周的液压夹钳构成。液压夹钳固定，刹车圆盘随轴一起转动。刹车夹钳有一个预压的弹簧制动力，液压力通过油缸中的活塞将制动夹钳打开。机械刹车的预压弹簧制动力，一般要求在额定负载下脱网时能够保证风力发电机组安全停机。但在正常停机的情况下，液压力并不是完全释放，即在制动过程中只作用了一部分弹簧力。为此，在液压系统中设置了一个特殊的减压阀和蓄能器，以保证在制动过程中不完全提供弹簧的制动力。

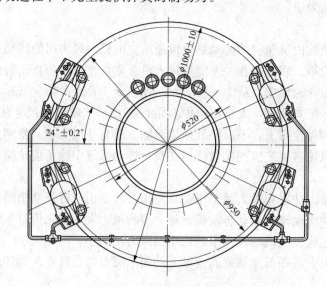

图 6-6　机构刹车机构

为了监视机械刹车机构的内部状态，刹车夹钳内部装有温度传感器和指示刹车片厚度的传感器。

6.1.4　空气动力制动

对于大型风力发电机组，机械制动已不能完全满足制动需求。必须同时采用空气动力制动。空气动力制动并不能使风轮完全静止下来，只是使其转速限定在允许的范围内。正常制动时，先由空气动力制动使转速降下来（例如使转速小于 1r/min），然后进行机械制动。

对于定桨距风机，空气动力制动装置安装在叶片上。它通过叶片形状的改变使风轮的阻力加大。如叶片的叶尖部分旋转 80°～90°以产生阻力。叶尖的旋转部分称为叶尖扰流器，如图 6-7 所示。

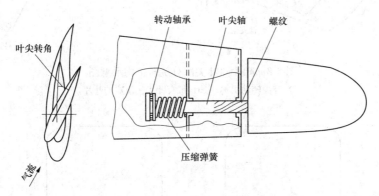

图 6-7　带有叶尖扰流器的叶片

使叶尖扰流器复位的动力是风力发电机组中的液压系统提供的，液压系统提供的压力油通过旋转接头进入叶片根部的液压缸。叶尖扰流器通过不锈钢丝绳（图中未画出）与液压缸的活塞杆相连接。当机组处于正常运行状态时，在液压系统的作用下，叶尖扰流器与叶片主体部分精密地合为一体，组成完整的叶片，起着吸收风能的作用；当风力发电机需要制动时，液压系统按控制指令将扰流器释放，该叶尖部分在其离心力作用下旋转，形成阻尼板。由于叶尖部分（约为叶片半径的 15%）在风轮产生功率时出力最大，所以作为扰流器时，叶尖产生的气动阻力也相当高，足以使风力发电机很快减速。

在叶轮旋转时，作用在扰流器上的离心力会使叶尖扰流器力图脱离叶片主体转动到制动位置。由于液压力的释放，叶尖扰流器才得以脱离叶片主体转动到制动位置，所以除了控制系统的正常指令外，液压系统故障引起油路失去压力，也将导致扰流器展开而使风轮停止运行。因此，叶尖扰流器制动也是液压系统失效时的保护装置。它使整个风力发电机组的制动系统具有很高的可靠性。

对于普通变桨距（正变距）风机，可以方便地应用变桨距系统进行制动。在制动时由液压或者伺服电机驱动叶片执行顺桨动作，叶片平面旋转至与风向平行时停止，由于叶片执行制动动作过程中阻力急剧增大，使风轮转速下降，起到了气动制动的效果。变桨距制动过程中变距速度的快慢会影响机组的可靠性。

主动失速型（负变距）风机则利用加深失速的方法制动。

空气动力刹车作为机械刹车的补充，是风力机的第二个安全系统。与机械刹车相比，空气动力刹车并不能使风轮完全静止下来，只是使其转速限定在允许的范围内。空气动力刹车安装在叶片上，它通过叶片形状的改变使通过风轮的气流受阻，如叶片的叶尖部分旋转 80°～90°，以产生阻力（见图 6-8），或在叶片的上面或下面加装阻流板达到制动的目的（见图 6-9）。

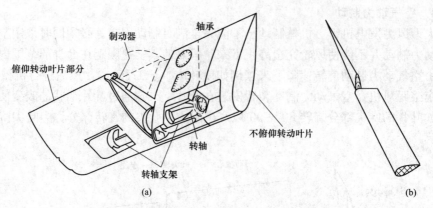

图 6-8　叶片的叶尖部分旋转机构示意图
（a）叶尖转动机构；（b）带有叶尖扰流器的叶片

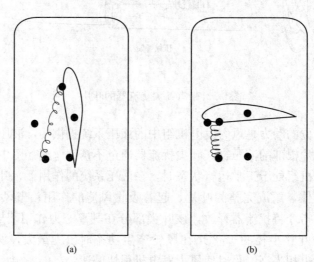

图 6-9　阻流片空气动力刹车装置
（a）正常位置；（b）制动位置

使图 6-8 所示的叶尖扰流器复位的动力是风力机组中的液压系统，液压系统提供的压力油通过旋转接头进入。当机组处于正常运行状态时，在液压系统的作用下，叶尖扰流器与叶片主体部分精密地合为一体，起着吸收风能的作用；当风力机需要刹车时，液压系统按控制指令将扰流器释放，该叶尖部分在弹簧力和其离心力作用下旋转，形成阻尼板。由于叶尖部分在风轮产出功率时出力最大，所以作为扰流器时，叶尖产生的气动阻力也相当高，足以使风力机很快减速。

由于液压力的释放，叶尖扰流器才得以脱离叶片主体转动到制动位置，所以除了控制系统的正常指令外，液压系统故障引起油路失去压力，也将导致扰流器展开而使风轮停止运行。因此，叶尖扰流器刹车也是液压系统失效时的保护装置。

阻流片空气动力刹车装置是在叶尖的正背两个表面各设置一个翼片与其铰接，并以弹簧与其相连。正常情况下，翼片保持在其长度方向与铰接位置处叶片叶素翼型长度方向一致的位置。当风轮因风速过大而超速时，利用翼片两头质量的差别，在旋转中受离心力的不同，从而产生克服弹簧张力的使翼片绕铰接轴的转动。翼片成为扰流器，起到制动作用。阻流片空气动力刹车装置主要运用在中小型水平轴风力机上。设计空气动力刹车时应特别注意的是：在风轮额定转速与空气动力刹车投入的超高速之间这一很宽频带范围内，不得存在风轮、塔架等部件产生共振的危险。

在定桨距风力发电机组中，通过叶尖扰流器执行风力发电机组的气动刹车；而在变桨距风力发电机组中，通过控制变桨距机构，实现风力发电机组的转速控制、功率控制，同时也控制机械刹车机构。

（1）叶尖扰流器（气动刹车机构）。

气动刹车机构是由安装在叶尖的扰流器通过不锈钢丝绳与叶片根部的液压油缸的活塞杆相连接构成的。扰流器的外观（气动刹车结构）如图 6-10 所示。

当风力发电机组正常运行时，在液压力的作用下，叶尖扰流器与叶片主体部分精密地合为一体，组成完整的叶片，对输出扭矩起重要作用。当风力发电机组需要脱网停机时，液压油缸失去压力，叶尖扰流器在离心力的作用下释放并旋转 80°～90°形成阻尼板，由于叶尖部分处于距离轴最远点，整个叶片作为一个长的杠杆，使扰流器产生的气动阻力相当高，足以使风力发电机组在几乎没有任何磨损的情况下迅速减速，这一过程即为叶片空气动力刹车。叶尖扰流器是风力发电机组的主要制动器，每次制动时都是它起主要作用。在叶轮旋转时，作用在叶尖扰流器上的离心力和

图 6-10 叶尖扰流器

弹簧力会使叶尖扰流器力图脱离叶片主体转动到制动位置；而液压力的释放，不论是由于控制系统是正常指令，还是液压系统的故障引起，都将导致扰流器展开而使叶轮停止运行。因此，空气动力刹车是一种失效保护装置，它使整个风力发电机组的制动系统具有很高的可靠性。

（2）气动刹车机构。

气动刹车机构是由安装在叶尖的扰流器通过不锈钢丝绳与叶片根部的液压油缸的活塞杆相联接构成的。扰流器的结构（气动刹车结构）如图 6-11 所示。当风力发电机组正常运行时，在液压力的作用下，叶尖扰流器与叶片主体部分精密地合为一体，组成完整的叶片。当风力发电机组需要脱网停机时，液压油缸失去压力，扰流器在离心力的作用下释放并旋转 80°～90°形成阻尼板，由于叶尖部分处于距离轴最远点，整个叶片作为一个长的杠杆，使扰流器产生的气动阻力相当高，足以使风力发电机组在几乎没有任何磨损的情况下迅速减速，这一过程即为叶片空气动力刹车。叶尖扰流器是风

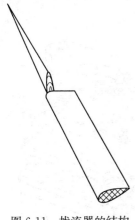

图 6-11 扰流器的结构

力发电机组的主要制动器，每次制动时都是它起主要作用。

在叶轮旋转时，作用在扰流器上的离心力和弹簧力会使叶尖扰流器力图脱离叶片主体转动到制动位置；而液压力的释放，不论是由于控制系统是正常指令，还是液压系统的故障引

起，都将导致扰流器展开而使叶轮停止运行。因此，空气动力刹车是一种失效保护装置，它使整个风力发电机组的制动系统具有很高的可靠性。

6.1.5 高速轴制动器

高速轴制动器如图 6-12 所示。

1. 高速轴制动器与齿轮箱连接

（1）连接螺栓：M20×50；

（2）力矩：420N·m；

（3）所需工具：600N·m 扭力扳手、30 套筒。

1）检查 Svendborg 高速制动器和齿轮箱连接螺栓。

2）检查和制动圆盘的间隙及磨损情况，若间隙大于 1mm，则需要调整。

2. 制动器维护和刹车片间隙调整

（1）刹车片间隙调整：

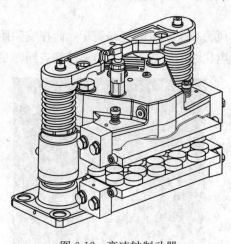

图 6-12　高速轴制动器

所需工具：300N·m 扭力扳手一把、内六角扳手一套。

1）锁紧风轮制动盘，松开高速刹车夹钳。

2）调整刹车片间隙。松开调节螺杆上的锁紧螺母，将调节螺杆向内拧进，使制动盘两边刹车片距离相等。重新拧紧锁紧螺母。

（2）刹车片的更换：

1）刹车片磨损了 5mm 后，总厚度不大于 19mm 时，必须更换刹车片。

2）锁紧风轮制动盘，松开高速刹车夹钳。

3）完全松开上侧刹车片衬块上的螺栓，拿开刹车片衬块。拧下刹车片背面的两个内六角螺栓，取出磨损刹车片。

4）换上新刹车片，如图 6-13 和图 6-14 所示。

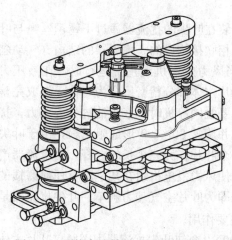

图 6-13　更换高速轴制动器刹车片（一）

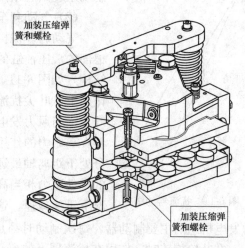

加装压缩弹簧和螺栓

加装压缩弹簧和螺栓

图 6-14　更换高速轴制动器刹车片（二）

5）检查液压连接及电气控制信号的正确性，以及刹车片两侧间隙是否对称等。

（3）检查刹车圆盘：

1）检查刹车圆盘是否有油污或其他黏附物，任何污染物都必须清除干净。

2）检查圆盘表面。必须保证圆盘表面平整，圆盘边缘没有条纹状裂纹。

6.1.6　制动机构的维护及故障排除

定期检查摩擦块磨损情况，达到磨损限度时应及时更换；检查制动盘是否有凹槽或掉色，制动盘的空隙和位置是否正常，如有问题及时解决；检查每个独立弹簧的位置以及相互之间的关系，即使仅有一个弹簧遭到破坏，也要更换整个弹簧包。在检查和维修制动机构时，要将机器置于停机状态，锁定转子，释放制动器中的液压力。

制动机构可能的故障以及解决方案见表 6-1。

表 6-1　　　　　　　　　　　制动机构可能的故障以及解决方案

故　障	原　因	解决方案
制动器起动慢	液压系统中有空气； 摩擦块和制动盘之间空隙大； 液压系统中有异常的堵塞； 液压油黏度太高	排气系统设在最高点； 校正空隙； 清洗和检查管路和阀； 更换或加热液压油
制动时间长或制动力不足	载重过大或速度过高气隙太大； 在摩擦块和制动盘之间有油脂； 弹簧不配套或损坏	检查制动距离和负载、速度； 检查气隙，进行校正； 清洗摩擦块和制动盘； 更换所有的弹簧
油液渗漏	密封损坏	更换密封嘲，检查密封表面
摩擦块上异常严重的磨损	制动器超载气隙不足； 制动器提起不适当	检查负载是否超过额定值； 检查气隙，进行校正； 检查液压力，检查摩擦块、活塞、弹簧； 导槽的位置是否正确，并进行校正

6.2　变桨距系统

6.2.1　变桨距机构

在大型风力机中，常采用变桨距机构来控制叶片的桨距。有些机组采用液压机构来控制叶片的桨距，而有些通过调速电机来进行变桨距调节等。

（1）液压变桨距机构。图 6-15 所示是美国 MOD-O 型大型风力发电机的液压变桨距机构。它是由两个小液压油缸驱动的两个小齿条啮合的一个齿轮，齿轮同轴的圆锥齿轮再啮合使叶片变桨距的小圆锥齿轮来实现叶片变桨距调速的。整个变桨距机构都安装在轮毂内。液压油通过旋转接头送至两个小液压油缸。液压油缸及齿轮是微机控制变桨距调速的执行机构。

（2）调速电机的变桨距机构。调速电机变桨距调速也是当代大中型风力发电机常采用的调速方式之一。图 6-16 所示是用调速电机变桨距调速装置。它的结构原理是：用调速电机驱动一个蜗杆减速器，在输出轴上安装一个直齿齿轮与圆周齿轮 10 啮合。圆周齿轮固定在空心风轮轴 8 内和空心风轮轴一起转动的变桨距轴 7 上，变桨距轴 7 的另一端与可拉动叶片变桨距的连杆铰接，同时轴变桨距 7 又可在空心风轮轴内纵向移动以拉动变桨距连杆实现变桨距调速。

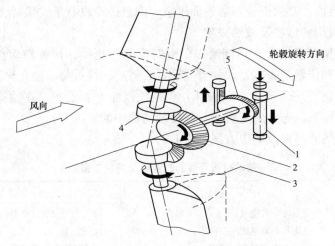

图 6-15　MOD-O 型风力发电机液压变桨距装置

1—液压小油缸及齿条；2—大圆锥齿轮；3—小圆锥齿条；

4—叶片变桨距方向；5—齿条驱动的齿轮

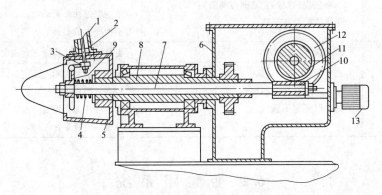

图 6-16　调速电机变桨距机构

1—叶片纵梁座；2—变桨距轴；3—变桨距连杆；4—弹簧；5—轮胎；

6—增速箱；7—变桨距轴；8—空心风轮轴；9—同步器；10—圆周齿轮；

11—齿轮；12—蜗轮；13—调速电机

当风速超过额定风速使风轮转速加快时，调速电机获得调速信号，启动、旋转驱动圆周齿轮向离开风轮的方向移动，拉动变桨距连杆 3 使叶片转动增大安装角以减少叶片接受风能的面积，使风轮运转在额定转速的范围内，此时调速电机接到停止调速的指令而停止。当风速变小时，调速过程相反，由电机反转来实现。

变桨距风轮的叶片在静止时，节距角为 90°，这时气流对叶片不产生力矩，整个叶片实际上是一块阻尼板。当风速达到启动风速时，叶片向 0°。方向转动，直到气流对叶片产生一定的攻角，风轮开始启动。风轮从启动到额定转速，其叶片的节距角随转速的升高是一个连续变化的过程。根据给定的速度参考值，调整节距角，进行所谓的速度控制。

当转速达到额定转速后，电机并入电网。这时电机转速受到电网频率的牵制，变化不大，主要取决于电机的转差，电机的转速控制实际上已转为功率控制。为了优化功率曲线，在进行功率控制的同时，通过转子电流控制器对电机转差进行调整，从而调整风轮转速。当风速较低时，电机转差调整到很小（1%），转速在同步速附近；当风速高于额定风速时，电机转差调整到很大（10%），使叶尖速比得到优化，使功率曲线达到理想的状态。变桨距机构可以改善风力机的启动特性，实现发电机联网前的速度调节（减少联网时的冲击电流），按发电机额定功率来限制转子气动功率，以及在事故情况下（电网故障、转子超速、振动等）使风力发电机组安全停车等功能。

6.2.2　调桨轴承

在桨距调节的机组中，类似于起重机的回转环，轴承插在每个叶片和轮毂之间，使叶片可以绕轴旋转或调节桨距。典型的调桨轴承装置如图 6-17 所示，其中轴承的内环和外环螺圈分别固定到叶片和轮毂上。轴承的不同类型可以根据使用的滚动元件和结构来划分，按照力矩容量增加排列。

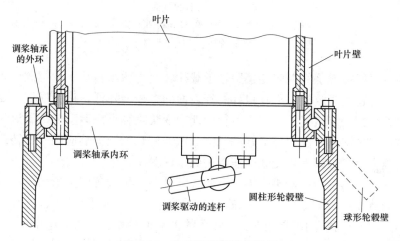

图 6-17　典型的调浆轴承装置

这些轴承的截面如图 6-18 所示。单排球轴承回转环通常设计为可以双向传输轴向载荷，因此它被认为是四点接触轴承。通过将沟槽的两边半径做得比滚珠半径略大些就可以得到较低的接触压力。滚轴轴承即滚子轴承，滚动体是圆柱滚子的向心滚动轴承。圆柱滚子轴承内部结构采用滚子呈 90° 相互垂直交叉排列（这也是交叉滚子轴承的名称由来），滚子之间装有间隔保持器或者隔离块，可以防止滚子的倾斜或滚子之间相互摩擦，有效防止了旋转扭矩的增加。

在风速较低时，因为重力产生的叶根周期性面内弯矩的大小类似于因为叶片推力产生的面外力矩，所以轴承载荷的方向在轴承的部分圆周上是交替变化的。因而希望避免轴承预加载荷的风险。这可以通过将轴承的一个集电环分离到和轴相垂直的平面来实现，如图 6-18（c）和图 6-18（d）所示，但是当集电环都是实心时变得较为困难。在这种情况下必须在制作时迫使滚珠一个一个地进入沟槽。

选择具体应用的轴承需要有足够的力矩容量，既抵抗极限叶根弯矩又提供充足的疲劳寿命。制造商的产品目录通常区分极限力矩容量和允许旋转 30000r 的稳态力矩载荷，所以风

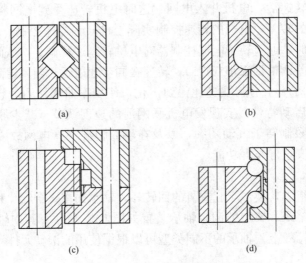

图 6-18　轴承的截面

(a) 单排滚轴轴承，滚子相对于轴承；(b) 单排球轴承平面倾斜＋45°和－45°交错排列；

(c) 三排滚子轴承；(d) 双排球轴承

力机设计者的主要任务就是将期望的桨距轴承载荷转换为适当转数下的等效恒定载荷。

　　如果风速上升超过额定值，桨叶根部的外表面的力矩会降低，疲劳损伤主要集中在风速为额定值的附近。在一定风速下，整个运行周期中变桨距轴承总运动量是湍流强度和变桨控制算法的函数，用平均风速模拟是最好的预测。假如调桨系统只响应频率比转速小的风速波动，则在高于额定风速时其平均变桨距速度的数量级为 $1°/s$。

　　回转环轴承，如那些用在变桨距轴承上的，其性能在很大程度上依赖于轴承载荷下的变形程度，所以制造商通常规定最大轴向偏差和螺栓接触面的倾斜。例如，Rothe-Erde 给出的轨道直径为 $1000mm$ 的单排球形轴承回转环的极限值分别为 $0.6mm$ 和 $0.17°$。如果叶片壁、轴承滚道和轮毂壁在同一个平面内，那么轴承环的局部倾斜可以明显地减小。然而，这就对法兰盘提出了要求，所以图 6-17 中所示的比较简单的结构通常更受欢迎，其中固定螺栓中心插入叶片和轮毂壁中。设计者必须确保叶片和轮毂结构具有足够的刚度，以限制由偏心载荷所引起的轴承变形为可接受的值。

　　为了使固定轴承的螺栓疲劳载荷减到最小，标准操作是给轴承固定螺栓预先施加载荷。通常应用 10.9 级的螺栓，因此可以使预加载荷最大化。

6.2.3　液压变桨距系统

　　液压变桨距系统的组成如图 6-19 所示。从图可见，液压变桨距系统是一个自动控制系统，由桨距控制器、数码转换器、液压控制单元、执行机构、位移传感器等组成。

　　桨距控制器是一个非线性比例控制器，一般由软件实现。液压控制单元将在后文集中介绍，这里只介绍执行机构的构成和作用原理。

　　在液压变距型风机中根据驱动形式的差异可分为叶片单独变距和统一变距两种类型，前者 3 个液压缸布置在轮毂内，以曲柄滑块的运动方式分别给 3 个叶片提供变距驱动力（见图 6-20），因为变距过程彼此独立，一组变距出现故障后，机组仍然可以通过调整其余两组变距机构完成空气动力制动。因此这种设计可靠性较高，但是由于三组液压缸位于轮毂内部与

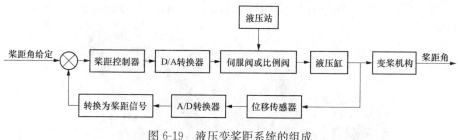

图 6-19　液压变桨距系统的组成

液压泵之间有相对转动，为此需要加装旋转接头，此外该系统需要精确地同步变距控制以避免各叶片桨距角的差异。图 6-21 为 2MW 机组独立液压变桨距解剖图。

图 6-20　独立液压变桨距系统外形

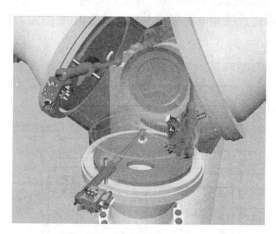

图 6-21　2MW 机组独立液压变桨距解剖图

统一变距类型通过 1 个液压缸驱动 3 个叶片同步变桨距，液压缸放置在机舱里，活塞杆穿过主轴与轮毂内部的同步盘连接，如图 6-22 所示。

变距机构的工作过程如下：控制系统根据当前风速，通过预先编制的算法给出电信号，该信号经液压系统进行功率放大，液压油驱动液压缸活塞运动，从而推动推杆、同步盘运动，同步盘通过短转轴、连杆、长转轴推动偏心盘转动，偏心盘带动叶片进行变距。

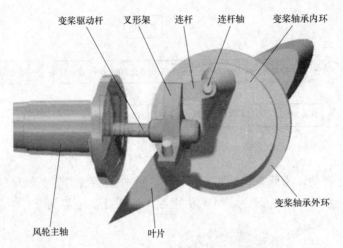

变桨驱动杆　叉形架　连杆　连杆轴　变桨轴承内环

变桨轴承外环

风轮主轴　　　叶片

图 6-22　统一液压变桨距系统执行机构

6.2.4　电动变桨距系统

1. 总体结构

电动变桨距系统可以使 3 个叶片独立实现变桨距。图 6-23 为电动变桨距系统的总体构成框图。主控制器与轮毂内的轴控制盒通过现场总线通信，达到控制 3 个独立变桨距装置的目的。主控制器根据风速、发电机功率和转速等，把指令信号发送至电动变桨距控制系统；电动变桨距系统把实际值和运行状况反馈至主控制器。电动变桨距系统的 3 套蓄电池（每支叶片 1 套）、轴控制盒、伺服电机和减速机均置于轮毂内，一个总电气开关盒置于轮毂和机舱连接处。整个系统的通信总线和电缆靠集电环与机舱内的主控制器连接。集电环设在变速箱输入轴的出口端。

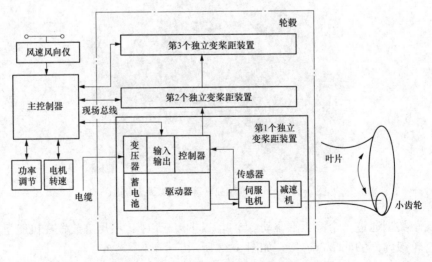

图 6-23　电动变桨距系统的总体构成

2. 单元组成

单个叶片变桨距装置一般包括控制器、伺服驱动器、伺服电机、减速机、变距轴承、传感器、角度限位开关、蓄电池、变压器等。

伺服驱动器用于驱动伺服电机，实现变距角度的精确控制。传感器可以是电机编码器和叶片编码器，电机编码器测量电机的转速，叶片编码器测量当前的桨距角，与电机编码器实现冗余控制。蓄电池是出于系统安全考虑的备用电源。

伺服电机是功率放大环节，它与减速机和传动小齿轮连在一起［见图 6-24（a）］。减速机固定在轮毂上，变距轴承的内圈安装在叶片上，轴承的外圈固定在轮毂上。当变桨距系统通电后，电动机带动减速机的输出轴小齿轮旋转，而且小齿轮与变距轴承的内圈（带内齿）啮合，从而带动变距轴承的内圈与叶片一起旋转，实现了改变桨距角的目的［见图 6-24（b）］。减速器一般可采用行星减速器或蜗轮蜗杆与行星减速器串联；传动齿轮一般采用渐开线圆柱齿轮。

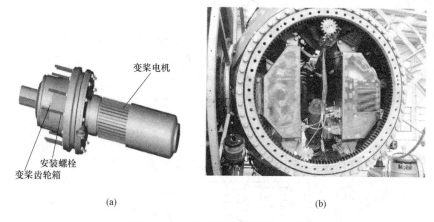

（a）　　　　　　　　　　　　　　　　　　（b）

图 6-24　电动变桨距系统执行机构

（a）执行机构组件；（b）执行机构安装

图 6-25 为电动变桨距控制系统外形。

图 6-25　电动变桨距控制系统外形

3. 变桨减速器的润滑

变桨减速器的润滑方式一般是浸油润滑加油脂润滑。在运行每 6 个月后，对油质进行如下检查：①观察油液中有无水和乳状物；②检查油液黏度，如果与原来相比差值超过 20%或减少 15%，说明油液失效；③检查不溶解物，不能超过 0.2%，进行抗乳化能力检验以发现油液是否变质；④检查添加剂成分是否下降。如有问题则应换油或过滤。换油时由放油孔将油放出，然后再向注油孔注油，安装螺塞时应在螺纹处涂螺纹胶。

　　应保持润滑系统清洁，采取措施防止灰尘、湿气及化学物质进入齿轮及润滑系统，在重载、高温、潮湿的情况应特别加强对油液的检查分析。当发现齿轮箱中油位过低时，应及时补充。

　　在减速器的输入轴、输出轴处，分别有润滑脂孔用于润滑轴承，减速器出厂前已注满润滑脂。在运行每 6 个月后，应添加新的润滑脂，添加时应将旧的润滑脂全部排出（见图6-26）。

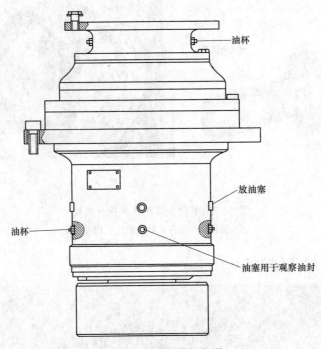

图 6-26　减速器的润滑

4. 变距轴承

　　对于液压动力型驱动曲柄滑块式变距的机组来说，一般采用 4 点角接触球轴承，变距轴承的内圈与风轮的叶片、偏心盘用螺栓连接，外圈与轮毂用螺栓连接。

　　对于电动机驱动齿轮式变距的机组来说，一般选用有内齿的 4 点角接触球轴承，变距轴承的内外圈分别与风轮的叶片和轮毂用螺栓连接。变距轴承的内圈上带有轮齿。

　　变桨距风力机桨距调节的另一实施办法是电动机驱动方式。由于驱动机构简单、可靠，易于施加各种控制，所以使用更为普遍。电动机驱动系统一个叶片的安装角调节结构如图 6-27 所示。系统中每个叶片各自采用一个带位移反馈的伺服电动机进行单独调节，位移传感器采用光电编码器，安装在伺服电动机输出轴上，以采集电动机转动角度。伺服电动机通过主动齿轮与叶片根部的内齿圈相连，带动叶片转动，实现对叶片安装角的直接控制。叶根内齿圈的边上也安装一个电涡流位移传感器，直接检测内齿圈转动的角度，即叶片安装角的变化：桨距变化是依据安装在电动机输出轴上的光电编码器所检测的位移值进行控制的，电涡流传感器所测值虽然仅作为控制的参考量，但它直接反映了叶片角度的变化。当光电编码器与电涡流位移传感器所测值不一致时，说明系统出现故障。

电动机控制电路安放在电气板上，应注意使其散热。

若系统出现故障，控制电源断电时，伺服电动机将由 UPS 供电，在 60s 内将叶片调节为顺桨位置。UPS 电量耗尽时，继电器断路，原来由电磁力吸合的制动齿轮由非制动位置弹出，制动叶片，并保持其处于顺桨位置。在风力机正常工作时，继电器得电，电磁铁吸合制动齿轮，失去制动作用。

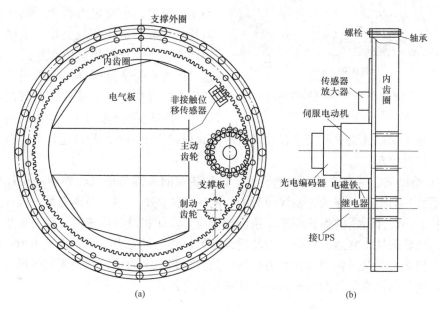

图 6-27　独立的变桨距电动机执行机构
(a) 机构主视图；(b) 机构侧视图

6.3　调速与功率调节装置

风力机必须有一套控制系统用来调节、限制它的转速和功率。调速与功率调节装置的首要任务是使风力机在大风、运行发生故障和过负荷时得到保护；其次，使它能在启动时顺利切入运行，并在风速有较大幅值变化和波动的情形下，使风力机运行在其最佳功率系数所对应的叶尖速比值附近，以保持较高的风能利用率；最后，使它能为用户提供良好的能量，例如制热时，供热温度稳定，发电时，功率无波动以及产生的是与电网一致的频率。

至于对风力机是做单纯的转速或功率调节，还是做转速-功率的复合调节控制，这取决于风轮自身的功率-转速特性、风速的变化范围、风力机的负载（发电机、泵等）特性以及用户对控制的需求。例如，为了获得尽可能高的风能利用率，现代大型风力机已有了在图 6-28 所示的运行范围内执行变转速调节的机型，随着风速变化，风轮转速也做出相应调整，使这种风力机始终运行在其最佳叶尖速比工况下。

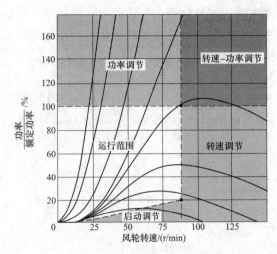

图 6-28 有风力机功率-转速特性确定的
其转速与功率的调节范围

6.3.1 调速装置

多数情况下，调速装置设计的目标是：在一定范围内，无论风速如何变化，总是使风力机转速保持恒定。当风速过高时，调速装置还用来限制功率并减小作用在叶片上的力。

1. 定桨距风力机的调速器

定桨距风力机是指风轮叶片安装角固定不变的机型。小型风力机为了简化结构，不但其叶片都固定在轮毂上，一般风速下也不做调速控制，只是为避免在超过设计强风风速时风力机超速及毁坏，常采用使风轮扭头或仰头的方法达到超速保护。其原理是：若设 S 为风轮的扫掠面积，θ 为风向与风轮主轴的夹角，则风轮在气流中可接受有效风能的截面积成为 $S\cos\theta$；若风速过大，扭头或仰头角 $\theta=90°$，风轮停车。

图 6-29 给出偏心结构的扭头调速装置。这种装置的关键是把风轮轴轴心设计偏离一个水平（或垂直）的距离。与风轮轴线相对的一侧连着弹簧的一端，而弹簧另一端固定在机座底盘或尾杆上。设计所需的弹簧刚度，预调弹簧应力，使在设计风速内风轮力矩小于或等于弹簧力矩，风轮保持正常运行状态。当超过设计风速时，风轮力矩克服弹簧力矩，使风轮向偏心矩一侧扭头，直至风轮偏转到其力矩与弹簧力矩相平衡为止；在遇到超强风时，结构可使风轮偏转到其扫风面与风向相平行，以致风轮完全停转。

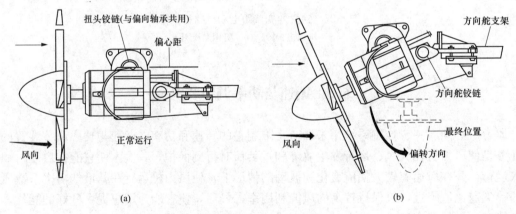

图 6-29 扭头风轮
(a) 顶视图；(b) 扭转后的风轮视图

当风轮轴线作垂直偏心设置时，就成为仰头方式的设计。定桨距风力机也采用空气动力调速装置。对于大型机而言，大多运用液压控制的叶尖扰流器，而小型机则用空气减速板阻力器来控制其转速。

该类小型定桨距风力机的叶片固定在轮毂上，叶片自身不能转动，风轮也不能做任何方

向的仰扭转动。用于调速的圆弧板，铰接在与叶
片垂直的短臂上，短臂与轮毂相对固定，但在其
长度方向上有一定的自由度。低于设计允许转速
时，圆弧板靠弹簧保持在与风轮轴同心的位置
（见图 6-30）。当风轮因风速过大而转速增加时，
因圆弧板两头厚薄和质量的差别而引起的在旋转
中所受离心力的不同，使圆弧板克服弹簧张力而
产生偏移，从而增加风轮转动阻力，避免其超速。

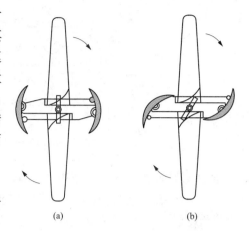

图 6-30　圆弧空气阻力器的工作原理
(a) 中等风；(b) 强风

2. 变桨距风力机的飞球调速器

变桨距风力机是指风轮叶片的安装角在运行
时可变化调整的机型。

安装在风轮叶片上的飞球随风轮转动产生离
心力。当风轮转速变化时，利用飞球离心力的变
化来改变叶片的安装角以调节转速。转速升高，飞球离心力增大，使叶片安装角增大，叶片
的升力系数下降，从而使风轮转速下降至原来的值；反之亦然。若飞球—连杆质量、弹簧安
装位置及其刚度设计得当，在设计的风速变化范围内，风轮转速可基本保持恒定。对于一般
中小型风力机而言，这类调速器有时可能产生的转速小幅波动也是被允许的。

对转速恒定标准要求高的风力机，便要采用大型风力机上普遍应用的计算机信息处理系
统，以达到精确控制的目的。

6.3.2　风力机变桨距功率调节

比例控制技术是在开关控制技术和伺服控制技术间的过渡技术，它具有控制原理简单、
控制精度高、抗污染能力强、价格适中的优点，受到人们的普遍重视，使该技术得到飞速发
展。它是在普通液压阀基础上，由用比例电磁铁取代阀的调节机构及普通电磁铁构成的。采
用比例放大器控制比例电磁铁就可实现对比例阀进行远距离连续控制，从而实现对液压系统
压力、流量、方向的无级调节。

比例控制技术基本工作原理是根据输入电信号电压值的大小，通过电放大器，将该输入
电压信号（一般为 0～9V）转换成相应的电流信号，如 $1mV=1mA$（见图 6-31）。这个电流
信号作为输入量被送入比例电磁铁，从而产生和输入信号成比例的输出量——力或位移。该
力或位移又作为输入量加给比例阀，后者产生一个与前者成比例的流量或压力。通过这样的
转换，一个输入电压信号的变化，不但能控制执行元件和机械设备上工作部件的运动方向，
而且可对其作用力和运动速度进行无级调节。此外，还能对相应的时间过程（例如，在一段
时间内流量的变化，加速度的变化或减速度的变化等）进行连续调节。

当需要更高的阀性能时，可在阀或电磁铁上接装一个位置传感器以提供一个与阀心位
置成比例的电信号。此位置信号向阀的控制器提供一个反馈，使阀心可以由一个闭环配
置来定位。如图 6-31 所示，一个输入信号经放大器放大后的输出信号再去驱动电磁铁。
电磁铁推动阀心，直到来自位置传感器的反馈信号与输入信号相等时为止。因而此技术
能使阀心在阀体中准确地定位，而由摩擦力、液动力或液压力所引起的任何干扰都被自
动地纠正。

考虑到叶片的空气动力学特性，当风速过高时，可通过调整叶片安装角，改变气流对叶

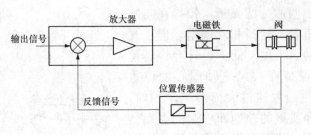

图 6-31　位置反馈示意图

　　片的冲角，从而改变风力机获得的空气动力转矩，以便得到设计期望的稳定输出功率特性。同时，风力机在起动过程中也需要通过变距（调整叶片安装角）来获得足够的起动转矩。变桨距调节时叶片冲角可依据气流状况连续地做出调整与变化。

　　风轮静止时的叶片位置被称为顺桨［见图 6-32（a）］，此时叶尖安装角（叶尖翼型弦线与旋转切线方向的夹角）约为 90°，叶片升力极小，风轮不转或转得很慢；当风速达到起动风速值时，叶片向安装角减小的方向转动，直到气流对叶片产生一定的攻角、升力，使风轮起动［见图 6-32（b）］；其后，在风力机功率小于其额定值的正常运行状态，控制系统将叶片叶尖安装角置于 0°附近［见图 6-32（c）］，不再变化，这一段工况下的风力机等同于定桨距机，其输出功率随风速变化而有所变化，需要指出的是：风力机 70%～80%的时间运行在这一段工况内，由于此时桨距并非都处于最佳状态，这将产生风能利用率的较大损失；当功率超过额定值时，变桨距机构开始工作，连续调整叶片安装角，使叶片向冲角减小的方向变化，将风力机的输出功率限制在额定值附近，在执行变距动作时，变距机构应保证在所有确定的运行工况点转速下，各叶片的转动保持一致。

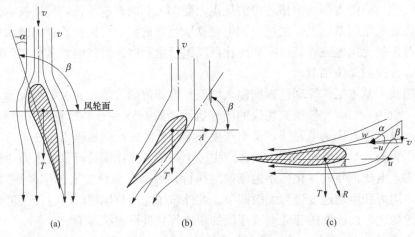

图 6-32　变桨距风力机叶片的气动特性
（a）风轮静止；（b）风轮启动；（c）风轮运行

　　为了解决低风速下风轮能量利用率低的问题，近年来，新型的变桨距风力发电机组在低风速时根据风速大小调整发电机转差率，即改变风轮转速，使其尽量运行在设计最佳叶尖速比上，以获取风轮具备的最大功率系数值。当然，能够作为控制信号的只是风速变化稳定的低频分量，对于高频分量并不响应。

事实上，随着现代风力机容量的增大，调控大型机组的质量高达数吨的叶片转动并使其响应速度能跟得上风速的变化是相当困难的。若无其他相应措施，变桨距风力机的功率调节对高频风速变化的适时响应也就无法实现。因此，近年来设计的变桨距风力发电机组，除了对叶片进行安装角控制以外，还通过控制发电机转子电流来调控发电机转差率，使得发电机转速（也使风力机转速）在一定范围内能够快速响应风速的变化，以吸收阵风时的瞬变风能，使风轮的输出功率更加平稳。

由此，可总结出变桨距风力机的如下特点：

（1）变桨距风力机与定桨距失速调节风力机相比，在额定功率点以上输出功率平稳（见图 6-33 和图 6-34）。

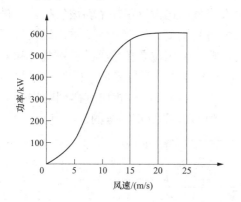

图 6-33　变桨距风力机的功率特性

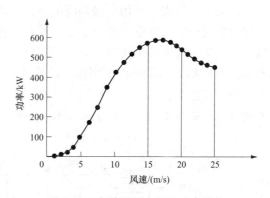

图 6-34　定桨距风力机的功率特性

（2）设计工况附近具有较高的风能利用系数。一般定桨距风力机在低风速段的风能利用系数较高，而风速略超过额定值后，风能利用系数开始大幅下降；变桨距风力机由于叶片安装角可以调节，使得额定风速点之后仍然具有较高的功率系数。

（3）由于变桨距风力发电机组的叶片安装角是根据发电机输出功率的反馈信号来控制的，通过调整叶片角度，总能使它获得额定功率输出。因而变距机在高风速段的额定功率不受因大气温度和海拔变化引起的空气密度变化的影响。

（4）起动、脱载性能好。低风速起动时，叶片安装角可转动到合适的角度，使风轮具有最大的起动力矩；当风力机需要甩脱负载（如发电机脱网）时，变距系统可先转动叶片使风轮输出功率连续减小至零，避免了脱离负载时的载荷突变，也不需要设置叶尖扰流器气动刹车。

（5）与定桨距机相比，变桨距机的叶片、机舱、塔架受到的动态载荷较小。

（6）变桨距风力机轮毂结构复杂，制造、维护成本高。

6.3.3　位置传感器

通常用于阀心位置反馈的传感器，如图 6-35 所示的非接触式 LVDT（线性可变差动变压器）。LVDT 由绕在与电磁铁推杆相连的软铁铁芯上的一个一次绕组和两个二次绕组组成。一次绕组由一高

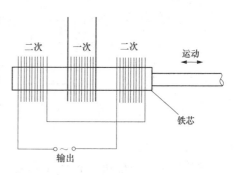

图 6-35　阀心位置传感器

频交流电源供电，它在铁芯中产生变化磁场，该磁场通过变压器作用在两个二次绕组中感应出电压。如果两个二次绕组对置连接，则当铁芯居中时，每个绕组中产生的感应电压将抵消而产生的净输出为零。随着铁芯离开中心移动，一个二次绕组中的感应电压提高而另一个二次绕组中的感应电压中降低。于是产生一个净输出电压，其大小与运动量成比例而相位移指示运动方向。该输出可供给一个相敏整流器（解调器），该整流器将产生一个与运动成比例且极性取决于运动方向的直流信号。

1. 控制放大器

控制放大器的原理如图 6-36 所示。输入信号可以是可变电流或电压。根据输入信号的极性，阀心两端的电磁铁将有一个通电，使阀心向某一侧移动。放大器为两个运动方向设置了单独的增益调整，可用于微调阀的特性或设定最大流量。还设置了一个斜坡发生器，进行适当的接线可启动或禁止该发生器，并且设置了斜坡时间调整。还针对每个输出级设置了死区补偿调整。这使得可用电子方法消除阀心遮盖的影响。使用位置传感器的比例阀意味着阀心是位置控制的，即阀心在阀体中的位置仅取决于输入信号，而与流量、压力或摩擦力无关。位置传感器提供一个 LVDT 反馈信号。此反馈信号与输入信号相加所得到的误差信号驱动放大器的输出级。在放大器面板上设有输入信号和 LVDT 反馈信号的监测点。

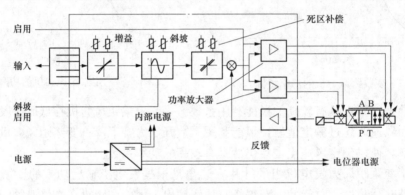

图 6-36 控制放大器的原理图

当比例控制系统设有反馈信号时，可实现控制精度较好的闭环控制，其系统框图如图 6-37 所示。

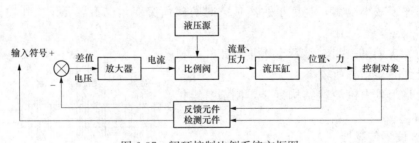

图 6-37 闭环控制比例系统方框图

2. 液压系统图

变桨距风力发电机组的液压系统与定桨距风力发电机组的液压系统很相似，也由两个压力保持回路组成。一路由蓄能器通过电液比例阀供给叶片变距油缸，另一路由蓄能器供给高速轴上的机械刹车机构。

3．变距控制

变距控制系统的节距控制是通过比例阀来实现的。在图 6-38 中，控制器根据功率或转速信号给出一个 $-10 \sim 10V$ 的控制电压，通过比例阀控制器转换成一定范围的电流信号，控制比例阀输出流量的方向和大小。点划线内是带控制放大器的比例阀，设有内部 LVDT 反馈。变距油缸按比例阀输出的方向和流量操纵叶片节距在 $-5° \sim 88°$ 之间运动。为了提高整个变距系统的动态性能，在变距油缸上也设有 LVDT 位置传感器，如图 6-37 所示。

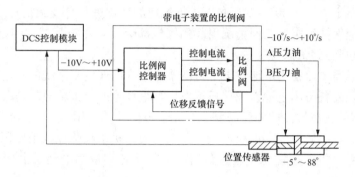

图 6-38　节距控制示意图

在比例阀至油箱的回路上装有 1bar 单向阀。该单向阀确保比例阀 T-口上总是保持 1bar 压力，避免比例阀阻尼室内的阻尼"消失"导到该阀不稳定而产生振动。

比例阀上的红色 LED（发光二极管）指示 LVDT 故障，LVDT 输出信号是比例阀上滑阀位置的测量值，控制电压和 LVDT 信号相互间的关系，如图 6-39 所示。

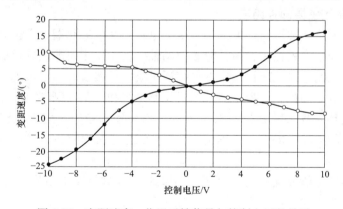

图 6-39　变距速率、位置反馈信号与控制电压的关系

变距速度由控制器计算给出，以（0，0）为参考中心点。控制电压和变距速率的关系如图 6-39 所示。

6.4　变桨系统的构成及故障分析

6.4.1　概述

变桨系统根据风速的大小自动进行调整叶片与风向之间的夹角实现风轮对风力发电机有

一个恒定转速；利用空气动力学原理可以使桨叶顺桨 90°与风向平行，使风机停机。变桨系统所有部件都安装在轮毂上。风机正常运行时所有部件都随轮毂以一定的速度旋转。变桨系统通过控制叶片的角度来控制风轮的转速，进而控制风机的输出功率，并能够通过空气动力制动的方式使风机安全停机。风机的叶片（根部）通过变桨轴承与轮毂相连，每个叶片都要有自己的相对独立的电控同步的变桨驱动系统。变桨驱动系统通过一个小齿轮与变桨轴承内齿啮合联动。

风机正常运行期间，当风速超过机组额定风速时（风速为 12～25m/s 时），为了控制功率输出变桨角度限定为 0°～30°（变桨角度根据风速的变化进行自动调整），通过控制叶片的角度使风轮的转速保持恒定。任何情况引起的停机都会使叶片顺桨到 90°位置（执行紧急顺桨命令时叶片会顺桨到 91°限位位置）。

变桨系统有时需要由备用电池供电进行变桨操作（比如变桨系统的主电源供电失效后），因此变桨系统必须配备备用电池以确保机组发生严重故障或重大事故的情况下可以安全停机（叶片顺桨到 91°限位位置）。此外还需要一个冗余限位开关（用于 95°限位），在主限位开关（用于 91°限位）失效时确保变桨电机的安全制动。由于机组故障或其他原因而导致备用电源长期没有使用时，风机主控就需要检查备用电池的状态和备用电池供电变桨操作功能的正常性。

每个变桨驱动系统都配有一个绝对值编码器安装在电机的非驱动端（电机尾部），还配有一个冗余的绝对值编码器安装在叶片根部变桨轴承内齿旁，它通过一个小齿轮与变桨轴承内齿啮合联动记录变桨角度。风机主控接收所有编码器的信号，而变桨系统只应用电机尾部编码器的信号，只有当电机尾部编码器失效时风机主控才会控制变桨系统应用冗余编码器的信号。

6.4.2　变桨系统主要部件组成

变桨系统由中控箱、轴控箱、电池箱、变桨电机、冗余编码器、限位开关、各部件连接电缆等部件组成。变桨中央控制箱执行轮毂内的轴控箱和位于机舱内的机舱控制柜之间的连接工作。变桨中央控制箱与机舱控制柜的连接通过集电环实现。通过集电环机舱控制柜向变桨中央控制柜提供电能和控制信号。另外风机控制系统和变桨控制器之间用于数据交换的连接也通过这个集电环实现。变桨控制器位于变桨中央控制箱内，用于控制叶片的位置。另外，三个电池箱内的电池组的充电过程由安装在变桨中央控制箱内的中央充电单元控制。

1. 中控箱

中控箱主要用于电能分配和通过 PLC 控制器对桨叶进行控制调节，如图 6-40 所示。

2. 轴控箱

在变桨系统内有三个轴控箱，每个叶片分配一个轴控箱。箱内的变流器控制变桨电机速度和方向。轴控箱如图 6-41 所示。

3. 电池箱

和轴控箱一样，每个叶片分配一个电池箱。在供电故障或 EFC 信号（紧急顺桨控制信号）复位的情况下，电池供电控制每个叶片转动到顺桨位置。电池箱如图 6-42 所示。

4. 变桨电机

变桨电机是直流电机，正常情况下电机受轴控箱变流器控制转动，紧急顺桨时电池供电电机动作。变桨电机如图 6-43 所示。

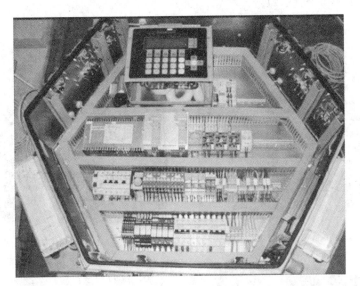

图 6-40　中控箱

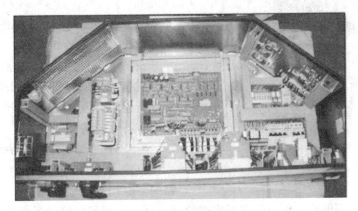

图 6-41　轴控箱

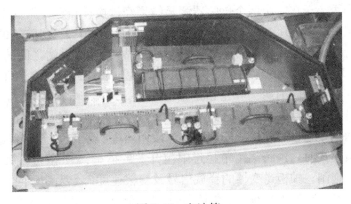

图 6-42　电池箱

5. 冗余编码器（见图 6-44）

图 6-43　变浆电机

图 6-44　冗余编码器

图 6-45　限位开关

6. 限位开关

每个叶片对应两个限位开关：91 度限位开关和 96 度限位开关。96 度限位开关作为冗余开关使用。限位开关如图 6-45 所示。

7. 各部件间连接电缆

变浆中央控制箱、轴控箱、电池箱、变浆电机、冗余编码器和限位开关之间通过电缆进行连接。为了防止连接电缆时产生混乱，电缆有各自的编号。

6.4.3　变浆系统的保护种类

位置反馈故障保护：为了验证冗余编码器的可利用性及测量精度，将每个叶片配置的两个编码器采集到的桨距角信号进行实时比较，冗余编码器完好的条件是两者之间角度偏差小于 $2°$；所有叶片在 $91°$ 与 $95°$ 位置各安装一个限位开关，在 $0°$ 方向均不安装限位开关，叶片当前桨距角是否小于 $0°$，由两个传感器测量结果经过换算确定。除系统掉电外，当下列任何一种故障情况发生时，所有轴柜的硬件系统应保证三个叶片以 $10°/s$ 的速度向 $90°$ 方向顺浆，与风向平行，风机停止转动：任意轴柜内的从站与 PLC 主站之间的通信总线出现故障，由轮毂急停、塔基急停、机舱急停、震动检测、主轴超速、偏航限位开关串联组成的风机安全链以及与安全链串联的两个叶轮锁定信号断开（24V DC 信号）；无论任何一个编码器出现故障，还是同一叶片的两个编码器测量结果偏差超过规定的门限值；任何叶片桨距角在变浆过程中两两偏差超过 $2°$；构成安全链、释放回路中的硬件系统出现故障；任意系统急停指令。变浆调节模式时，预防桨距角超过限位开关的措施：$91°$ 限位开关；到达限位开关时，变浆电机刹车抱闸；轴柜逆变器的释放信号及变浆速度命令无效，同样会使变浆电机静止。变浆电机刹车抱闸的条件：轴柜变浆调节方式处于自动模式下，桨距角超过 $91°$ 限位开关位置；轴柜上控制开关断开；电网掉电且后备电源输出电压低于其最低允许工作电压；控制电路器件损坏。变浆机构机械连接如图 6-46 所示。

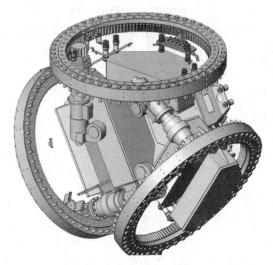

图 6-46　变桨机构机械连接

电动机变桨距控制机构可对每个桨叶采用一个伺服电动机进行单独调节。伺服电动机通过主动齿轮与桨叶轮毂内齿圈相啮合，直接对桨叶的节距角进行控制。位移传感器采集桨叶节距角的变化与电动机形成闭环 PID 负反馈控制。在系统出现故障，控制电源断电时，桨叶控制电动机由蓄电池供电，将桨叶调节为顺桨位置，实现叶轮停转。

6.4.4　变桨系统故障分析及维护

1. 变桨控制系统常见故障原因及处理方法

（1）变桨角度有差异。

叶片 1 变桨角度有差异。

叶片 2 变桨角度有差异。

叶片 3 变桨角度有差异。

原因：变桨电机上的旋转编码器（A 编码器）得到的叶片角度将与叶片角度计数器（B 编码器）得到的叶片角度作对比，两者不能相差太大，相差太大将报错。

处理方法：①由于 B 编码器是机械凸轮结构，与叶片的变桨齿轮啮合，精度不高且会不断磨损，在有大晃动时有可能产生较大偏差，因此先复位，排除故障的偶然因素；②如果反复报这个故障，进轮毂检查 A、B 编码器，检查的步骤是先看编码器接线与插头，若插头松动，拧紧后可以手动变桨观察编码器数值的变化是否一致，若有数值不变或无规律变化，检查线是否有断线的情况。编码器接线机械强度相对低，在轮毂旋转时，在离心力的作用下，有可能与插针松脱，或者线芯在半断半合的状态，这时虽然可复位，但转速一高，松动达到一定程度信号就失去了，因此可用手摇动线和插头，若发现在晃动中显示数值在跳变，可拔下插头用万用表测通断，有不通的和时通时断的要处理，可重做插针或接线，如不好处理直接更换新线。排除这两点说明编码器本体可能损坏，更换即可。由于 B 编码器的凸轮结构脆弱，多次发生凸轮打碎，因此对凸轮也应做检查。

（2）叶片没有到达限位开关动作设定值。

原因：叶片设定在 91°触发限位开关，若触发时角度与 91°有一定偏差会报此故障。

处理方法：检查叶片实际位置。限位开关长时间运行后会松动，导致撞限位时的角度偏大，此时需要一人进入叶片，一人在中控器上微调叶片角度，观察到达限位的角度，然后参考这个角度将限位开关位置重新调整至刚好能触发时，在中控器上将角度清回91°。限位开关是由螺栓拧紧固定在轮毂上，调整时需要2把小活扳手或者8mm叉扳。

（3）某个桨叶91°或95°触发。有时候是误触发，复位即可，如果复位不了，进入轮毂检查，有垃圾卡主限位开关，造成限位开关提前触发，或者91°限位开关接线或者本身损坏失效，导致95°限位开关触发。

叶片1限位开关动作。

叶片2限位开关动作。

叶片3限位开关动作。

原因：叶片到达91°触发限位开关，但复位时叶片无法动作或脱离限位开关。

处理方法：首先手动变桨将桨叶脱离后尝试复位，若叶片没有动作，有可能的原因有：①机舱柜的手动变桨信号无法传给中控器，可在机舱柜中将141端子和140端子下方进线短接后手动变桨；②检查轴控柜内开关是否有可能因过电流跳开，若有，合上开关后将桨叶调至90°即可复位；③轴控箱内控制桨叶变桨的6K1接触器损坏，检查如损坏更换，同时检查其他电器元件是否有损坏。

（4）变桨电动机温度高。

变桨电动机1温度高。

变桨电动机2温度高。

变桨电动机3温度高。

变桨电动机1电流超过最大值。

变桨电动机2电流超过最大值。

变桨电动机3电流超过最大值。

原因：温度过高多数由于线圈发热引起，有可能是电动机内部短路或外载负荷太大所致，而过电流也引起温度升高。

处理方法：先检查可能引起故障的外部原因：①变桨齿轮箱卡瑟、变桨齿轮夹有异物；②再检查因电气回路导致的原因，常见的是变桨电动机的电器刹车没有打开，可检查电气刹车回路有无断线、接触器有无卡涩等。排除了外部故障再检查电动机内部是否绝缘老化或被破坏导致短路。

（5）变桨控制通信故障。

原因：轮毂控制器与主控器之间的通信中断，在轮毂中控柜中控器无故障的前提下，主要故障范围是信号线，从机舱柜到集电环，由集电环进入轮毂这一回路出现干扰、断线、航空插头损坏、集电环接触不良、通信模块损坏等。

处理方法：用万用表测量中控器进线端电压为230V左右，出线端电压为24V左右，说明中控器无故障，继续检查，将机舱柜侧轮毂通信线拔出，红白线、绿白线，将红白线接地，轮毂侧万用表一支表笔接地，如有电阻说明导通，无断路，有断路启用备用线，若故障依然存在，继续检查集电环，我厂风机绝大多数变桨通信故障都由集电环引起。齿轮箱漏油严重时造成集电环内进油，油附着在集电环与插针之间形成油膜，起绝缘作用，导致变桨通信信号时断时续，冬季油变粘着，变桨通信故障更为常见。一般清洗集电环后故障可消除，但此方法治标不治本，从根源上解决的方法是解决齿轮箱漏油问题。集电环造成的变桨通信还有可能由插针损坏、固定不稳等原因引起，若集电环没有问题，得将轮毂端接线脱开与集电环端进线进行校线，校线的目的是检查线路有无接错、短接、破皮、接地等现象。滑集电环座要随主轴一起旋转，里面的线容易与集电环座摩擦导致破皮接地，也能引起变桨故障。

（6）变桨错误。

原因：变桨控制器内部发出的故障，变桨控制器 OK 信号中断，可能是变桨控制器故障，或者信号输出有问题。

处理方法：此故障一般与其他变桨故障一起发生，当中控器故障无法控制变桨时，PITCH CONTROLLER OK 信号为 0，可进入轮毂检查中控器是否损坏，一般中控器故障，会导致无法手动变桨，若可以手动变桨，则检查信号输出的线路是否有虚接、断线等，前面提到的集电环问题也能引起此故障。

（7）变桨失效。

原因：当风轮转动时，机舱柜控制器要根据转速调整变桨位置使风轮按定值转动，若此传输错误或延迟 300ms 内不能给变桨控制器传达动作指令，则为了避免超速会报错停机。

处理方法：机舱柜控制器的信号无法传给变桨控制器主要由信号故障引起，影响这个信号的主要是信号线和集电环，检查信号端子有无电压，有电压则控制器将变桨信号发出，继续查机舱柜到集电环部分，若无故障继续检查集电环，再检查集电环到轮毂，分段检查逐步排查故障。

变桨电动机 1 转速高。

变桨电动机 2 转速高。

变桨电动机 3 转速高。

原因：检测到的变桨转速超过 31°/s，这样的转速一般不会出现，大多数由旋转编码器故障引起。或者由轮毂传出的 RPM OK 信号线问题引起。

处理方法：可参照检查变桨编码器不同步的故障处理方法编码器问题，编码器无故障则转向检查信号传输问题。

2. 变桨机械部分常见故障原因及处理方法

变桨机械部分的故障主要集中在减速齿轮箱和变桨轴承上。保养不到位加之质量问题，使减速齿轮箱有可能损坏，在有卡涩转动不畅的情况下会导致变桨电动机过电流并且温度升高，因此有电动机过电流和温度高的情况频发时，要检查减速齿轮箱。变桨系统的作用是当风速过高或过低时，通过凋整桨叶节距，改变气流对叶片攻角，从而改变风电机组获得的空气动力转矩，使功率输出保持稳定。变桨轴承要承受很大的倾覆力矩，且部分裸露在外，易受沙尘、水雾、冰冻等污染侵害，因此，要进行满足整个使用寿命期的表面防腐处理。同样重要的还有防止轴承内部润滑脂泄漏、外界杂质侵入的密封技术。且变桨轴承要承受不定风力所产生的冲击载荷，具有间歇工作，启停较为频繁，传递扭矩较大，传动比高的特点。所以，变桨轴承要求为零游隙或小负游隙，以减小滚动工作面的微动磨损。变桨轴承不完全旋转的特点使得轴承的内、外圈在很小的角度范围内摆动，因此其滚动体不是沿整个滚道滚动，而是摇动，即只移动很小的距离，一直是同一部分的滚动体受载荷的作用。此类轴承发生故障原因多由轴承润滑不好造成的磨损、螺栓松动导致轴承移位和安装不当引起轴承变形。

轮毂内有给叶片轴承和变桨齿轮面润滑的自动润滑站，当缺少润滑油脂或油管堵塞时，叶片轴承和齿面得不到润滑，长时间运行必然造成永久的损伤，变桨齿轮与 B 编码器的铝制凸轮没有润滑，长时间摩擦，铝制凸轮容易磨损，重则将凸轮打坏，造成编码器不同步致使风机故障停机，因此需要重视润滑这个环节，长时间的小毛病的积累，必然导致机械部件不可挽回的损坏。

3. 蓄电池部分常见故障及处理方法

变桨电池充电器故障。

原因：轮毂充电器 3A1 不充电，有可能 3A1 已经损坏，有可能由于电网电压高导致无法充电。

处理方法：观察停机代码，一般轮毂充电器不工作引起 3 面蓄电池电压降低，将会一起报。

叶片 1 蓄电池电压故障。

叶片 2 蓄电池电压故障。

叶片 3 蓄电池电压故障。

检查 3A1，测量有无 230V 交流输入，有 230V 交流电压说明输入电源没问题，再测量有无 230V 左右直流输出和 24V 直流输出，有输入无输出则可更换 3A1，若由于电网电压短时间过高引起，则电压恢复后即可复位。

叶片 1 蓄电池电压故障（单独报错）。

叶片 2 蓄电池电压故障（单独报错）。

叶片 3 蓄电池电压故障（单独报错）。

原因：若只是单面蓄电池电压故障，则不是由轮毂充电器不充电导致，可能由蓄电池损坏、充电回路故障等引起。

处理方法：按下轮毂主控柜的充电实验按钮，3 面轮流试充电，此时测量吸合的电流接触器的出线端有无 230V 直流电源，再顺着充电回路依次检查各电气元件的好坏，检查时留意有无接触不良等情况，确定充电回路无异常，则检查是否由于蓄电池故障导致不能充电。打开蓄电池柜，蓄电池由 3 组（每组 6 个蓄电池串联）组成，单个蓄电池额定电压 12V，先分别测量每组两端的电压，若有不正常的电压，则挨个测量每个蓄电池，直到确定故障的蓄电池位置，将损坏蓄电池更换，再充电数个小时（具体充电时间根据更换的数量和温度等外部因素决定），一般充电 12h 即可。若不连续充电直接运行，则新蓄电池没有彻底激活，寿命大打折扣，很快也会再次损坏，还有可能导致其他蓄电池损坏。

6.4.5 变桨系统飞车的原因分析及预防

介于风力机的变桨系统的构成及工作原理，能导致叶片飞车的原因有以下 3 种：

（1）蓄电池的原因。由变桨系统构成可以得出，在风机因突发故障停机时，是完全依靠轮毂中的蓄电池来进行收桨的。因此轮毂中的蓄电池储能不足或电池失电，导致出故障时，不能及时回桨，而会引发飞车。蓄电池故障主要有 2 个方面的影响：①蓄电池前端的轮毂充电器损坏，导致蓄电池无法充电，直至亏损；②蓄电自身的质量问题，如果 1 组中有 1、2 块蓄电池放亏，电池整体电压测量时属于正常范围中，但是电池单体电压测量后已非正常区间，这种蓄电池在出现故障后已不能提供正常电拖动力，来有效地促使桨叶回收，而最终引发飞车事故。

（2）信号集电环的原因。该种风机绝大多数变桨通信故障都由集电环接触不良引起。齿轮箱漏油严重时造成集电环内进油，油附着在集电环与插针之间形成油膜，起绝缘作用，导致变桨通信信号时断时续，致使主控柜控制单元无法接受和反馈处理超速信号，导致变桨系统无法停止，直至飞车；集电环的内部构造的原因，会出现集电环磁道与探针接触不良等现象，也会引发信号的中断和延时，其中不排除探针会受力变形。

（3）超速模块的原因。超速模块主要作用就是监控主轴及齿轮箱低速轴和叶片的超速。该模块为同时监测轴系的三个转速测点，以三取二逻辑方式，对轴系超速状态进行判断。三取二超速保护动作有独立的信号输出，可直接驱动设备动作。具有两通道配合可完成轴旋转方向和旋转速度的测量。使用有一定齿距要求的齿盘产生两个有相位偏移的信号，A 通道监测信号间的相位偏移得到旋转方向，B 通道监测信号周期时间得到旋转速度。当该模块软件失效后或信号感知出现问题，会导致在超速时，风机主控不能判断故障及时停机，而引发飞车事故发生。

为了预防变桨系统飞车事故的发生，应该以预防为主，其预防方法如下：定期地检查蓄电池单体电池电压，定期地做蓄电池充放电实验，并将蓄电池检测时间控制在合理区间，运行过程中密切注意电网供电质量，尽量减少大电压对轮毂充电器及 UPS 的冲击，尽可能地避免不必要的元器件的损坏；根除齿轮箱漏油的弊病，定期开展集电环的清洗工作，保证集电环的正常工作；有针对性地测试超速模块 KL1904 的功能，避免该模块软故障的形成。

第 7 章　风电机组齿轮箱的结构及其维护

　　齿轮箱的作用是将风轮旋转速度在高速轴侧提高到一个与标准感应发电机相适应转速，对于运行在高速的恒速发电机或双速发电机，转子转速通常为 1500r/min 乘以需要的转差。对于额定段功率为 300～2000kW，最高旋转速度为 48～17r/min 的叶轮转速，变速比为 1：31～1：88。通常，较大的提升通过每级速比为 1：3～1：5 的独立的三级实现。

　　工业用定变比齿轮箱的设计本身是一个大课题，而且超出了目前的工作范围。然而，有必要认识到在风力机中采用的这种齿轮箱是一个特殊的应用，因为不一样的环境和载荷特性，下面的部分就集中讲解这些方面内容。后面将介绍变化的载荷，包括动力传动系统的动态特性和紧急刹车载荷的影响，而且介绍如何进行齿轮疲劳设计来满足这些要求。平行和圆周转轴装置相关的种种优点在后文中有所介绍，而后面的部分则介绍了噪声抑制测量和润滑油及其冷却。

　　由于叶尖切向速度的限制，风轮的运转速度较低，例如，一般大型风力机（直径大于100m）的转速为 15r/min 或更低，直径 8m 的风轮转速也就是 200r/min 左右；水平轴风力机特别是大型机用于发电时，因发电机不能太重，要求发电机极对数少、转速尽可能高。基于这两个原因，必须要在风轮与发电机之间连接一个齿轮箱，以达到发电机所需的工作转速。

　　风力机的设计过程中，一般对齿轮箱、发电机都不做详细的设计，而只是计算出所需的功率、工作转速及型号，向有关的厂家去选购。最好是确定为已有的定型产品，可取得最经济的效果；否则就需要自己设计或委托有关厂家设计，然后试制及生产。小型风力机的简单齿轮箱可自行设计。

　　齿轮箱前端低速轴由风轮驱动，而输出端高速轴与发电机轴连接。设计时，常将风轮轴承和齿轮箱低速轴前端的轴承合二为一，并且自齿轮箱伸出的低速轴外端也成为风轮的轮毂。

　　这样做的优点是：

　　（1）减小了从风轮至齿轮箱低速轴的结构长度与质量；

　　（2）省去了风轮轴与齿轮箱低速轴之间的联轴节；

　　（3）风轮轴承和齿轮箱内的其他零件一起得到润滑。

　　缺点是：

　　（1）由于要承受所有的风轮载荷，低速轴前端需要强力轴承；

　　（2）因一般没有标准的齿轮箱可供采用，这将提高齿轮箱的制造成本；

　　（3）风轮产生的振动可直接传递给齿轮箱；

　　（4）若风轮轴承发生破坏，需要大修或更换齿轮箱低速轴。

　　水平轴风力机常采用单级或多级定轴线直齿齿轮或行星齿轮增速器。采用直齿齿轮增速器，风轮轴相对于高速轴要平移一定距离，因而使机舱变宽。行星齿轮箱很紧凑，驱动轴与输出轴是同轴线的，因此，当叶片需要变距控制（叶片安装角变化调整）时，通过齿轮箱到轮胎，控制动作不容易实现。

齿轮箱的设计最大功率取决于它要承受的风力机运行或故障发生时的载荷，运行载荷如下：

（1）所传递的风力机转矩与相应的转矩波动，它与风力机转速、功率的控制质量有关。一般控制时，波动值是额定转矩的120%；特殊情况下，变桨距机超载50%。

（2）制动载荷。当机械刹车安置在齿轮箱高速轴侧时，对失速控制型风力机而言，刹车过程与风力机切出过程一致，齿轮箱的过载是由于产生了很高的刹车力矩。

（3）大型风力机的负载为异步发电机，并采用直接并网方式，即发电机转速接近同步转速时并网，由于并网瞬间存在三相短路现象，不但供电系统受到4～5倍发电机额定电流的冲击，同时对齿轮箱产生严重的冲击载荷。

故障情况下的载荷如下：

（1）控制系统在突发事故时，使风力机紧急制动。若机械刹车设在齿轮箱的高速轴侧，为保证使风轮可靠地回到静止位置，刹车力矩应至少两倍于风轮转矩特性曲线上最大转矩工况下齿轮箱高速轴所对应传递的转矩。对一些经过运行的增速器的检查发现，齿轮齿面上的麻点就是由于刹车时过载造成的。

（2）发电机短路会产生很危险的载荷，为避免载荷冲击，齿轮箱应使用滑动联轴节与发电机连接，在超过允许转矩时，可切断齿轮箱与发电机之间力的联系。

齿轮箱中有可能积水，特别是在昼夜温差大的地方运行的风力机上。为避免水对润滑油和齿轮箱的影响，应在齿轮箱上设置排水栓塞，必要时将水排掉。浸油润滑齿轮箱上下箱体的结合面不低于油面，以免漏油污染机舱。

7.1　齿　轮　箱　的　构　造

7.1.1　齿轮箱的类型与特点

风力发电机组齿轮箱的种类很多，按照传统类型可分为圆柱齿轮箱、行星齿轮箱以及它们互相组合起来的齿轮箱；按照传动的级数可分为单级齿轮箱和多级齿轮箱；按照转动的布置形式又可分为展开式、分流式、同轴式齿轮箱和混合式齿轮箱等。常用风力发电机组齿轮箱形式及其特点和应用见表7-1。

表 7-1　　　　　常用风力发电机组齿轮箱的形式及其特点和应用

传动形式		传动简图	推荐传动比	特点及应用
两级圆柱齿轮传动	展开式		$i = i_1 i_2$ $i = 8 \sim 60$	结构简单，但齿轮相对于轴承的位置不对称，应此要求轴有较大的刚度。高速级齿轮布置在远离转矩输入端。这样，轴在转矩作用下产生的扭矩变形可部分地相互抵消，以减缓沿齿宽载荷分布不均匀的现象。用于载荷比较平稳的场合，高速级一般做成斜齿，低速级可做成斜齿
	分流式		$i = i_1 i_2$ $i = 8 \sim 60$	结构复杂，但由于齿轮相对于轴承对称布置，与展开式相比载荷沿齿宽分布均匀、轴承受载较均匀。中间轴危险截面上的转矩只相当于轴所传递转矩的一半。适用于变载荷的场合。高速级一般用斜齿，低速级可用直齿或人字齿

续表

传动形式		传动简图	推荐传动比	特点及应用
两级圆柱齿轮传动	同轴式		$i = i_1 i_2$ $i = 8 \sim 60$	减速器横向尺寸较小，两对齿轮浸入油中深度大致相同，但轴向尺寸和质量较大，且中间轴较长、刚度差，使沿齿宽载荷分布不均匀，高速轴的承载能力难于充分利用两级圆柱齿轮传动同轴
	同轴分流式		$i = i_1 i_2$ $i = 8 \sim 60$	每对啮合齿轮仅传递全部载荷的一半，输入轴和输出轴只承受扭矩，中间轴只受全部载荷的一半，故与传递同样功率的其他减速器相比，轴颈尺寸可以缩小
二级圆柱齿轮传动	展开式		$i = i_1 i_2 i_3$ $i = 40 \sim 400$	同两级展开式分流式
	分流式		$i = i_1 i_2 i_3$ $i = 40 \sim 400$	同两级分流式
行星齿轮传动	单级 NGW		$i = 2.8 \sim 12.5$	与普通圆柱齿轮减速器相比，尺寸小，质量轻，但制造精度要求较高，结构较复杂，在要求结构紧凑的动力传动中应用广泛
	两级 NGW		$i = i_1 i_2$ $i = 14 \sim 160$	同单级 NCW 型

7.1.2　齿轮箱图例

图 7-1 为两级平行轴圆柱齿轮传动齿轮箱的展开图。输入轴大齿轮和中间轴大齿轮都是以平键和过盈配合与轴连接；两个从动齿轮都是采用了轴齿轮的结构。

图 7-2 为一级行星和一级圆柱齿轮传动齿轮箱的展开图。机组传动轴与齿轮箱行星架轴之间利用胀紧套联结，装拆方便，能保证良好的对中性，且减少了应力集中。行星传动机构利用太阳轮的浮动实现均载。

图 7-3 为两级行星和一级圆柱齿轮分流传动齿轮箱的展开图。风力发电机组的大轴通过齿

形联轴节将动力传到第一级行星齿轮，再由太阳轮传至第二级行星轮，最后由末级平行轴齿轮将动力分流输出。有两个取力装置，其中一个通过高弹性联轴节带动发电机，另一个则作为其他种用途的驱动装置。两个行星齿轮传动装置的太阳轮均通过齿形联轴节将动力传至下一级。

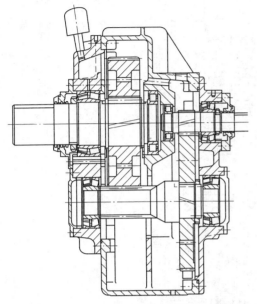

图 7-1　两级平行轴圆柱齿轮传动齿轮箱的展开图

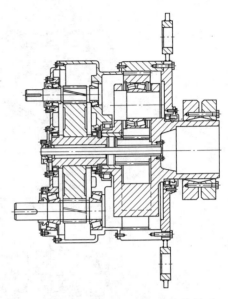

图 7-2　一级行星和一级圆柱齿轮传动
齿轮箱的展开图

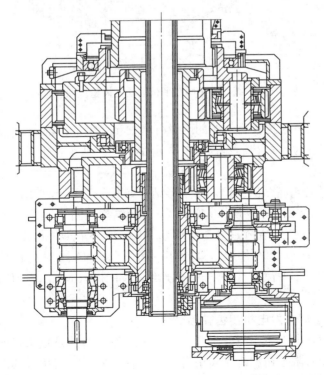

图 7-3　两级行星和一级圆柱齿轮分流传动齿轮箱的展开图

　　图 7-4 和图 7-5 都是一级行星和两级平行轴圆柱齿轮传动齿轮箱，前者采用飞溅润滑方式，后者采用强制润滑方式并与机组的大轴做成一体。

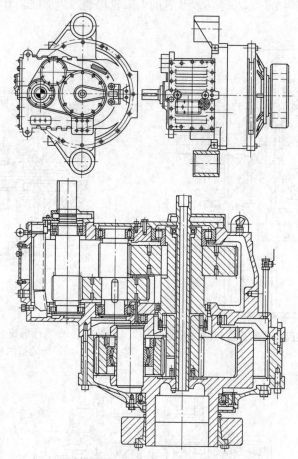

图 7-4　一级行星和两级平行轴圆柱齿轮传动齿轮箱

　　图 7-6 所示的是一种结构较为新颖的两级行星轴和一级平行轴圆柱齿轮传动齿轮箱，其行星架固定，内齿圈主动，两排行星齿轮变为定轴传动。从结构上看各个组件可独立拆卸，便于在机舱内进行检修。

　　以下是一些常见齿轮箱图例：FL600 外形结构如图 7-7 所示，FL1000 外形结构如图 7-8 所示，FL1300 外形结构如图 7-9 所示，FL1500 外形结构如图 7-10 所示，FLA750 外形结构如图 7-11 所示，FZ250 外形结构如图 7-12 所示，FZ600 外形结构如图 7-13 所示，FZ750 外形结构如图 7-14 所示，FZ1300 外形结构如图 7-15 所示，FD600W 外形结构如图 7-16 所示，FD645 外形结构如图 7-17 所示，FD660W 外形结构如图 7-18 所示，FD1600 外形结构如图 7-19 所示。

7.1.3　国产大型风力发电机组齿轮箱简介

　　国内有不少风力发电齿轮箱专业生产厂，其中最为著名的是重庆齿轮箱责任有限公司、杭州前进齿轮箱集团有限公司和南京高精齿轮股份有限公司等三家，其产品参数见表 7-2～表 7-4，各产品外形结构如图 7-7～图 7-19 所示。它们都是国家机械工业大型骨干企业，拥

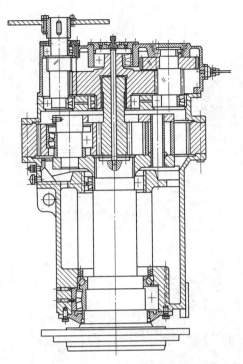

图 7-5　带大轴的一级行星和两级平行轴圆柱齿轮传动齿轮箱

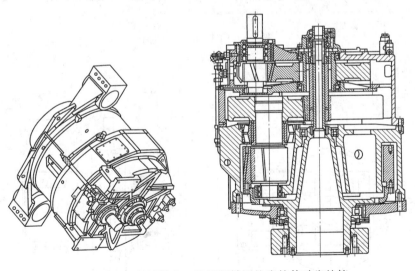

图 7-6　两级行星轴和一级平行轴圆柱齿轮传动齿轮箱

有先进的加工设备和设计制造技术，可以为风力发电行业批量提供各种型号的齿轮箱产品。近年来这几家公司在吸收国际先进技术的基础上，相继开发了不少新产品，其中多数是按照主机厂的特定要求研制，例如为新疆金风公司配套的 600kW 风力发电机组齿轮箱，综合了国外产品的特点，优化了设计参数，加强了关键结构，运转平稳，质量可靠。

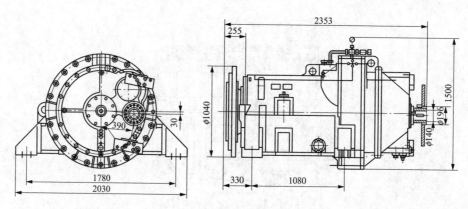

图 7-7　FL600 外形结构

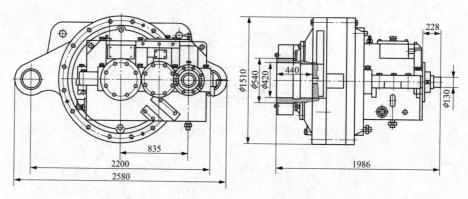

图 7-8　FL1000 外形结构

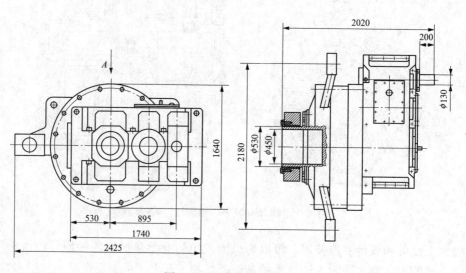

图 7-9　FL1300 外形结构

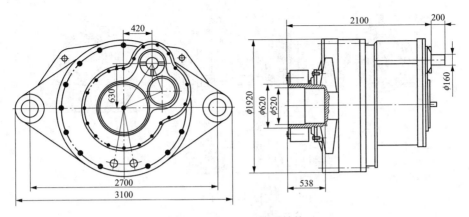

图 7-10　FL1500 外形结构

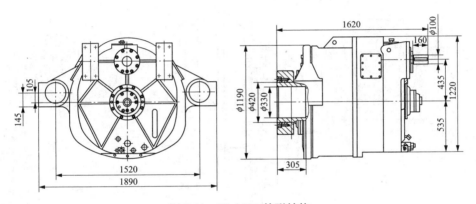

图 7-11　FLA750 外形结构

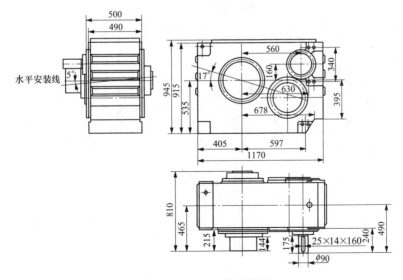

图 7-12　FZ250 外形结构

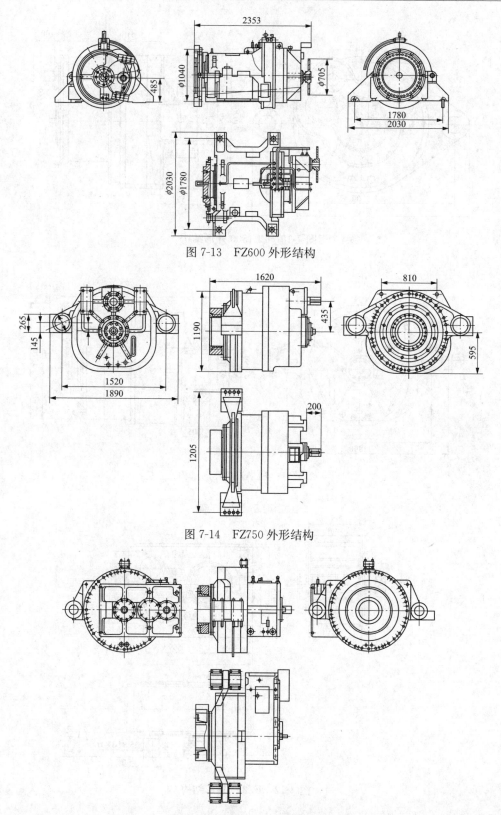

图 7-13　FZ600 外形结构

图 7-14　FZ750 外形结构

图 7-15　FZ1300 外形结构

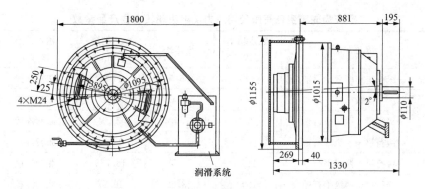

图 7-16　FD600W 外形结构

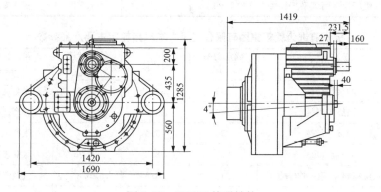

图 7-17　FD645 外形结构

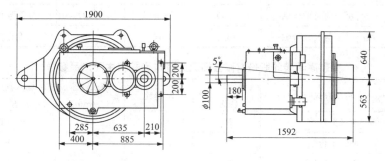

图 7-18　FD660W 外形结构

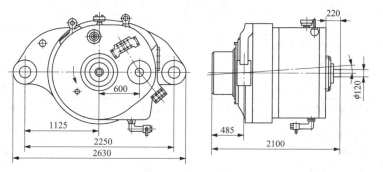

图 7-19　FD1600 外形结构

表 7-2　　　　　　　　重庆齿轮箱责任有限公司风力发电齿轮箱主要产品参数

型号	传动方式	额定功率(kW)	增速比	输入转速(r/min)	输入轴连接方式	质量(kg)
FL600	一级行星＋两级平行轴	645	56.5	26.85	法兰连接	9700
FLA600	两级行星	645	45.3	33.5	胀套连接	3200
FL750	一级行星＋两级平行轴	750	67.401	22.3	胀套连接	4500
FLA750	一级行星＋一级平行轴	825	69.86	21.73	胀套连接	5900
FL1000	一级行星＋两级平行轴	1100	53.38	18.733	胀套连接	12500
FL1300	一级行星＋两级平行轴	1390	78.62	19.27	胀套连接	16000
FLA1300	一级行星＋两级平行轴	1397.5	79	19	胀套连接	16000
FL1500	一级行星＋两级平行轴	1500	67	14.92	胀套连接	17000

表 7-3　　　　　　　　杭州前进齿轮箱集团有限公司风力发电齿轮箱主要产品参数

型号	传动方式	额定功率(kW)	增速比	输入转速(r/min)	输入轴连接方式	质量(kg)
P2100	两级平行轴	135	23.989	42.2	胀套连接	1000
E2200	两级平行轴	240	22.33	45	胀套连接	1600
12250	两级平行轴	280	23.4	43	胀套连接	1900
F2250LX	两级行星	275	38.2	39.26	胀套连接	1500
F2600B	一级行星＋两级平行轴	645	56.6	26.8	法兰连接	9000
E2646	两级行星	645	45.529	33.5	花键连接	4000
F2750	一级行星＋两级平行轴	825	67.4	22.25	胀套连接	6000
P21300	一级行星＋两级平行轴	1390	78.628	19.27	胀套连接	11000
f21500	一级行星＋两级平行轴	1610	67	19	胀套连接	13000

表 7-4　　　　　　　　南京高精齿轮股份有限公司风力发电齿轮箱主要产品参数

型号	传动方式	额定功率(kW)	增速比	输入转速(r/min)	输入轴连接方式	质量(kg)
FIY200	两级平行轴	200	36.12	42	胀套连接	1820
FD250	两级平行轴	250	23.68	43	胀套连接	1950
FD300	两级平行轴	300	44.66	34	胀套连接	4650
FD600W	两级行星	600	45.03	33.5	花键连接	3200
FD645	一级行星＋两级平行轴	645	55.7	27.2	胀套连接	4100
FD645J	一级行星＋两级平行轴	645	56.51	26.8	花键连接	9600
FD660	一级行星＋两级平行轴	660	52.62	28.5	胀套连接	4250
FD660M	三级平行轴功率双分流	660	59.54	25.5	胀套连接	7600
FD1000	一级行星＋两级平行轴	1000	53.8	24.16	胀套连接	7650
FD1390	一级行星＋两级平行轴	1390	78.62	19.27	收缩盘	12500
FD1500	一级行星＋两级平行轴	1500	67.056	19	收缩盘	13500
FD1660	一级行星＋两级平行轴	1660	72/98	20	收缩盘	14500

7.2　齿轮箱的主要零部件

1. 箱体

箱体是齿轮箱的重要部件，它承受来自风轮的作用力和齿轮传动时产生的反力。箱体必须具有足够的刚性去承受力和力矩的作用，防止变形，保证传动质量。箱体的设计应按照风力发电机组动力传动的布局、加工和装配、检查以及维护等要求来进行。应注意轴承支承和机座支承的不同方向的反力及其相对值，选取合适的支承结构和壁厚，增设必要的加强筋。筋的位置须与引起箱体变形的作用力的方向相一致。箱体的应力情况十分复杂且分布不匀，只有采用现代计算方法，如有限元、断裂力学等方法轴以模拟实际工况的光弹实验，才能较为准确地计算出应力分布的状况。利用计算机辅助设计，可以获得与实际应力十分接近的结果。采用铸铁箱体可发挥其减振性，易于切削加工等特点，适于批量生产。常用的材料有球墨铸铁和其他高强度铸铁。设计铸造箱体时应尽量避免壁厚突变，减小照厚差，以免产生缩孔和疏松等缺陷。用铝合金或其他轻合金制造的箱体，可使其质量较铸铁轻 20%～30%，但从另一角度考虑，轻合金铸造箱体，降低质量的效果并不显著。这是因为轻合金铸件的弹性模量较小，为了提高刚性，设计时常需加大箱体受力部分的横截面积，在轴承座处加装钢制轴承座套，相应部位的尺寸和质量都要加大。目前除了较小的风力发电机组尚用铝合金箱体外，大型风力发电齿轮箱应用。

轻铝合金铸件箱体已不多见。单件、小批生产时，常采用焊接或焊接与铸造相结合的箱体。为减小机械加工过程和使用中的变形，防止出现裂纹，无论是铸造或是焊接箱体均应进行退火、时效处理，以消除内应力。为了便于装配和定期检查齿轮的啮合情况，在箱体上应设有观察窗。机座旁一般设有连体吊钩，供起吊粒台齿轮箱用。箱体支座的凸缘应具有足够的刚性，尤其是作为支承座的耳孔和摇臂支座孔的结构，其支承刚度要做仔细的校核计算。为了减小齿轮箱传到机舱机座的振动，齿轮箱可安装在弹性减振器上。最简单的弹性减振器是用高强度橡胶和钢垫做成的弹性支座块，合理使用也能取得较好的结果。箱盖上还应设有透气罩、汕标或油位指示器。在相应部位设有注汕器和放油孔。放油孔周围应留有足够的放油空间。采用强制润滑和冷却的齿轮箱，在箱体的合适部位设置进出油口和相关的液压件的安装位置。

2. 齿轮和轴

风力发电机组运转环境非常恶劣，受力情况复杂，要求所用的材料除了要满足机械强度条件外，还应满足极端温差条件下所具有的材料特性，如抗低温冷脆性、冷热温差影响下的尺寸稳定性等等。对齿轮和轴类零件而言，由于其传递动力的作用而要求极为严格的选材和结构设计，一般情况下不推荐采用装配式拼装结构或焊接结构，齿轮毛坯只要在锻造条件允许的范围内，都采用轮辐轮缘接体锻件的形式。当齿轮顶圆直径在 2 倍轴径以下时，由于齿轮与轴之间的连接所限，常制成轴齿轮的形式。为了提高承载能力，齿轮一般都采用优质合金钢制造。外齿轮推荐采用 20CrMnMo、15CrNi6、17Cr2 Ni2A、20CrNi2MoA、17CrNiMo6、17Cr2Ni2MoA 等材料。内齿圈按其结构要求，可采用 42CrMoA、34Cr2Ni2MoA 等材料，也可采用与外齿轮相同的材料。采用锻造方法制取毛坯，可获得良好的锻造组织纤维和相应的力学特征。合理的预热处理以及中间和最终热处理工艺，保证了材料的综合机械性能达到设计要求。

3. 齿轮

（1）齿轮精度齿轮箱内用作主传动的齿轮精度，外齿轮不低于 5 级 GB/T 10095.1—2008《圆柱齿轮　精度制　第 1 部分：轮齿同侧齿面偏差的定义和允许值》，内齿轮不低于 6 级 GB/T 10095.1—2008《圆柱齿轮　精度制　第 1 部分：轮齿同侧齿面偏差的定义和允许值》。选择齿轮精度时要综合考虑传动系统的实际需要，优秀的传动质量是靠传动装置各个组成部分零件的精度和内在质量来保证的，不能片面强调提高个别件的要求，使成本大幅度提高，却达不到预定的效果。

（2）渗碳淬火通常齿轮最终热处理的方法是渗碳淬火，同时规定随模数大小而变化的硬化层深度要求，具有良好的抗磨损接触强度，轮齿心部则具有相对较低的硬度和较好的韧性，能提高抗弯曲强度。渗碳淬火后获得较理想的表面残余应力，它可以使轮齿最大拉应力区的应力减小。因此对齿根部分通常保留热处理后的表面，在前逆工序滚齿时要用齿形带触角的留磨量滚刀滚齿，从而在磨齿时不会磨去齿根部分。磨齿时选择合适的砂轮和切削用量，辅以大流量的切削冷却液是防止出现磨齿裂纹和烧伤的重要措施。对齿轮进行超声波探伤、磁粉探伤和涂色探伤，以及进行必要的金相检验等，都是控制齿轮内在质量的有效措施。

（3）齿形加工为了减轻齿轮副啮合时的冲击，降低噪声，需要对齿轮的齿形齿向进行修形。在齿轮设计计算时，可根据齿轮的弯曲强度和接触强度初步确定轮齿的变形量，再结合考虑轴的弯曲、扭转变形以及轴承和箱体的刚度，绘出齿形和齿向修形曲线，并在磨齿时进行修正。

圆柱齿轮的加工路线如下：

下料→锻造毛坯→荒车→预热处理→粗车→半精加工外形尺寸→制齿加工（滚齿或插齿）→去毛刺、齿顶倒棱、齿端倒角→热处理（渗碳淬火）→精加工基准面→培齿→检验→清洗→入库。

加工人字齿的时候，如是整体结构，半人字齿轮之间应有退刀槽：如是拼装入齿轮，则分别将两半齿轮按普通齿轮加工，最后用工装准确对齿，再通过过盈配合套装在轴上。

在齿轮加工中，规定好加工工艺基准非常重要。轴齿轮加工时，常用顶尖顶紧两轴端中心孔安装在机床上。盘状圆柱齿轮则利用其内孔或外圆以及一个端面作为工艺基准，通过夹具或人工校准在机床上定位。

在一对齿轮副中，小齿轮的齿宽比大齿轮略大一些，这主要是为了补偿轴向尺寸变动和便于安装。

4. 齿轮与轴的连接

（1）平键连接：常用于具有过盈配合的齿轮或联轴节的连接。由于键是标准件，故可根据连接的结构特点、使用要求和工作条件进行选择。如果强度不够，可采用双键，成 180° 布置，在强度校核时按 1.5 个键计算。

（2）花键连接：通常这种连接是没有过盈的，因而被连接零件需要轴向固定。花键连接承载能力高，对中性好，但制造成本高，需用专用刀具加工。花键按其齿形不同，可分为矩形花键、渐开线花键和三角形花键三种。渐开线花键连接在承受负载时齿间的径向力能起到自动定心作用，使各个齿受力比较均匀，其加工工艺与齿轮大致相同，易获得较高的精度和互换性，故在风力发电齿轮箱中应用较广。

（3）过盈配合连接：过盈配合连接能使轴和齿轮（或联轴节）具有最好的对中性，特别是在经常出现冲击载荷情况下，这种连接能可靠地工作，在风力发电齿轮箱中得到广泛的应用。利用零件间的过盈配合形成的连接，其配合表面为圆柱面或圆锥面（锥度可取 1/30～1/8）。圆锥面过盈连接多用于载荷较大，需多次装拆的场合。

（4）胀嚷套连接：利用轴、孔与锥形弹性套之间接触面上产生的摩擦力来传递动力，是一种无键连接方式，定心性好，装拆方便，承载能力高，能沿周向和轴向调节轴与轮毂的相对位置，且具有安全保护作用。

弹性套是在轴向压紧力的作用下，其锥面迫使被其套住的轴内环缩小，压紧被包容的轴颈，形成过盈结合面实现连接。弹性套材料多用 65、65Mn、55CR2 或 60Cr2 等钢材。弹性套的工作应力一般不应超过其材料的屈服极限，其强度和变形可根据圆锥面过盈连接公式计算。内外环与毂孔的配合通常取 H7/H6，配合表面粗糙度为 Ra0.8～Ra0.2。

（5）轴的设计：齿轮箱中的轴按其主动和被动关系可分为主动轴、从动轴和中间轴。首级主动轴和末级从动轴的外伸部分，与风轮轮毂、中间轴或电机传动轴相连接。为了提高可靠性和减小外形尺寸，有时将半联轴器（法兰）与轴制成一体。

由于是增速传动，较大的传动比使轴上的齿轮直径较小，因而输出轴往往采用轴齿轮的结构。为保证轴的强度和刚度，允许轴的直径略小于齿轮顶圆，此时要注意留有滚齿、磨齿的退刀间距，尽可能避免损伤轴承轴颈。

轴上各个配合部分的轴颈需要进行磨削加工。为了减少应力集中，对轴上台肩处的过渡圆角、花键向较大轴径过渡部分，均应做必要的处理，例如抛光，以提高轴的疲劳强度。在过盈配合处，为减少轮毂边缘的应力集中，压合处的轴径应比相邻部分轴径加大 5%，或在轮毂上开出卸荷槽。装在轴上的零件，轴向固定应可靠，工作载荷应尽可能用轴上的止推轴肩来承受，相反方向的固定则可利用螺帽或其他紧固件。为防止螺纹松动，可利用止动垫圈、双螺帽垫圈、锁止螺钉或串联铁丝等。有时为了节省空间，简化结构，也可以用弹簧挡圈代替螺帽和止动垫圈，但不能用于轴向载荷过大的地方。

轴的材料采用碳钢和合金钢。如 40、45、50、40Cr、50Cr、42CrAMoA 等，常用的热处理方法为调质，而在重要部位做淬火处理。要求较高时可采用 20CrMnTi、20CrMo、20MnCr5、17CrNi5、16CrNi 等优质低碳合金钢，进行渗碳淬火处理，获取较高的表面硬度和心部较高的韧性。

（6）滚动轴承：齿轮箱的支承中，大量应用滚动轴承，其特点是静摩擦力矩和动摩擦力矩都很小，即使载荷和速度在很宽范围内变化时也如此。滚动轴承的安装和使用都很方便，但是，当轴的转速接近极限转速时，轴承的承载能力和寿命急剧下降，高速工作时的噪声和振动比较大。齿轮传动时轴和轴承的变形引起齿轮和轴承内外圈轴线的偏斜，使轮齿上载荷分布不均匀，会降低传动件的承载能力。由于载荷不均匀性而使轮齿经常发生断齿的现象，在许多情况下又是由于轴承的质量和其他因素（如剧烈的过载）而引起的。

选用轴承时，不仅要根据载荷的性质，还应根据部件的结构要求来确定。相关技术标准，如 DIN281，或者轴承制造商的样本，都有整套的计算程序可供参考。

一般推荐在极端载荷下的静承载能力系数 f_s 应不小于 2.0。对风力发电机组齿轮箱输入轴轴承的静强度计算时，需计入风轮的附加静载荷。轴承的使用寿命采用扩展寿命计算方法来进行计算，其所用的失效概率设定为 10%。

运转过程中，在安装、润滑、维护都正常的情况下，轴承由于套圈与滚动体的接触表面经受交变载荷的反复作用而产生疲劳剥落。一般情况下，首先在表面下出现细小裂纹。在继续运转过程中，裂纹逐步增大，材料剥落，产生麻点，最后造成大面积剥落。疲劳剥落若发生在寿命期限之外，则属于滚动轴承的正常损坏。因此，一般所说的轴承寿命指的是轴承的疲劳寿命。一批轴承的疲劳寿命总是分散的，但总是服从一定的统计规律，因而轴承寿命总是与损坏概率或可靠性相联系。

对于轴承损坏，实践中主要凭借轴承支承工作性能的异常来辨别。运转不平稳和噪声异常，往往是轴承滚动面受损或因磨损导致径向游隙增大而产生损坏的反映。当运转时支承有沉重感，不灵便，摩擦力大，一般是由于滚道损坏、轴承过紧或润滑不良造成的损坏。其表现就是温度升高。在日常运转过程中，当工作条件没有变，而温度突然上升，通常就是轴承损坏的标志。在监控系统中可以用温度或振动测量装置检测箱体的轴承部位，以便及时发现轴承工作性能方面的变化。

在风力发电齿轮箱上常采用的轴承有圆柱滚子轴承、圆锥滚子轴承、调心滚子轴承镽。在所有的滚动轴承中，调心滚子轴承的承载能力最大，且能够广泛应用在承受较大负载或者难以避免同轴误差和绕组有较大的支承部位。

调心滚子轴承装有双列球面滚子，滚子轴线倾斜于轴承的旋转轴线。其外圈滚道星球面形，因此滚子可在外圈滚道内进行调心，以补偿轴的挠曲和同心误差。这种轴承的滚道型面与球面滚子型面非常匹配。双排球面滚子在具有三个固定挡边的内圈滚道上滚动，中挡边引导滚子的内端面。当带有滚子组件的内圈从外圈中向外摆动时，则由内圈的两个外挡边保持滚子。每排滚子均有一个黄铜实体保持架或钢制冲压保持架。通常在外圈上设有环形槽，其上有三个径向孔，用作润滑油通道，使轴承得到极为有效的润滑。轴承的套圈和滚子主轴用铬钢制造并经淬火处理，具备足够的强度、高的硬度和良好的韧性和耐磨性。

5. 密封

齿轮箱轴伸部位的密封一方面应能防止润滑汕外泄，同时也能防止杂质进入箱体内。常用的密封分为非接触式密封和接触式密封两种。

（1）非接触式密封所有的非接触式密封不会产生磨损，使用时间长。

轴与端盖孔间的间隙形成的密封，是一种简单密封。间隙大小取决于轴的径向跳动大小和端盖孔相对于轴承孔的不同轴度。在端盖孔或轴颈上加工出一些沟槽，一般2~4个，形成所谓的迷宫，沟槽底部开有回油槽，使外泄的油液遇到沟槽改变方向输回箱体中。也可以在密封的内侧设置甩油盘，阻挡飞溅的油液，增强密封效果。

（2）接触式密封接触式密封使用的密封件应密封可靠、耐久、摩擦阻力小、容易制造和装拆，应能随压力的升高而提高密封能力和有利于自动补偿磨损。常用的旋转轴用唇形密封圈有多种形式，可按标准选取（见 GB/T 13871.1—2007《密封件为弹性体材料的旋转轴唇形密封圈　第 1 部分：基本尺寸和公差》。密封部位轴的表面粗糙度 Ra-0.2~0.63μm。与密封圈接触的轴表面不允许有螺旋形机加工痕迹。轴端应有小于 30°的导入倒角，倒角上不应有锐边、毛刺和粗糙的机加工残留物。

6. 齿轮箱的润滑、冷却

齿轮箱的润滑十分重要，良好的润滑能够对齿轮和轴承起到足够的保护作用。为此，必须高度重视齿轮箱的润滑问题，严格按照规范保持润滑系统长期处于最佳状态。齿轮箱常采用飞溅润滑或强制润滑，一般以强制润滑为多见。因此，配备可靠的润滑系统尤为重要。在机组润滑系统中，齿轮泵从油箱将油液经滤油器输送到齿轮箱的润滑系统，对齿轮箱的齿轮和传动件进行润滑，管路上装有各种监控装置，确保齿轮箱在运转当中不会出现断油。保持油液的清洁十分重要，即使是第一次使用的新油，也要经过过滤，系统中除了主滤油器以外，最好加装旁路滤油器或辅助滤油器，以确保油液的洁净。对润滑油的要求应考虑能够起齿轮和轴承的保护作用。此外还应具备如下性能：①减小摩擦和磨损，具有高的承载能力，防止胶合；②吸收冲击和振动；③防止疲劳点蚀；④冷却，防锈，抗腐蚀。风力发电齿轮箱属于闭式齿轮传动类型，其主要的失效形式是胶合与点蚀，故在选择润滑油时，重点是保证有足够的油膜厚度和边界膜强度。

硬齿面在转动中承受高压和高温，在滑动和滚动摩擦的作用下，因润滑不足，很可能会在齿轮箱运转的初期，例如一年左右，105～106 应力循环作用时，出现一些直径 10nm 左右的麻点，称之为"微点蚀"现象，进而使噪声增大，引起毁坏性的点蚀和齿面剥落损坏．德国慕尼黑工业大学齿轮传动研究室对此做过深入的研究，他们制定的 FZG 测试是一种标准测试，对使用某一品牌润滑油的齿轮副作闭式循环加载试验，负载分 12 个等级，主要测试润滑油的抗磨损性能和抗胶合能力。常用的润滑油在使用的初期都能通过 FZG 测试，但使用一段时间后性能将会降低。FIENDER 公司的单级微点蚀试验则更为严格，要求评估经 100h 和 400h 加载试验后齿面上的微点蚀和齿形变化情况。高品质的润滑油在整个预期寿命内都应保持良好的抗磨损和抗胶合性能。

黏度是润滑油的一个最重要的指标，应根据环境和操作条件选定。为提高齿轮的承载能力和抗冲击能力，适当地添加一些添加剂可以提高润滑性能和减少氧化，但添加剂有一些副作用，在选择时必须慎重。齿轮箱制造厂一般根据自己的经验或实验研究推荐各种不同的润滑油，常用的 MOBIL-632、MOBIL630 或 L-CKC320、L-CKC220、GB5903-鳄齿轮油就是根据齿面接触应力和轴承使用要求以及环境条件选用的。

润滑油公司推荐的合成油，侧如 MobilgearXMP 和 SHCXAfP 是专为风力发电齿轮箱研制的油品。合成油的主要优点是，在极低温度状况下具有较好的流动性：在高温时的化学稳定性好并可抑制黏度降低，这就不同于普通矿物油，不会出现遇高温会分解而在低温时易于凝结的情况。为解决低温下起动时普通矿物油解冻问题，在高寒地区应给机组设置油加热装置。常见的油加热装置是电热管式的，装在油箱底部。在冬季低温状况下起动时，利用油加热器加热油液至 10℃以上再起动机组，以避免因油的流动性不良而造成润滑失效，损坏齿轮和传动件。

润滑油系统中的散热器常用风冷式的，由系统中的温度传感器控制，在必要时通过电控旁路阀自动打开冷却回路，使油液先流经散热器散热，再进入齿轮箱。

7.3　齿轮箱的安装

7.3.1　安装要求

在风力发电机组中，齿轮箱是重要的部件之一，必须正确使用和维护，以延长其使用寿命。

齿轮箱主动轴与叶片轮救的连接必须可靠紧固。输出轴若直接与电机连接时，应采用合适的联轴器，最好是弹性联轴器，并连接起保护作用的安全装置。齿轮箱轴线和与之相连接的部件的轴线应保证同心，其误差不得大于所选用联轴器和齿轮箱的允许值，齿轮箱体上也不允许承受附加的扭转力。齿轮箱安装后用人工盘动应灵活，无卡滞现象。打开观察窗盖检查辐体内部机件应无锈蚀现象。用涂色法检验，齿面接触斑点应达到技术条件的要求。如在文中注明的，齿轮箱的装配情况必须很坚固，这是为了将风轮载荷传递到机舱结构而不会削弱齿轮箱功能的变形。考虑到壳体的形状复杂，依赖于每个载荷矢量的应力分布通常要用有限元分析方法来决定，这样的话，就符合极限载荷组合。过载分析需要来自于对同一时间的风轮推力线性迭加，包括模拟在不同风速下的偏航力矩和倾斜力矩。

7.3.2 齿轮箱的运行

在风力发电机组中，齿轮箱是重要的部件之一，必须正确使用和维护，以延长其使用寿命。

1. 空载试运转

按照说明书的要求加注规定的机油达到油标刻度线，在正式使用之前，可以利用发电机作为电动机带动齿轮箱空载运转。此时，经检查齿轮箱运转平稳，无冲击振动和异常噪声，润滑情况良好，且各处密封和结合面无泄漏，才能与机组一起投入试运转。加载试验应分阶段进行，分别以额定载荷的 25%、50%、75%、100%加载，每一阶段运转以平衡油温为主，一般不得小于 2h，最高油温不得超过 80℃，其不同轴承间的温差不得高于 15℃。

2. 正常运行监控

每次机组起动，在齿轮箱运转前先起动润滑油泵，待各个润滑点都得到润滑后，间隔一段时间方可起动齿轮箱。当环境温度较低时，例如小于 10℃，须先接通电热器加热机油，达到预定温度后才投入运行。若油温高于设定温度，如 65℃时，机组控制系统将使润滑油进入系统的冷却管路，经冷却器冷却降温后再进入齿轮箱。管路中还装有压力控制器和油位控制器，以监控润滑油的正常供应。如发生故障。监控系统将立即发出报警信号，使操作者能迅速判定故障并加以排除。在运行期间，要定期检查齿轮箱运行状况，看看运转是否平稳；有无振动或异常噪声；各处连接的管路有无渗漏，接头有无松动；油温是否正常。

3. 定期更换润滑油

第一次换油应在首次投入运行 500h 后进行，以后的换油周期为每运行 5000～10 000h。在运行过程中也要注意箱体内油质的变化情况，定期取样化验，若油质发生变化，氧化生成物过多并超过一定比例时，就应及时更换。齿轮箱应每半年检修一次；备件应按照正规图纸制造，更换新备件后的齿轮箱，其齿轮啮合情况应符合技术条件的规定，并经过试运转与载荷试验后再正式使用。

7.4 齿轮箱的维护

7.4.1 齿轮箱维护的要求

风力发电机组中的齿轮箱是一个重要的机械部件，其主要功能是将风轮在风力作用下所产生的动力传递给发电机并使其得到相应的转速。风轮的转速很低，远达不到发电机发电的要求，必须通过齿轮箱齿轮副的增速作用来实现，故也将齿轮箱称之为增速箱。根据机组的总体布置要求，有时将与风轮轮毂直接相连的传动轴（俗称大轴）和齿轮箱的输入轴合为一体，其轴端形式是法兰盘连接结构。也有将大轴与齿轮箱分别布置，其间利用涨紧套装置或联轴节连接的结构。为了增加机组的制动能力，常常在齿轮箱的输入端或输出端设置刹车装置，配合叶尖制动（定桨距风轮）或变桨距制动装置共同对机组传动系统进行联合制动。由于机组安装在高山、荒野、海滩、海岛等风口处，受无规律的变向变载荷的风力作用以及强阵风的冲击，常年经受酷暑、严寒和极端温差的影响，加之所处自然环境交通不便，齿轮箱安装在塔顶的狭小空间内，一旦出现故障，修复非常困难，故对其可靠性和使用寿命都提出了比一般机械高得多的要求。例如，对构件材料的要求，除了常规状态下机械性能外，还应该具有低温状态下抗冷脆性等特性；应保证齿轮箱平稳工作，防止振动和冲击；保证充分的润滑条件等等。对冬夏温差巨大的地区，要配置合适的加热和冷却装置。还要设置监控点，对运转和润滑状态进行遥控。不同形式的风力发电机组有不一样的要求，齿轮箱的布置形式以及结构也因此而异。

7.4.2　齿轮箱常见故障及预防措施

齿轮箱的常见故障有齿轮损伤、轴承损坏、断轴和渗漏油、油温高等。

（1）齿轮损伤齿轮损伤的影响因素很多，包括选材、设计计算、加工、热处理、安装调试、润滑和使用维护等。常见的齿轮损伤有齿面损伤和轮齿折断两类。

（2）轮齿折断（断齿）断齿常由细微裂纹逐步扩展而成。根据裂纹扩展的情况和断齿原因，断齿可分为过载折断（包括冲击折断）、疲劳折断以及随机断裂等。

过载折断总是由于作用在轮齿上的应力超过其极限应力，导致裂纹迅速扩展，常见的原因有突然冲击超载、轴承损坏、轴弯曲或较大硬物挤入啮合区等。断齿断口有呈放射状花样的裂纹扩展区，有时断口处有平整的塑性变形，断口副常可拼合。仔细检查可看到材质的缺陷，齿面精度太差，轮齿根部未做精细处理等。在设计中应采取必要的措施，充分考虑预防过载因素。安装时防止箱体变形，防止硬质异物进入箱体内等等。

疲劳折断发生的根本原因是轮齿在过高的交变应力重复作用下，从危险截面（如齿根）的疲劳源起始的疲劳裂纹不断扩展，使轮齿剩余截面上的应力超过其极限应力，造成瞬时折断。在疲劳折断的发源处，是贝状纹扩展的出发点并向外辐射。产生的原因是设计载荷估计不足，材料选用不当，齿轮精度过低，热处理裂纹，磨削烧伤，齿根应力集中等等。故在设计时要充分考虑传动的动载荷谱，优选齿轮参数，正确选用材料和齿轮精度，充分保证加工精度消除应力集中因素等。

随机断裂的原因通常是材料缺陷、点蚀、剥落或其他应力集中造成的局部应力过大，或较大的硬质异物落入啮合区引起。

（3）齿面疲劳齿面疲劳是在过大的接触剪应力和应力循环次数作用下，轮齿表面或其表层下面产生疲劳裂纹并进一步扩展而造成的齿面损伤，其表现形式有早期点蚀、破坏性点蚀、齿面剥落和表面压碎等。特别是破坏性点蚀，常在齿轮啮合线部位出现，并且不断扩展，使齿面严重损伤，磨损加大，最终导致断齿失效。正确进行齿轮强度设计，选择好材质，保证热处理质量，选择合适的精度配合，提高安装精度，改善润滑条件等，是解决齿面疲劳的根本措施。

（4）胶合是相啮合齿面在啮合处的边界膜受到破坏，导致接触齿面金属融焊而撕落齿面上的金属的现象，很可能是由于润滑条件不好或有干涉引起，适当改善润滑条件和及时排除干涉起因，调整传动件的参数，清除局部载荷集中，可减轻或消除胶合现象。

（5）轴承损坏轴承是齿轮箱中最为重要的零件，其失效常常会引起齿轮箱灾难性的破坏。轴承在运转过程中，套圈与滚动体表面之间经受交变载荷的反复作用，由于安装、润滑、维护等方面的原因，而产生点蚀、裂纹、表面剥落等缺陷，使轴承失效，从而使齿轮副和箱体产生损坏。据统计，在影响轴承失效的众多因素中，属于安装方面的原因占16%，属于污染方面的原因也占16%，而属于润滑和疲劳方面的原因各占34%。使用中70%以上的轴承达不到预定寿命。因而，重视轴承的设计选型，充分保证润滑条件，按照规范进行安装调试，加强对轴承运转的监控是非常必要的。通常在齿轮箱上设置了轴承温控报警点，对轴承异常高温现象进行监控，同一箱体上不同轴承之间的温差一般也不超过15℃，要随时随地检查润滑油的变化，发现异常立即停机处理。

（6）断轴也是齿轮箱常见的重大故障之一。究其原因是轴在制造中没有消除应力集中因素，在过载或交变应力的作用下，超出了材料的疲劳极限所致。因而对轴上易产生的应力集中因素要给予高度重视，特别是在不同轴径过渡区要有圆滑的圆弧过渡，此处的粗糙度要求较低，也不允许有切削刀具刃尖的痕迹。设计时，轴的强度应足够，轴上的键槽、花键等结构也不能过分降低轴的强度。保证相关零件的刚度，防止轴的变形，也是提高可靠性的相关措施。

（7）油温高齿轮箱油温最高不应超过80℃，不同轴承间的温差不得超过15℃。一般的齿轮箱都设置有冷却器和加热器，当油温低于10℃时，加热器会自动对油池进行加热；当油温高于65℃时，油路会自动进入冷却器管路，经冷却降温后再进入润滑油路。如齿轮箱出现异常高温现象，则要仔细观察，判断发生故障的原因。首先要检查润滑油供应是否充分，特别是在各主要润滑点处，必须要有足够的油液润滑和冷却。再次要检查各传动零部件有无卡滞现象。还要检查机组的振动情况，前后连接接头是否松动等。

7.4.3 齿轮箱的使用及维护

风力发电机组齿轮箱的运行维护是风力发电机组维护的重点之一，只有运行维护水平不断得到提高，才能保证风力发电机组齿轮箱平稳运行，从而保证风力发电机组的正常工作。

（1）安装与空载试运转在安装齿轮箱时，齿轮箱轴线和与之相连接部件的轴线应保证同心，其误差不得大于所选用联轴器和齿轮箱的允许值，齿轮箱体上也不允许承受附加的扭转力。齿轮箱安装后用人工盘动应灵活，无卡滞现象。打开观察窗盖检查箱体内部机件应无锈蚀现象。用涂色法检验，齿面接触斑点应达到技术条件的要求。

按照说明书的要求加注规定的机油达到油标刻度线，在正式使用之前，可以利用发电机作为电动机带动齿轮箱空载运转。此时，经检查齿轮箱运转平稳，无冲击振动和异常噪声，润滑情况良好，且各处密封和结合面无泄漏，才能与机组一起投入试运转。加载试验应分阶段进行，分别以额定载荷的25%、50%、75%、100%加载，每一阶段运转以达到平衡油温为准，一般不得小于2h，最高油温不得超过80℃，其不同轴承间的温差不得高于15℃。

（2）日常维护风力发电机组齿轮箱的日常运行维护内容主要包括：设备外观检查、噪声测试、油位检查、油温、电气接线检查等。

具体工作任务包括：在风机运行期间，特别是持续大风天气时，在中控室应注意观察油温、轴承温度；登机巡视风力发电机组时，应注意检查润滑管路有无渗漏现象，连接处有无松动，清洁齿轮箱；离开机舱前，应开机检查齿轮箱及液压泵运行状况，看看运转是否平稳，有无振动或异常噪声；利用油标尺或油位窗检查油位是否正常，借助玻璃油窗观察油色是否正常，发现油位偏低应及时补充并查找具体渗漏点，及时处理。

平时要做好详细的齿轮箱运行情况记录，最后要将记录存入该风力发电机组档案，便于以后进行数据的对比分析。

（3）定期维护，即 2500h 和 5000h 维护。2500h 维护主要内容：润滑油脂的加注、传感器功能测试、传动部件的紧固；5000h 维护主要包括：紧固力矩检查、传感器功能测试、机组常见故障的排除等。齿轮箱的运行情况，可以通过这两次维护进行检测，只有认真仔细完成齿轮箱全部检查项目，才能确保齿轮箱的平稳运行。

（4）更换润滑油齿轮箱在投入运行前，应加注厂家规定的润滑油品，润滑油品第一次更换和其后更换的时间间隔由风力发电机组实际运行工况条件来决定。齿轮箱润滑油品的维护和使用寿命受油品的实际运行环境影响，在油品运行过程中，分解产生的各种物质，可能会引起润滑油品的老化、变质，特别是在高温、高湿及高灰尘等条件下运行，将会进一步加速油品老化、变质，这些都是影响润滑油品使用寿命的重要因素，会对油品的润滑能力产生很大的影响，降低润滑油品的润滑效果，从而影响齿轮箱的正常运行。

新投入的风力发电机组，齿轮箱首次投入运行磨合 250h 后，要对润滑油品进行采样并分析，根据分析结果可以判断齿轮箱是否存在缺陷，并采取相应措施进行及时处理，避免齿轮箱损坏较严重时才发现。

齿轮箱油品第二次分析应在风力发电机组重新运行 8000h（最多不超过 12 个月）后进行，若油质发生变化，氧化生成物过多并超过一定比例时，就应及时更换。如经分析认为该油品可以继续使用，那么再间隔 8000h（最多不超过 12 个月）后对齿轮箱润滑油品进行再次采样、分析；如果润滑油品在运行 18 000h 后，还没有进行更换，那么润滑油品采样分析的时间间隔将要缩短到 4000 运行小时（最多不超过 6 个月）；如果风力发电机组在运行过程中，出现异常声音或发生飞车等较严重故障时，齿轮箱润滑油品的采样分析可随时进行，以确保齿轮箱的正常运行。

为了保证齿轮箱安全可靠运行，在齿轮箱首次投入运行 2000h 后，要对齿轮箱润滑油品的实际状态进行分析、检查和评估，油样的试验应由该油品的提供厂家做油品分析单。在进行油品采样时，应保证风力发电机组已运行较长时间，以确保齿轮箱润滑油品处于运行温度，且要在压力循环系统正常运行期间取油样，以保证漂浮物质未沉在油槽底部。

在齿轮箱零件需要更换时，备件应按照正规图样制造，更换新备件后的齿轮箱，其齿轮啮合情况应符合技术条件的规定，并经过试运转与载荷试验后再正式使用。对齿轮箱所进行的检测、保养、维修必须在齿轮箱不工作的情况下进行。

7.4.4　润滑油净化和温控系统的使用及其维护

（1）润滑系统初始运行前必须要进行以下准备工作：检查电动机液压泵单元的电动机运转方向是否正确，正确的旋向在电动机上已经标出。检查冷却系统电动机运转方向是否正确，正确的旋向已经标出。要避免电动机长时间反向运转，建议不要超过 10s。检查管路系统是否安装好，是否有松动，是否漏装密封件。检查排气软管是否接好。

（2）电动机液压泵单元的使用及其维护包括：电动机的工作电压应在规定范围内，在电动机铭牌上已经标出。电动机的风扇护罩需要定期清理，防止电动机过热。油液中最大的允许颗粒尺寸小于 $200\mu m$，大于此尺寸的微粒会导致液压泵过早磨损。液压泵的工作油液清洁度要符合相关标准，否则影响其寿命。液压泵的工作温度和黏度要符合要求，液压泵的最低工作温度为 $-30℃$，同时油液黏度必须小于 $1500 \times 10^{-6} \, m^2/s$。如果液压泵过度磨损，会导致油液流量不能达到要求，此时系统温度会升高，在这种情况下必须更换液压泵。

（3）过滤器组的维护主要是滤芯的更换：使用中的过滤器配有压差发信器，如果其发出信号就需要更换滤芯。被污染的滤芯必须要更换，如果不更换污染的滤芯会对整个系统造成损坏。更换受污染的滤芯要按照以下步骤进行：停止设备运行并且从过滤器释放系统压力；打开排油阀；打开过滤器盖并且将工作油液放到合适的容器内；轻轻晃动并且拉出滤芯；清洁过滤器内壁；关闭排油阀；检查过滤器端盖密封件，如果有必要应更换；拿出更换用滤芯，确认和旧滤芯是同一型号，装入滤壳内（之前应确认密封件没有损坏，并且安装好密封件）；安装好过滤器端盖；更换滤芯时要更换密封件，新滤芯带有新的密封件。

检查被换下的滤芯是否有铁屑存在，如有较多铁屑应该化验齿轮箱润滑油品，通过化验结果，判断齿轮箱是否有潜在的危险。将新的滤芯安装到机组上后，应开机听液压泵和齿轮箱运行声音是否正常，观察液压泵出口压力表，压力是否正常。安装滤油器外壳时应注意对正螺纹，均匀用力，避免损伤螺纹和密封圈。

（4）冷却器的维护：通常情况下冷却器所需要的维护非常少，但是应当注意的是：冷却器必须要保持清洁，否则会影响其散热功率和电动机的寿命。

在工作状态下润滑系统是带压的，因此在工作时不要松动或拆卸润滑系统的任何元件或壳体，否则，高温和高压的工作油液可能会溢出。泄漏的工作油液会带来危险。对过滤器操作时要带护目镜和安全手套。如果接触到工作液体请按照油液制造企业的手册去处理。

7.4.5　运行中的载荷变化

风力机齿轮箱的转矩范围随着风速的变化在零和额定转矩间进行变化，对于恒速桨距调节机组，由于桨距响应比较慢在超过额定转矩时会产生偏离，短时转矩波动会被动态地放大到一定程度从而触发驱动系统发生谐振。此外，如果刹车动作不是发生在低速轴，则偶然的刹车动作会引起很大的瞬时转矩。失速型风电机组的曲线通过将瞬时风速分布曲线和功率曲线合成而得到，瞬时风速是用相应于每小时平均风速的湍流变差叠加于按小时平均的威布尔分布。超过额定功率的部分没有被叠加在内。

7.4.6　齿轮箱噪声

齿轮箱的主要噪声来自于个别齿之间的啮合。齿承受载荷时会轻微变形，因此如果没有对齿的轮廓进行修正，那么空载的齿在接触时将难以协调，结果会造成啮合频率上一系列的撞击。因此，实际中是要对齿的轮廓进行调整。通常是从两个齿轮的顶端去掉一些材料，被称为"修齿项"——将空载的齿带回到额定齿轮载荷下的排列中。在风力发电机组工作情况下，齿轮载荷是可变的，所以有必要搞清楚在何种载荷水平下通过齿端修整来提供正确的补偿。如果齿端修整的载荷太重，则在低功率下顶端附近将会有过多的齿接触损耗，然而如果设置得太少，在额定功率时的噪声又会太高。如果预料齿轮箱的噪声在低风速时较有妨碍的，并且不能够用空气动力噪声来掩盖，就需要选择在低载荷水平下进行补偿。

螺旋状的齿轮通常比正齿轮噪声要小（齿平行于齿轮轴），因为啮合的齿的宽度在一个有限的时间区间内不是一次全都啮合上。另外，螺旋状齿轮最大的齿变形比正齿轮的要小，因为一般最少有两个齿而不是一个齿接触，而且在齿宽范围内弯曲力矩在变化，这就意味着齿上载荷较轻的部分可以对载荷较重的部分提供限制。结果，在特定载荷水平下齿端修整不足或过度所造成的齿的变形可以得到减小。

行星式齿轮箱通常比平行轴齿轮箱噪声要小，这是因为减小的齿轮体积使变桨的线速度减小。然而，如果为了避免行星轮对准问题而使用正齿轮不用螺旋齿轮，这种优势就丧失了。一种保持螺旋小齿轮对准的方法是在太阳轮和齿圈上安装止推环。

因为行星式齿轮级上的齿圈一般是固定的，所以可以比较方便地将其集成在齿轮箱机壳上。然而，这样会使齿圈齿轮啮合噪声从机壳上直接传出来，所以更好的方法是把齿圈齿轮做成一个独立的组件，并利用弹性支撑。相似地，利用齿轮箱弹性支撑以减小从齿轮箱传到机舱结构和塔架的噪声。

齿轮的齿啮合产生的噪声能够通过多种途径从风力发电机组传到周围的环境中：

（1）从轴上直接传到叶片，这种方式辐射效率很高。

（2）从齿轮箱的弹性支座传到支撑机构，并且由此传到塔架上，这种方式在一些环境下辐射效率也很高。

（3）从齿轮箱的弹性支座传到支撑机构，并且由此传到机舱内，这种方式也会辐射。

（4）通过机舱壁传到机舱空气里，然后通过机舱入口和排风通道辐射到环境中。

（5）通过机舱壁传到机舱空气里，然后通过机舱结构辐射到环境。

所有这些途径模态上往往都是密集的，事实上不可能设计出选定的频率。如果噪声是个问题，那么一个选择就是减小噪声源的声级，也许可以按照上面讲的通过改进齿端修整来达到，或者修改主要路径来减小噪声的传导。当并不直接区分主要路径时，做到它的一个方法是利用将理论模型和大量的野外测量相结合的静态能量分析（SEA）法。声道可能不是简单的，因为系统里的非线性会使其中一种途径在低风速时占统治地位，而另一种途径在高风速下起关键作用。辐射路径的处理可包括阻尼处理，如剪切层阻尼或仅仅是给塔壁上附加沙石或者铺洒沥青层。例如，在一些情况下，这种处理的效果不只是一种。当叶片是主要辐射源时，并且衰减材料已经添加到叶片中，那么这种材料不仅能够起到增强材料的作用，也能起到阻尼机构的作用。有时候，给结构的某些部位增加调谐吸收器来阻尼掉某一个频率下的辐射也是有用的。这种调谐吸收器还可以被设计用来增加在调谐频率上的阻抗，以便阻碍结构在那个频率点上不发生振动。

7.4.7 润滑和冷却

润滑系统的功能是在轮齿和轴承的转动部位上保持一层油膜，使表面点蚀和磨损最小（磨损、粘连和咬合）。由油膜的厚度可以辨识出由油膜提供的弹性流体动力学的润滑的不同水平。范围从完全流体力学上的润滑油到边界润滑油，前者存在于金属表面由比较厚的油膜隔离开的地方，后者存在于粗糙的金属表面，可能被润滑剂膜隔离开，在这个范围内厚度仅仅只有分子的级别。咬合是一种涉及局部焊接和把微粒从一个齿轮传递到另一个齿轮的胶合磨损的严重形式，它发生在边界润滑条件下，由大负载和低节线速度及油的黏性造成。有两种润滑方法可以采用：飞溅润滑和压力馈油。前者，向低速齿轮上不断滴油，并且同时淋在装置里面且流到轴承上。后者，油被一个杆状的油泵传递，在压力下过滤并传到齿轮和轴承上。飞溅润滑的优势是简单和由此带来的可靠性，但是压力馈油润滑通常在以下场合中优先考虑：

（1）油可以正面地射到喷嘴要求的地方。

（2）磨损颗粒由过滤环节可以去除。

（3）避免损失效率的搅油。

（4）油循环系统能够将流过齿轮箱的油通过安装在机舱外部的冷却装置更加有效地将齿轮箱降温。

（5）如果系统安装待机电泵时，当机组待机时，必须允许间歇式润滑。

对于压力馈油系统，当温度过高或压力不足时，一般是调节滤波器后面的温度和压力开关来停机。

选择润滑方式的指导在 AGMA/AWEA（1996）文件中给出，这个指导必须考虑到所研究问题的所述地点的环境温度。可能需要使用油箱加热器，以便使油在风力机在低温度下启动时能够循环起来。齿轮箱的效率能够在 95%～98% 之间变化，这依赖于行星式和平行轴的级数。

第8章 风力发电机组润滑系统的维护

风力发电机组因其工作环境和设备运行方式的特殊性，对机组的润滑提出了较高的要求。只有这样才能使风力发电机组在恶劣多变的复杂工况下长期保持最佳运行状态。风力发电机组使用的油品应当具备下列特性：

(1) 较少部件磨损，可靠延长齿轮及轴承寿命；

(2) 降低摩擦，保证传动系统的机械效率；

(3) 降低振动和噪声；

(4) 减少冲击载荷对机组的影响；

(5) 作为冷却散热媒体；

(6) 提高部件抗腐蚀能力；

(7) 带走污染物及磨损产生的铁屑；

(8) 油品使用寿命较长，价格合理。

8.1 风电机组的工作环境及基本润滑要求

风力发电机组分布广泛，各地气候条件差异很大。沿海地区空气湿度大、盐雾重、年均气温较高；北方地区温差较大、冬季寒冷、风沙较强。对于闭式润滑系统来说，首要考虑的是气温差异的因素，湿度、风沙、盐雾等因素的影响相对较小。

由于风力发电机组运行的环境温度一般不超过 40℃，且持续时间不长。因此，除发电机轴承外，用于风力发电机组的润滑油（脂）一般对高温使用性能无特殊要求。

在油品的低温性能上，根据风力发电机组运行环境的温度的不同，其要求也不尽相同。对于环境温度高于 −10℃ 的地区，所用润滑油不需特别考虑低温性能，大多数润滑油都能满足使用要求。在环境温度较低的寒区，冬季气温最低的月份气温在 −20℃ 以下，有时连续数日在 −30℃ 左右，这就对油品的低温使用性能有较高的要求。

正确选用润滑油是保证风力发电机组可靠运行的重要条件之一。在风力发电机组的维护手册中，设备厂家都提供了机组所用润滑油型号、用量及更换周期等内容，维护人员一般只需要按要求使用润滑油品即可。但是，为更好地保证机组的安全、经济运行，不断提高运行管理的科学性、合理性，就要求运行人员对油品的基本性能指标和选用原则有所了解，以期选择出最适合现场实际的油品来。

8.1.1 润滑油的分类

润滑油是由基础油加入各种添加剂调和而成的。由原油提炼出来的基础油称为矿物油，用它调出的油就是矿物润滑油，可满足大多数工作场合的需要。但矿物型润滑油存在高温时成分易分解、低温时易凝结的缺点。

合成润滑油是用化学合成法制造的基础油，并根据所需特性在其中加入必要的添加剂以改善使用性能的产品。合成润滑油的价格较高，一般是矿物型润滑油的 2～3 倍。合成油的主要优点表现为在低温状况下，合成油具有较好的流动性；在温度升高时，可以较好地抑制黏度降低；高温时化学稳定性较好，可减少油泥凝结物和残碳的产生。可见，合成润滑油比矿物型润滑油更适应苛刻的工况条件。

8.1.2 润滑油的指标及意义

1. 黏度

液体受外力作用移动时，液体分子间产生内摩擦力的性质，称为黏度。黏度随温度的升高而较低。它是润滑油的主要技术指标，黏度是各种润滑油分类分级的依据，对质量鉴别和确定用途等有决定性的意义。

我国常用运动黏度、动力黏度和条件黏度来表示油品的黏度。测定运动黏度的标准方法为 GB/T 265—1988《石油产品运动粘度测定法和动力粘度计算法》、GB/T 11137—1989《深色石油产品运动粘度测定法（逆流法）和动力粘度计算法》，即在某一恒定的温度下，一定体积的液体在重力下流过一个标定好的玻璃毛细管的时间。黏度计的毛细管常数与流动时间的乘积就是该温度下液体的运动黏度。运动黏度的单位为 m^2/s，通常实际使用单位是 mm^2/s。国外相应测定油品运动黏度的标准方法主要有美国的 ASTM D445、德国的 DIN 51562 和 ISO 3105 等。

某些油品，如液力传动油、车用齿轮油等低温黏度通常用布氏黏度计法来测定。我国的 GB/T 11145、美国的 ASTM D2983 和德国的 DIN 51398 等标准方法。

黏度是评定润滑油质量的一项重要的理化性能指标，对于生产、运输和使用都具有重要意义。在实际应用中，绝大多数润滑油是根据其 40℃ 时中间点运动黏度的正数值来表示牌号的，黏度是各种设备选油的主要依据；选择合适黏度的润滑油品，可以保证机械设备正常、可靠地工作。通常，低速高负荷的应用场合，选用黏度较大的油品，以保证足够的油膜厚度和正常润滑；高速低负荷的应用场合，选用黏度较小的油品，以保证机械设备正常的起动和运转力矩，运行中温升小。测定不同温度下黏度，可计算出该油品的黏度指数，了解该油品在温度变化下的黏度变化情况，另外，黏度还是工艺计算的重要参数之一。

黏度的度量方法分为绝对黏度和相对黏度两大类。绝对黏度分为动力黏度、运动黏度两种；相对黏度有恩氏黏度、赛氏黏度和雷氏黏度等几种表示方法。

黏度指数是一个表示润滑油黏度随温度变化的性质的参数。润滑油的黏度随温度的变化而变化：温度升高，黏度减小；温度降低，黏度增大。这种黏度随温度变化的性质，叫作黏温性能。通过将润滑油试样与一种黏温性较好（黏度指数定为 100）及另一种黏温性较差（黏度指数定为 0）的标准油进行比较，得出表示润滑油黏度受温度影响而变化程度的相对值。黏度指数（VI）是表示油品黏温性能的一个约定量值。黏度指数高，表示油品的黏度随温度变化小，油的黏温性能好，反之亦然。

石油产品的黏度指数可通过计算得到。计算方法在我国的 GB/T 14906—1994 或美国的 ASTM D2270、德国的 DIN 51564、ISO2902、日本的 JIS K2284 等标准中有详细的说明。黏度指数还可以用查表法得到，即我国的 GB/T 2541—1981《石油产品粘度指数算表》。

黏温性能对润滑油的使用有重要意义，如发动机润滑油的黏温性能不好，当温度低时黏度过大，就会启动困难，造成能源浪费，而且启动后润滑油不易流到摩擦表面上，加快机械零件的磨损。如果温度过高，黏度变小，则不易在摩擦表面上产生适当的油膜，失去润滑作用，使机械零件的摩擦面产生擦伤和胶合等故障，另外，黏温性能好的润滑油可以在冬夏季节和我国的南方、北方地区通用。

2. 极压性能（PB、PD、ZMZ）

润滑油极压抗磨性能是齿轮油、液压油、润滑脂、工艺用油等润滑剂的重要性能指标。具有极压抗磨性能的油品，都必须进行极压抗磨性能的模拟评定。常用的模拟评定试验机有四球机、梯姆肯环块试验机、Falxe 试验机、FZG 齿轮试验机、Almen 试验机、SAE 试验机等。应用比较普遍的有四球机、梯姆肯环块试验机、FZG 齿轮试验机。

四球试验机模拟试验：测定润滑油脂的减摩性、抗磨性和极压性。减摩性用摩擦系数"f"表示和抗磨性能用磨痕直径"d"表示；极压性用最大无卡咬负荷"PB"、烧结负荷"PD"和综合磨损值"ZMZ"表示。国内标准试验方法有 GB/T 3142—1982《润滑剂承载能力测定法（四球法）》、GB/T 12583—1998《润滑剂承载能力测定法（四球法）》、SH/T 0189—1992《润滑油磨损性能测定法（四球机法）》、SH/T 0202《润滑脂极压性能测定法（四球机法）》、SH/T 0204《润滑脂抗磨性能测定法（四球机法）》。

最大无卡咬负荷 PB（N），在试验条件下，使试验钢球不发生卡咬的最大无卡咬负荷，它代表油膜强度。

烧结负荷 PD（N），在试验条件下，使试验钢球发生烧结的最低负荷为烧结负荷，它代表润滑剂的极限工作能力。

综合磨损值 ZMZ（N），综合磨损值 ZMZ 是润滑剂在所加负荷下使磨损减少到最小的抗极压能力的一个指数，它等于若干次校正负荷的平均值。

3. 氧化安定性

石油产品抵抗由于空气（或氧气）的作用而引起其性质发生永久性改变的能力，叫作油品的氧化安定性。润滑油的抗氧化安定性是反映润滑油在实际使用、储存和运输中氧化变质或老化倾向的重要特性。

油品在储存和使用过程中，经常与空气接触而起氧化作用，温度的升高和金属的催化会加深油品的氧化。润滑油品氧化的结果，使油品颜色变深，黏度增大，酸性物质增多，并产生沉淀。这些无疑对润滑油的使用会带来一系列不良影响，如腐蚀金属、堵塞油路等。对内燃机油来说，还会在活塞表面生成漆膜，黏结活塞环，导致汽缸的磨损或活塞的损坏。因此，这个项目是润滑油品必控质量指标之一，对长期循环使用的汽轮机油、变压器油、内燃机油以及与大量压缩空气接触的空气压缩机油等，更具重要意义。通常油品中均加有一定数量的抗氧剂，以增加其抗氧化能力，延长使用寿命。

润滑油氧化安定性测定方法有多种，其原理基本相同，一般都是向试样中直接通入氧气或净化干燥的空气。在金属等催化剂的作用下，在规定温度下经历规定的时间观察试样的沉淀或测定沉淀值、测定试样的酸值、黏度等指标的变化。试验条件因油品而异，尽量模拟油品使用的状况。我国对内燃机油的氧化测定方法有 SH/T 0299—1992 进行；汽轮机油 SH/T 0193—92《旋转氧弹法来测定其抗氧化性能》；变压器油的氧化特性按 SH/T 0206—92 即国际电工委员会标准 IEC74 标准方法进行；中高档润滑油氧化安定性测定主要有 GB/T 12581—2006《加抑制剂矿物油氧化特性测定法》、GB/T 12709—1991《润滑油老化特性测定法（康氏残炭法）》、SH/T 0123—1993《极压润滑油氧化性能测定法》。

4. 破乳化性

乳化是一种液体在另一种液体中紧密分散形成乳状液的现象，它是两种液体的混合而并非相互溶解。

抗乳化则是从乳状物质中把两种液体分离开的过程。润滑油的抗乳化性是指油品遇水不乳化，或虽是乳化但经过静置，油-水能迅速分离的性能。

两种液体能否形成稳定的乳状液取决于两种液体之间的界面张力。由于界面张力的存在，分散相总是倾向于缩小两种液体之间的接触面积以降低系统的表面能，即分散相总是倾向于由小液滴合并大液滴以减少液滴的总面积，乳化状态也就是随之而被破坏。界面张力越大，这一倾向就越强烈，也就越不易形成稳定的乳状液。

润滑油与水之间的界面张力随润滑油的组成不同而不同。深度精制的基础油以及某些成品油与水之间的界面张力相当大，因此不会生成稳定的乳状液。但是如果润滑油基础油的精制深度不够，其抗乳化性也就较差，尤其是当润滑油中含有一些表面活性物质时，如清净分散剂、油性剂、极压剂、胶质、沥青质及尘土粒等，它们都是一些亲油剂和亲水基物质，它们吸附在油水表面上，使油品与水之间的界面张力降低，形成稳定的乳状液。因此在选用这些添加剂时必须对其性能作用做全面的考虑，以取得最佳的综合平衡。

对于用于循环系统中的工业润滑油，如液压油、齿轮油、汽轮机油、油膜轴承油等，在使用中不可避免地和冷却水或蒸汽甚至乳化液等接触，这就是要求这些油品在油箱中能迅速油-水分离（按油箱容量，一般要求 6～30min 分离），从油箱底部排出混入的水分，便于油品的循环使用，并保持良好的润滑。通常润滑油在 60℃ 左右有空气存在并与水混合搅拌的情况下，不仅易发生氧化和乳化而降低润滑性能，而且还会生成可溶性油泥，受热作用则生成不溶性油泥，并剧烈增加流体黏度，造成堵塞润滑系统，发生机械故障。因此，一定要处理好基础油的精制深度和所用添加剂与其抗乳化剂的关系，在调和、使用、保管和储运过程中也要避免杂质的混入和污染，否则若形成了乳化液，则不仅会降低润滑性能，损坏机件，而且易形成油泥。另外，随着时间的增长，油品的氧化、酸性的增加、杂质的混入都会使抗乳化性的变差，用户必须及时处理或者更换。

乳化性是内燃机油、汽轮机油、油膜轴承油等油品最不需要的，但又是饱和汽缸油、乳化液压油、切削油等油品极需要的。从节约能源的角度，金属加工用的乳化油本身就需要加入乳化剂，使乳化油具有良好的乳化安定性。

润滑油抗乳化性能测定法：目前被广泛采用的抗乳化性测定方法有两个方法。①GB/T 7305—2003《石油和合成液水分离性测定法》，本方法与 ASTMD1401 等效。本方法适用于测定油、合成液与水分离的能力。它适用于测定 40℃ 时运动黏度为 $30～100mm^2/s$ 的油品，试验温度为 $(54\pm1)℃$。它可用于黏度大于 $100mm^2/s$ 油品，但试验温度为 $(82\pm1)℃$。其他试验温度也可以采用，例如 25℃。当所测试的合成液的密度大于水时，试验步骤不变，但这时水可能浮在乳化层或合成液上面。②GB/T 8022—1987《润滑油抗乳性能测定法》，本方法与 ASTMD2711 方法等同采用。本方法是用于测定中、高黏度润滑油与水互相分离的能力。本方法对易受水污染和可能遇到泵送及循环湍流而产生油包水型乳化液的润滑油抗乳化性能的测定具有指导意义。

5. 水分

润滑油中含水的质量称为水分，水分测定按 GB/T 260—2016《石油产品水含量的测定蒸馏法》确定。润滑油中的水分一般呈游离水、乳化水和溶解水三种状态存在。一般来说，游离水比较容易脱去，而乳化水和溶解水不易脱去。

润滑油中水分的存在，会促使油品氧化变质，破坏润滑油形成的油膜，使润滑油效果变差，加速有机酸对金属的腐蚀作用，锈蚀设备，使油品容易产生沉渣，而且会使添加剂（尤其是金属盐类）发生水解反应而失效，产生沉淀，堵塞油路，妨碍润滑油的循环和供应。不仅如此，润滑油的水分，在使用温度低时，由于接近冰点使润滑油流动性变差，粘温性变坏；而使用温度高时，水会汽化，不但破坏油膜而且产生气阻，影响润滑油的循环。另外，在个别油品例，如变压器油中，水分的存在会使介电损失角急剧增大，而耐电压性能急剧下降，导致引起事故。总之，润滑油中水分越少越好，因此用户必须在使用、储存中应精心保管油品，注意使用前及使用中的油料脱水。

检查润滑油中是否有水，有几个简单方法：①用试管取一定量的润滑油，如发现油变浑浊甚至乳化，由透明变为不透明，可认为油中有水分，将试管加热，如出现气雾或在管壁上出现气泡、水珠或有"噼啪"的响声，可认为油中有水分；②取一条细铜线，绕成线圈，在火上烧红，然后放入装有试油的试管中，如有"噼啪"响声，认为油中有水分；③用试管取一定量的润滑油，将少量硫酸铜（无水，白色粉沫）放入油中，如硫酸铜变为蓝色，也表示润滑油中有水分。

GB/T 260—2016《石油产品水含量的测定　蒸馏法》的测定原理是利用蒸馏的原理，将一定量的试样和无水溶剂混合，在规定的仪器中进行蒸馏，溶剂和水一起蒸发出，并冷凝在一个接收器中不断分离，由于水的密度比溶剂大，水便沉淀在接收器的下部，溶剂返回蒸馏瓶进行回流。根据试样的用量和蒸发出水分的体积，计算出测定结果。当水的质量数少于0.03%时，认为是痕迹；如果接收器中没有水，则认为试样无水。

6. 泡沫性

泡沫特性指油品生成泡沫的倾向及泡沫的稳定性。润滑油在实际使用中，由于受到振荡、搅动等作用，使空气进入润滑油中，以至形成气泡。因此要求评定油品生成泡沫的倾向性和泡沫稳定性。

这个项目主要用于评定内燃机油和循环用油（如液压油、压缩机油、齿轮油等）的起泡性。润滑油产生泡沫具有以下危害：①大量而稳定的泡沫，会使体积增大，易使油品从油箱中溢出。②增大润滑油的压缩性，使油压降低。如液压油是靠静压力传递功的，油中一旦产生泡沫，就会使系统中的油压降低，从而破坏系统中传递功的作用。③增大润滑油与空气接触面积，加速油品的老化。这个问题对空气压缩机油来说，尤为严重。④带有气泡的润滑油被压缩时，气泡一旦在高压下破裂，产生的能量会对金属表面产生冲击，使金属表面产生穴蚀。有些内燃机油的轴瓦就出现这种穴蚀现象。⑤气泡的产生使循环系统油箱的润滑油易溢出。

润滑油容易受到配方中的活性物质（如清净剂、极压添加剂和腐蚀抑制剂）的影响，这些添加剂大大地增加了油的起泡倾向。润滑油的泡沫稳定性随黏度和表面张力而变化，泡沫的稳定性与油的黏度成反比，同时随着温度的上升，泡沫的稳定性下降，黏度较小的油形成大而容易消失的气泡，高黏度油中产生分散的和稳定的小气泡。为了消除润滑油中的泡沫，通常在润滑油中加入表面张力小的消泡剂，如甲基硅油和非硅消泡剂等。

在我国，润滑油的泡沫特性可按 GB/T 12579—2002《润滑油泡沫特性测定法》、SH/T

0722—2002《润滑油高温泡沫特性测定法》进行试验，先恒温至规定温度，再向装有试油的量筒中通过一定流量和压力的空气，记下通气5min后产生的泡沫体积（mL）和停气静止10min后泡沫的体积（mL）。泡沫越少，润滑油的抗（消）泡性越好。美国和日本分别用ASTM D892、JIS K2518标准方法评定。

7. 润滑油的低温性能（CCS、BPT）

低温黏度测定法：用来测定发动机油在高剪切速率下、−50～−30℃时的低温黏度。所得结果与发动机的启动性有关。我国标准试验方法有GB/T 6538—2010《发动机油表观黏度的测定 冷启动模拟机法》。本试验方法是试验内燃机油的低温表观黏度。在保持规定温度的仪器转子和定子间充满试油，由直流电动机驱动，测定转子的转数，通过转数与黏度的函数关系，由此求得油品在该温度时的表观黏度。国外标准试验方法有美国ASTM D 2602发动机润滑油低温下表观黏度测定法（CCS）。

低温泵送性测定法（BPT）：用来预测发动机油在低剪切速率下、−40～0℃范围内的边界泵送温度。我国标准试验方法有GB/T 9171—1988《发动机油边界泵送温度测定法》。本法规定将试油由80℃用10h冷却到试验温度，恒温冷却共16h，然后在旋转黏度计上，逐渐施加规定的扭矩，并测出转动速度，再计算该温度的屈服应力和表观黏度。从三个以上的温度点的结果算出临界泵送温度。国外标准试验方法有美国ASTM D3830发动机润滑油边界泵送温度测定法（MRV）。

8. 抗剪切安定性

剪切安定性测定法：以油品的黏度下降率来评定其剪切安定性。主要用以评价含高分子聚合物润滑油（稠化油）的聚合物抗剪切能力，也是评定稠化油的永久性黏度下降的指标。我国的标准试验方法有SH/T 0505—1992《含聚合物油剪切安定性测定法（超声波剪切法）》、SH/T 0200—1992《含聚合物润滑油剪切安定性测定法（齿轮机法）》。国外标准试验方法有美国ASTM D 2603含聚合物润滑油超声剪切稳定性试验法。

9. 防锈性能

所谓防锈性，是指润滑油品阻止与其接触的金属部件生锈的能力。评定防锈性的方法很多，在工业润滑油规格中最常见的方法是GB/T 11143—2008《加抑制剂矿物油在水存在下防锈性能试验法》，该方法与ASTM D665方法等效。

GB/T 11143—2008方法概要是：将一支一端呈圆锥形的标准钢棒浸入300mL试油与30mL蒸馏水或合成海水混合液中，在60℃和以100r/min搅拌的条件下，经过24h后将钢棒取出，用石油醚冲洗、晾干，并立即在正常光线下用目测评定试棒的锈蚀程度。

锈蚀程度分如下几级：

无锈：钢棒上没有锈斑。

轻微锈蚀：钢棒上锈点不多于6个点，每个点的直径等于或小于1mm。

中等锈蚀：锈蚀点超过6点，但小于试验钢棒表面积的5％。

严重锈蚀：生锈面积大于5％。

水和氧的存在是生锈不可缺少的条件。汽车齿轮中，由于空气中湿气在齿轮箱中冷凝而有水存在，工业润滑装置（如齿轮装置、液压系统和涡轮装置等）由于使用环境的关系，也不可避免的有水浸入。其次，油中酸性物质的存在也会促进锈蚀，为提高油品的防锈性能，常常加入一些极性有机物，即防锈剂。

10. 机械杂质

机械杂质就是指存在于润滑油中不溶于汽油、乙醇和苯等溶剂的沉淀物或胶状悬浮物。机械杂质来源于润滑油的生产、储存和使用中的外界污染或机械本身磨损，大部分是砂石和积碳类，以及由添加剂带来的一些难溶于溶剂的有机金属盐。

机械杂质的测定按 GB/T 511—2010《石油和石油产品及添加剂机械杂质测定法》进行。其过程是：称取 100g 的试油加热到 70～80℃，加入 2～4 倍的溶剂，在已恒重的空瓶中的纸上过滤，用热溶剂洗净滤纸瓶再称重，定量滤纸的前后质量之差就是机械杂质的质量，由此求出机械杂质的质量分数。

机械杂质和水分、灰分、残炭都是反映油品纯洁性的质量指标，反映油品精制的程度。一般来讲润滑油基础油的机械杂质的质量分数都应该控制在 0.005% 以下（机械杂质在此以下认为是无），加剂后成品油的机械杂质一般都是增大，这是正常的。对用户来讲，测定机械杂质也是必要的，因为润滑油在使用、存储、运输中混入灰尘、泥沙、金属碎屑、铁锈及金属氧化物等，这些杂质的存在，将加速机械设备的磨损，严重时堵塞油路、油嘴和滤油器，破坏正常润滑。另外金属碎屑在一定的温度下，对油起催化作用，应该进行必要的过滤。但是，对于一些加有大量添加剂油品的用户来讲，机械杂质的指标表面上看是大了一些（如一些高档的内燃机油），但其杂质主要是加入了多种添加剂后所引入的溶剂不溶物，这些胶状的金属有机物，并不影响使用效果，用户不应简单地用"机械杂质"的大小去判断油品的好坏，而是应分析"机械杂质"的内容，否则就会带来不必要的损失和浪费。

11. 蒸发损失

油品的蒸发损失，即油品在一定条件下通过蒸发而损失的量，用质量分数表示。蒸发损失与油品的挥发度成正比。蒸发损失越大，实际应用中的油耗就越大，故对油品在一定条件下的蒸发损失的量要有限制。润滑油在使用过程中蒸发，造成润滑系统中润滑油量逐渐减少，需要补充，黏度增大，影响供油。液压液体在使用中蒸发，还会产生气穴现象和效率下降，可能给液压泵造成损害。蒸馏方法得到的数据只是粗略的结果，润滑油品的蒸发损失需专门方法测定。我国测定润滑油蒸发损失的方法为 GB/T 7325—1987《润滑脂和润滑油蒸发损失测定法》和 NB/SH/T 0059—2010《润滑油蒸发损失测定法 诺亚克法》。GB/T 7325—1987 方法是把放在蒸发器中的润滑油试样，置于规定温度的恒温浴中，热空气通过试样表面 22h。然后根据试样的质量损失计算蒸发损失。根据该方法，润滑油品的蒸发损失可以在 99～150℃ 内的任一温度下测定。目前，该方法在我国主要用于润滑脂和合成润滑油的蒸发损失评定。NB/SH/T 0059—2010 方法是试样在规定的仪器中，在规定的温度和压力下加热 1h，蒸发出的油蒸气由空气流携带出去。根据加热前后试样量之差测定润滑油的蒸发损失。国外主要的测定方法有：美国的 ASTM D972、德国的 DIN 51581 和日本的 JIS K2220（5.6）等。

12. 清净分散性

发动机润滑油在发动机工作条件下，会产生多种污染物（包括氧化物、水分、金属颗粒、碳黑粒、酸、末完全燃烧物），这些污染物会使活塞表面覆盖一层漆膜。加有清净分散剂的润滑油可以阻止污染物黏结成团或黏结在金属表面上，抑制氧化反应，且能中和酸性氧化物，使污染物以溶胶状态分散地悬浮于油中，防止不溶物的沉积。这种性能的总和叫作发动机润滑油的清净分散性。

SH/T 0645—1997《柴油机油清净性测定法（热管氧化法）》作为评定发动机润滑油清净性的手段之一。热管氧化试验是一种内燃机油高温氧化模拟台架试验设备，专门针对发动机活塞环等部件在工作过程中形成漆膜和积碳的机理而设计的试验方法。主要用于内燃机油高温清净性的实验室评定，考察油品中各类添加剂组分对油品的热氧化安定性、清净分散性等综合性能的影响。利用此类模拟试验技术可在进行 IH2、IG2、IK 等发动机台架试验之前，预先大量筛选油品配方及评选各类添加剂的表现。试验测定的数据显示与台架试验结果有良好的相关性。SH/T 0300—1992《曲轴箱模拟试验方法（QZX 法）》用于评定添加剂和含添加剂内燃机油的热氧化安定性，是科研工作中评选清净剂、抗氧抗腐剂和油品复合配方的一种模拟试验方法。该方法是使含添加剂内燃机油飞溅到高温金属表面形成漆膜，以此模拟曲轴箱油在活塞工作时的成漆情况，并用在试验机油箱内挂铅片的发放模拟曲轴箱油在气液相氧化状态下对发动机零部件的腐蚀。通过测定金属板上的漆膜评级和胶重，考察油的热氧化安定性。将 250mL 试样在规定条件下，在模拟试验机内运行 6h 后，考察形成漆膜和成胶的情况。

13. 酸值

中和 1g 油品中的酸性物质所需要的氢氧化钾毫克数称为酸值，用 mgKOH/g 表示。

酸值表示润滑油品中酸性物质的总量。油品中所含有的有机酸主要为环烷酸、环烷烃的羟基衍生物。这些酸性物质对机械都有一定程度的腐蚀性。特别是在有水分存在的条件下，其腐蚀性更大，尤其是对铝和锌，腐蚀的结果是生成金属皂类，这样的皂类会引起润滑油加速氧化，同时，皂类渐渐积累，会在油中成为沉淀物。另外，润滑油在储存和使用过程中被氧化变质，酸值也会逐渐变大，因此常用酸值变化大小来衡量润滑油的氧化安定性。故酸值是油品质量中应严格控制的指标之一。对于在用油品，当酸值增大到一定数值时，就必须换油。

测定酸值的方法分为两大类，一类是颜色指示剂法，即根据指示剂的颜色来确定滴定的终点，如我国的 GB/T 264 或 SH/T 0163、美国的 ASTM D974 和德国的 DIN51558 等。另一类为电位滴定法，即根据电位变化来确定滴定终点，主要用于深色油品的酸值测定。这类方法有我国的 GB/T 7304 和美国的 ASTM D664 等。

14. 水分

润滑油中的水分一般呈三种状态存在：游离水、乳化水和溶解水。一般来说，游离水比较容易脱去，而乳化水和溶解水就不易脱去。润滑油中含水量的质量分数称为水分，水分测定按 GB/T 260—2016《石油产品水含量的测定 蒸馏水》。

润滑油中水分的存在，会促使油品氧化变质，破坏润滑油形成的油膜，使润滑油效果变差，加速有机酸对金属的腐蚀作用，锈蚀设备，使油品容易产生沉渣，而且会使添加剂（尤其是金属盐类）发生水解反应而失效，产生沉淀，堵塞油路，妨碍润滑油的循环和供应。不仅如此，润滑油的水分，在使用温度低时，由于接近冰点使润滑油流动性变差，黏温性变坏；而使用温度高时，水会汽化，不但破坏油膜而且产生气阻，影响润滑油的循环。另外，在个别油品例如变压器油中，水分的存在会使介电损失角急剧增大，而耐电压性能急剧下降，以致引起事故。总之，润滑油中水分越少越好，因此，用户必须在使用、储存中精心保管油品，注意使用前及使用中的油料脱水。

检查润滑油中是否有水，有几个简单方法：①用试管取一定量的润滑油，如发现油变浑油甚至乳化，由透明变为不透明，可认为油中有水分，将试管加热，如出现气雾或在管壁上出现气泡、水珠或有"噼啪"的响声，可认为油中有水分；②取一条细铜线，绕成线圈，在火上烧红，然后放入装有试油的试管中，如有"噼啪"响声，认为油中有水分；③用试管取一定量的润滑油，将少量硫酸铜（无水，白色粉沫）放入油中，如硫酸铜变为蓝色，也表示润滑油中有水分。

GB/T 260—2016《石油产品水含量的测定 蒸馏水》的测定原理是利用蒸馏的原理，将一定量的试样和无水溶剂混合，在规定的仪器中进行蒸馏，溶剂和水一起蒸发出并冷凝在一个接收器中不断分离，由于水的密度比溶剂大，水便沉淀在接收器的下部，溶剂返回蒸馏瓶进行回流。根据试样的用量和蒸发出水分的体积，计算出测定结果。当水的质量数少于 0.03% 时，认为是痕迹；如果接收器中没有水，则认为试样无水。

15. 铜片腐蚀

金属表面受周围介质的作用或电化学的作用而被损坏的现象，称为腐蚀。石油产品的腐蚀试验是用以衡量油品的防腐蚀性能的一种方法。腐蚀试验是一种定性的试验方法，它主要是检查油品中是否含有对金属产生腐蚀作用的有害杂质，大多采用对铜片的腐蚀试验。

铜片腐蚀试验对硫化氢或元素硫的存在是一个非常灵敏的试验。通过铜片腐蚀试验，可以判断油品是否有活性硫化物，可以预知油品在储运和使用时对金属腐蚀的可能性。

GB/T 5096—1985《石油产品铜片腐蚀试验》，这是目前工业润滑油最主要的腐蚀性测定法，本方法与 ASTM D130-83 方法等效。试验方法概要是：把一块已磨光好的铜片浸没在一定量的试样中，并按产品标准要求加热到指定的温度，保持一定的时间。待试验周期结束时，取出铜片，在洗涤后与标准色板进行比较，确定腐蚀级别。工业润滑油常用的试验条件为 100℃（或 120℃），3h。

SH/T 1095—92《润滑油腐蚀试验法》，本方法用于试验润滑油对金属片的腐蚀性。除非另行规定，金属片材料为铜或钢。其试验原理与 GB/T 5096—1985 方法基本相同，其主要的差别在于：①试验结果只根据试片的颜色变化，判断合格或不合格；②试验金属片不限于铜片。

GB/T 391—1977《发动机润滑油腐蚀度测定法》，测定内燃机油对轴瓦（铅铜合金等）的腐蚀度。该方法是模拟黏附在金属片表面上的热润滑油薄膜与周围空气中氧定期接触时，所引起的金属腐蚀现象。铅片在热到 140℃ 的试油中，经 50h 的试验后，依金属片的质量变化确定油的腐蚀程度，以 g/m^2 表示。

汽车制动液对金属的腐蚀性，除了应按 GB/T 5096—1985 进行 100℃、3h 的铜腐蚀试验外，还须进行叠片腐蚀试验。根据 GB 12981—2012《机动车辆制动液》的附录 C，用马口铁、10 号钢、LY12 铝、HT200 铸铁、H62 黄铜、T2 紫铜等六种金属试片按一定顺序连接在一起，在 100℃ 下试验 120h，试验结束后测定试片的质量的变化。

16. 闪点（开口、闭口）

在规定条件下，加热油品所逸出的蒸汽和空气组成的混合物与火焰接触发生瞬间闪火时的最低温度称为闪点，以 ℃ 表示。

润滑油闪点的高低，取决于润滑油的馏分组成，润滑油中是混入轻质组分和轻质组分的含量多少，轻质润滑油或含轻质组分多的润滑油，其闪点就较低。相反，重质润滑油的闪点或含轻质组分少的润滑油，其闪点就较高。

　　润滑油的闪点是润滑油的储存、运输和使用的一个安全指标，同时也是润滑油的挥发性指标。闪点低的润滑油，挥发性高，容易着火，安全性差，润滑油挥发性高，在工作过程中容易蒸发损失，严重时甚至引起润滑油黏度增大，影响润滑油的使用。重质润滑油的闪点如突然降低，可能发生轻油混入事故。

　　从安全角度考虑，石油产品的安全性是根据其闪点的高低而分类的：闪点在45℃以下的为易燃品，闪点在45℃以上的产品为可燃品。

　　闪点的测定方法分为开口杯法和闭口杯法。开口杯法用以测定重质润滑油和深色润滑油的闪点，方法是GB/T 267—1988《石油产品闪点与燃点测定法（开口杯法）》和GB/T 3536—2008《石油产品闪点和燃点的测定 克利夫兰开口杯法》。闭口杯法用以测定闪点在150℃以下的轻质润滑油的闪点，方法为GB/T 261—2008《闪点的测定 宾斯基-马丁闭口杯法》。同一种润滑油，开口闪点总比闭口闪点高，因为开口闪点测定器所产生的油蒸汽能自由地扩散到空气中，相对不易达到可闪火的温度。通常开口闪点要比闭口闪点高20～30℃。

　　国外测定润滑油闪点（开口）的标准有美国的ASTM D92，闭口闪点有ASTM D93、ISO2719等。

　　17. 总碱值

　　总碱值表示在规定条件下，中和存在于1g油品中全部碱性组分所需的酸量，以相当的氢氧化钾毫克数表示。总碱值是测定润滑油中有效添加剂成分的一个指标，表示内燃机油的清净性与中和能力。总碱值表示试样中含有有机和无机碱、胺基化合物、弱酸盐，如皂类、多元酸的碱性盐和重金属的盐类。内燃机油的总碱值则可间接表示其所含清净分散剂的多少。因而总碱值为内燃机油的重要质量指标。在内燃机油的使用过程中，分析其总碱值的变化，可以反映出润滑油中添加剂的消耗情况。

　　石油产品总碱值测定可按SH/T 0251—1993《石油产品碱值测定法（高氯酸电位滴定法）》和SH/T 0688—2000《石油产品和润滑剂碱值测定法（电位滴定法）》方法进行。前一个方法是以石油醚-冰乙酸为溶剂，用0.1N高氯酸标准溶液进行非水滴定来测定石油产品和添加剂中碱性组分的含量。后一个方法是将试样溶于甲苯、异丙醇、三氯甲烷组成的混合溶剂中，用0.1mol/L盐酸异丙醇标准溶液进行电位滴定，从滴定曲线上确定滴定终点。

　　18. 凝点和倾点

　　润滑油试样在规定的试验条件下冷却至液面停止流动时的最高温度称为凝点。而试样在规定的试验条件下，被冷却的试样能够流动的最低温度称为倾点。凝点和倾点都是表示油品低温流动性的指标，二者无原则差别，只是测定方法有所不同。同一试样测得的凝点和倾点并不是完全相等，一般倾点都高于凝点1～3℃，但也有两者相等或倾点低于凝点的情况。国外常用倾点（流动点），我国也一般采用倾点这个标准。

　　温度很低时，黏度变大，甚至变成无定型的玻璃状物质，失去流动性。因此在生产、运输和使用润滑油时因根据环境条件和工况选用相适应的倾点（或凝点）。

　　GB/T 510—1983《石油产品凝点测定法》测定的基本过程是：将试样装入试管中，按规定的预处理步骤和冷却速度进行试验。当试样温度冷却到预期的凝点时，将浸在冷剂中的仪器倾斜45°保持1min后，取出观察试管里面的液面是否有过移动的迹象。如有移动时，从套管中取出试管，并将试管重新预热，然后用比上次试验温度低 4℃ 或其他更低的温度重新进行测定，直至某试验温度时液面位置停止移动为止。如没有移动，从套管中取出试管，并将试管重新预热，然后用比上次试验温度高 4℃ 或其他更高的温度重新进行测定，直至某试验温度时液面位置有了移动为止。找出凝点的温度范围（即液面位置从移动到不移动或从不移动到移动的温度范围）之后，采用比移动的温度低 2℃ 或采用比不移动的温度高 2℃，重新进行试验，直至确定某试验温度能使试样的液面停留不动而提高 2℃ 又能使液面移动时，就取使液面不动的温度作为试样的凝点。GB/T 3535—2006《石油产品倾点测定法》试验的基本过程是：将清洁的试样注入试管中，按方法所规定的步骤进行试验。对倾点高于 33℃ 的试样，试验从高于预期的倾点 9℃ 开始，对其他的倾点试样则从高于其倾点 12℃ 开始。每当温度计读数为 3℃ 的倍数时，要小心地把试管从套管中取出，倾斜试管到刚好能观察到试管内试样是否流动，取出试管到放回试管的全部操作要求不超过 3s。当倾斜试管，发现试样不流动时，就立即将试管放在水平位置上，仔细观察试样的表面，如果在 5s 内还有流动，则立即将试管放回套管，待温度降低 3℃ 时，重复进行流动试验，直到试管保持水平位置 5s 而试样无流动时，记录观察到的试验温度计读数，再加 3℃ 作为试样的倾点。

19. 灰分

在规定条件下，油品完全燃烧后剩下的残留物（不燃物）叫作灰分，以质量分数表示。灰分主要是由润滑油完全燃烧后生成的金属盐类和金属氧化物组成。通常基础油的灰分含量都很小。在润滑油中加入某些高灰分添加剂后，油品的灰分含量就会增大。

发动机燃料中灰分增加，会增加汽缸体的磨损。润滑油灰分过大，容易在机件上发生坚硬的积炭，造成机械零件的磨损。

我国使用 GB/T 508—1985《石油产品灰分测定法》和 GB/T 2433—2001《添加剂和含添加剂润滑油硫酸盐灰分测定法》测定润滑油等石油产品的灰分。同 GB/T 508—1985 方法相当的国外标准方法主要有美国的 ASTM D482 等。

对添加剂、含添加剂的润滑油的灰分一般采用 GB/T 2433—2001 方法测定，其测定结果称为硫酸盐灰分。国外相应的标准有美国的 ASTM 874 和德国的 DIN 51575 等。

20. 残炭

在规定条件下，油品在进行蒸发和热解，排出燃烧的气体后，所剩余的残留物叫残炭，以质量分数表示。残炭是表明润滑油中胶状物质、沥青质和多环芳烃叠合物的间接指标，也是矿物型润滑油基础油的精制深浅程度的标志，润滑油中含硫、氧和氮化合物较多时，残炭就高。一般精制深的油品残炭小。对于一般的润滑油来说，残炭没有单独的使用意义，但对内燃机油和压缩机油，残炭值是影响积炭倾向的主要因素之一，油品的残炭值越高，其积炭倾向越大，在压缩机汽缸、胀圈和排气阀座上的积炭就多，在高温下容易发生爆炸。

对于添加剂含量高的油品主要控制其基础油的残炭，而不控制成品油的残炭。残炭测定法有电炉法和康氏法两种。通常多采用后者。我国标准是 GB/T 268—87 石油产品残炭测定法，此方法是将准确称出一定量的油品放入康氏残炭测定器中，加热至高温，使最里层坩埚中的试样温度达到 600℃ 左右，在隔绝空气的条件下，严格控制预热期、燃烧期、强热期 3 个阶段的加热时间及加热强度，使试样全部蒸发及分解。将排出的气体点燃，待气体燃烧完后，进行强热，使之形成残炭。最后按称出物的质量，计算出被测物的残炭值。国外测定石油产品残炭的标准主要有美国 ASTM D189 和德国 DIN 51551 等。

21. 锥入度

在规定的负荷、时间和温度条件下，标准圆锥体以垂直方向在 5s 内刺入润滑脂样品的深度，称为润滑脂的锥入度，单位以 1/10mm 表示。

润滑脂是由一种（或几种）稠化剂和一种（或几种）润滑液体所组成的具有可塑性的润滑剂。锥入度是各种润滑脂常用的控制稠度的指标，是选用润滑脂的依据之一。各国润滑脂一般用锥入度对润滑脂进行分号，润滑脂的号数越小，其锥入度数值就越大，表示它的稠度越小。我国将润滑脂的稠度按锥入度范围分为 9 个等级。

表 8-1 润滑脂稠度等级

稠 度 号	锥入度（25℃）/（1/10mm）	稠 度 号	锥入度（25℃）/（1/10mm）
000	445～475	3	220～250
00	400～430	4	175～205
0	355～385	5	130～160
1	310～340	6	85～115
2	265～295		

22. 滴点

将润滑脂装入滴点计的脂杯中，在规定的试验条件下加热，当从脂杯中分出并滴下第一滴液体（或流出油柱 25mm）时的温度，称为润滑脂的滴点。

滴点是润滑脂的耐热性指标。通过测定滴点，就可测定润滑脂从不流动状态转变为流动状态的温度，因此可以用滴点大体上决定润滑脂可以有效使用的最高温度（一般使用温度要低于滴点 10～30℃）。测定滴点可以大致判断润滑脂的类型和所用的稠化剂。

润滑脂滴点测定法有：GB/T 4929—1985《润滑脂滴点测定法》；GB/T 3498—2008《润滑脂宽温度范围滴点测定法》。

23. 抗腐蚀性和防锈性（铜片腐蚀、轴承防锈性）

润滑脂的抗腐蚀性和防锈性主要是控制与金属接触时不致发生锈蚀作用，反映润滑脂的保护性能。润滑脂的腐蚀性取决于游离有机酸和碱的含量，润滑脂使用中的腐蚀性，主要是在使用过程中，由于受氧化作用而生成低分子的有机酸。防锈性主要是表面活性物质防锈剂，如磺酸盐、环烷酸盐、羧酸盐及一些酯类化合物。

测定润滑脂的抗腐蚀性对润滑脂的使用具有重要意义，特别对"防护"润滑脂更为重要，因为它的主要用途是防止金属配件不受腐蚀。对于"抗磨"润滑脂也必须首先考虑其是否对轴承金属具有腐蚀作用。

润滑脂防锈性能测定通常用 GB/T 5018—2008《润滑脂防腐蚀性试验法》测定，该方法适用于测定在潮湿状态下涂有润滑脂的锥形滚子轴承的防腐蚀性能。试验时将涂有试样的新轴承，在轻负荷推力下运转 60s，使润滑脂向使用情况那样分布。轴承在 52±1℃，100% 相对湿度下存放 48h。然后清洗并检查轴承外圈滚道的腐蚀迹象。该方法中腐蚀是指轴承外圈滚道的任何表面损坏（包括麻点、刻蚀、锈蚀等）或黑色污渍，国外测定方法 ASTM D1743。

润滑脂腐蚀试验测定使用 GB/T 7326—1987《润滑脂铜片腐蚀试验法》，试验在规定的温度、时间条件下，试验铜片全部浸入润滑脂试样中，试验分甲法、乙法，试验结束后，甲法是将试验铜片与铜片腐蚀标准色板进行比较，确定腐蚀等级。乙法是检查试验铜片有无变色。甲法等效 ASTM D4048，乙法等效 JIS K2220。

24. 胶体安定性（钢网分油）

润滑脂在储存中能避免胶体分解、防止液体润滑油从润滑脂中析出的能力，通常称为润滑脂的胶体安定性。但是，分油是润滑脂的一种特性，任何一种润滑脂都有分油现象。胶体安定性差的润滑脂容易析出润滑油，即皂油容易分离。润滑脂的胶体安定性取决于很多因数，诸如皂-油之间的溶解度、皂的再结晶速度、体系内部的化学变化、外界压力、环境温度和胶溶剂的发挥等。

皂-油分离直接导致润滑脂稠度的改变和它的流失。润滑脂的胶体安定性与其组成和加工工艺有关，润滑脂的稠化剂含量较多或润滑脂基础油黏度较大时，析出的油就较少；而润滑脂的稠化剂含量较少或润滑脂基础油黏度较小时，析出的油就较多。

测定润滑脂胶体安定性有好几个方法，其中 NB/SH/T 0324—2010《润滑脂分油的测定锥网法》润滑脂钢网分油测定法是其中之一。润滑脂在规定的试验条件下，试样装在 60 目的金属钢丝网中，在规定温度和静止的状态下，经 30h 后，测定经过钢网流出油的质量分数。

8.1.3　润滑油使用注意事项

1. 油品不能随意混用

每种系列的润滑油都有它适合的使用条件，按黏度等级分为数个牌号。同一系列润滑油的基础油和添加剂种类相同，各牌号只是各种成份配合比例不同。所以，同一系列不同牌号的油可以混用，混合的结果是油的黏度发生变化，而其他性能变化不大。

不同系列润滑油的基础油和添加剂种类是有很大区别的，至少是部分不相同。如果混用，轻则影响油的性能品质，严重时会使油品变质。特别是中、高挡润滑油，往往含有多种特殊作用的添加剂，当加有不同体系添加剂的油品相混时，就会影响它的使用性能，甚至使添加剂沉淀变质。因此，不同系列的润滑油绝不能混合使用，否则将会严重损坏设备。

2. 油品的更换

在风力发电机组上，齿轮箱润滑油用量最大，它的更换周期直接关系到运行成本和维护工作量的大小。其他部位润滑油（脂）的用量小，有的部位是全损耗润滑，按使用要求定期补充更换即可。

齿轮箱润滑油在使用一个时期后，各项理化指标将发生变化，到一定程度后，油的润滑质量会大大降低，不能满足正常的润滑要求，再继续使用，将加剧部件磨损。这就要求定期或根据油的检验质量更换。

根据风力发电机组运行维护手册，不同的厂家对齿轮油的采样周期也不尽相同。一般要求每年采样一次，或者齿轮油使用两年后采样一次。对于发现运行状态异常的齿轮箱，根据需要，随时采集油样。齿轮油的使用年限一般为 3～4 年。虽然定期更换便于管理，但有时会将仍可继续使用的润滑油换掉，造成浪费。由于齿轮箱的运行温度、年运行小时以及峰值出力等运行指标不尽相同，笼统地以时间为限作为齿轮油更换的条件，在不同的运行环境下不一定能够保证齿轮箱经济、安全地运行。这就要求运行人员平时注意收集整理机组的各项运行数据，对比分析油品化验结果的各项参数指标，找出更加符合自己电场运行特点的油品更换周期。

在油品采样时，考虑到样品份数的限制，一般可选取运行状态较恶劣（如故障率较高、出力峰值较高、齿轮箱运行温度较高、滤清器更换较频繁）的机组作为采样对象。根据油品检验结果分析齿轮箱的工作状态是否正常，润滑油性能是否满足设备正常运行需要，并参照风力发电机组维护手册规定的油品更换周期，综合分析决定是否需要更换齿轮油。

油品更换前可根据实际情况选用专用清洗添加剂，更换时应将旧油彻底排干，清除油污，并用新油清洗齿轮箱，对箱底装有磁性元件的，还应清洗磁性元件，检查吸附的金属杂质情况。加油时按手册要求油量加注，避免油位过高，导致输出轴油封因回油不畅而发生渗漏。

在风电机组定期检修时，必须检测齿轮油的性能如何，齿轮油是否失效，检查齿轮油油位，齿轮油样应送到专业厂家进行化验，检测其成分状态。如果需要更换其他品牌的齿轮油，应按照上述选择齿轮油的原则进行考虑，并得到厂家或专业部门的认可方可更换。应经常检查齿轮油滤芯，并根据情况进行清洗或及时更换。

风力发电机组中常常发生的轴承损坏，从润滑角度看，有以下几个主要原因：

（1）润滑脂或油失效，原因是使用时间超长；

（2）不同形式不相容脂油混用或选用错误；

（3）滑脂过分或油位太高，过分搅拌产生高温或漏油；

（4）润滑不足；

（5）轴承的安装、定位、调整（间隙等）不合适。

因此在风电机组定期检修时，应注意定期加强新润滑脂的加入，并挤出旧的、脏的润滑脂，保持轴承内部润滑脂的清洁。应注意正确的充填量，速度高、振动大的轴承滑脂不能加得太多（60%左右），应注意不同基油和稠度的润滑脂不得混用，否则会降低稠度和润滑效果。应注意轴承的工作状态，如是否有振动、噪声等异常，有条件时应加以检测，判断它的振动包括频谱，判断轴承是否已经失效。经常检查轴承密封状况，防止灰尘等杂物进入轴承。

8.1.4 国内常用油脂

国内风电场中风电机组常用的齿轮油、液压油牌号见表8-2，国内风电场中风电机组常用的润滑脂牌号见表8-3。

表 8-2　　　　　　　　　国内风电场中风电机组常用的齿轮油、液压油牌号

厂　　家	齿轮油型号	液压油型号
Mobil（美孚）	MobilSHC632	MobilATFSYN，MobilSHC524/525/526
Tribol（赛宝）	TRIB（）I）1710 或 1510	TRIBOL943AW
Elf（埃尔夫）		HYDRFLFDS22
Optimol（欧润宝）	OPTIGEARSYNA320	HYDOMV
Shell（壳牌）		TivclaSC

表 8-3　　　　　　　　　　国内风电场中风电机组常用的润滑脂牌号

	Mobil	F. s so	Tribol	SKF	Optimo	ShcH
主轴轴承			4020/220-2	LGWMI	LONGTIMEPD2	
风轮轴承			4020/220-2	LGW MI	LONGTIMEPD2	
发电机轴承	Mobilux EP2	Unirex N3	4020/220-2		LONGTIMEPD2	Alvania G3
偏航轴承	4020/220-2/ MOLUB ALLOY777-1		VIScoGeM O			
偏航外齿面	Mobil TAC 81		MOLU13 ALLOY 936 SF		LONGTIME PD2，Optipit	
十字轴			4020/220-2		LONGTIMEPD	Rctinax HDM

　　表 8-4～表 8-6 分别列出了推荐的一些常用工业齿轮油、液压油和润滑脂油品牌号，其中有国产油脂，也有进口油脂，进口油脂主要是 Mobil（美孚），Shell（壳牌）、Esso（埃索）几个大石油公司的产品。国产齿轮油价格相对便宜，但性能质量偏低，目前使用范围较窄。从国内引进机组的用油情况看，大部分都是选用高级合成润滑油。目前，上述几个石油公司在我国均设有润滑油营销机构，有的公司已在中国开设润滑油调和厂，加之国内油脂生产厂家技术水平的不断提高，风电场对油品的选择范围上将会越来越宽。

表 8-4　　　　　　　　　　常用工业齿轮油主要产品典型数据

油品系列	型号	黏度（40℃）（中间值）	黏度指数	倾点（℃）	适用范围
Mobilgear SHC XMP 系列	150	150	166	−48	用于各类型工业闭式齿轮装置，尤其适合可能产生微点蚀的场合
	220	220	166	−45	
	320	320	166	−38	
	460	460	166	−36	
	680	680	166	−30	
Mobilgear SHC 系列	SHC150	143	148	−51	合成润滑油。用于温度极端和重负载下的任何类型闭式齿轮装置
	SHC220	210	152	−33	
	SHC320	305	155	−30	
	SHCA60	440	155	−25	
Shell Omala Oil 系列	68	68	106	−24	适用于各类型重负载工业齿轮润滑
	100	100	101	−24	
	150	150	103	−18	
	220	220	97	−15	
	320	320	95	−9	
	460	460	95	−9	
	680	680	88	−9	

续表

油品系列	型号	黏度（40℃）（中间值）	黏度指数	倾点（℃）	适用范围
Esso Spartan SYN EP 系列	150	150	150	−52	适用于重负载工业齿轮及冲击负载齿轮
	220	220	151	−46	
	320	320	162	−46	
	460	460	167	−40	
	680	680	160	−30	
Tribol 1710 系列	220	220	142	−33	适用于重负载工业齿轮及冲击负载齿轮
	320	320	147	−30	
	460	460	143	−30	
长城全合成重负荷工业齿轮油	220	220	147	−48	适用于重负载工业齿轮及冲击负载齿轮
	320	320	149	−42	

表 8-5 　　　　　　　　　　常用抗磨液压油主要产品典型数据

油品系列	型号	黏度（40℃）	黏度指数	倾点（℃）	适用范围
长城 HM 系列	32	32	103	−15	适用于环境温度−15～6℃的液压系统
	46	46	103	−15	
	68	68	104	−13	
长城 HV 系列	32	32	180	−39	适用于寒冷地区工程机械液压系统
	46	46	165	−35	
	68	68	192	−35	
Mobil DTE 10M 系列	11M	16	150	−40	适用于在低温下或在气温经常变化下操作的液压系统。适用各类型液压系统
	13M	33	150	−40	
	15M	48	150	−40	
	16M	70	135	−40	
	18M	102	125	−37	
Mobil DTE 20 系列	DTE21	11	95	−24	优质抗磨液压油，可保持系统高度清洁。适用于普通至极重负载的液压系统
	DTE22	21	95	−24	
	DTE24	31	95	−18	
	DTE25	44	95	−18	
	DTE26	71	95	−18	
Shell Tellus Oil 系列	22	22	106	−30	适用于在有温度变化的环境中工作的机械设备
	32	32	113	−30	
	37	37	111	−30	
	46	46	109	−30	

续表

油品系列	型号	黏度 (40℃)	黏度指数	倾点 (℃)	适用范围
Shell Tellus OilT 系列	T15	15	151	−42	极优质液压油，黏度指数高。特别适用于温差较大的工作环境
	T22	22	151	−42	
	T32	32	152	−42	
	T37	37	150	−39	
	T46	46	153	−39	
ESSO UNIVIS N 系列	N15	14	151	−42	具有高黏度指数及低倾点，适合温差较大的工作环境
	N32	30	151	−39	
	N46	44	152	−36	
	N68	66	152	−33	

表 8-6　　　　　　　　　　常用润滑油脂主要产品典型数据

油脂系列	型号	锥入度	滴点（℃）	操作温度范围 (℃)	适用范围
长城通用锂基润滑脂	1 号	317	193	−20～120	用于各种机械设备的滚动和滑动轴承
	2 号	280	194		
	3 号	233	194		
长城极压锂基润滑脂	00 号	417	191	−20～120	用于大型设备的集中润滑系统。泵送性好
	0 号	369	192		
	2 号	280	195		
Shell Alvania Grease R 系列	R2	265～295	185	−30～100	主要用于球轴承和滚子轴承。适用于集中供脂系统
	R2	220～250	185		
Shell Doliurn Grease R 系列	R	265～295	250	−30～175	适用于发电机使用
Esso Beacon EP 系列	EP1	315	198	−20～125	极压润滑脂，适合长期重载及振动负载
	EP2	275	198		
Esso UNIREX N 系列	N2	280	304	−30～125	耐高温，防锈蚀，适用于电机轴承
	N3	235	304		
Mobil lux EP 系列	1	325	170	−30～120	极压滑脂，低温泵送性好，适合集中供脂
	2	280	177		
	3	235	177		
Optimol OPTIPIT	2-3			−30～140	适用于低速轴承

8.2　风电机组润滑检测技术

由于风力发电机多安装在偏远、空旷、多风地区，如我国的新疆、内蒙古及沿海等地区，增速齿轮箱的工作环境温度变化大，沿海湿度大，加上较大的扭力负荷及负荷不恒定性，同时风场一般处于相对偏远的地区，维修不便，因此要求风机齿轮油具有良好的极压抗磨性能、热氧化稳定性、水解安定性、抗乳化性能、黏温性能、低温流动性能以及较长的使用寿命，还应具有较低的摩擦系数以降低齿轮转动中的功率损耗。为保证设备的良好运转状态，不仅要对润滑油质进行监测，而且要对润滑油中微粒进行分析，即对悬浮在润滑油中的各磨损元素的种类及浓度进行分析，以此判断设备中各摩擦部件的磨损情况，实现设备状态监测。

8.2.1　油液分析简介

风电设备的润滑、摩擦、磨损状态的重要信息都会在其所使用的润滑油品中以各种指标的变化反映出来，对于风电设备也可通过对风电设备在用润滑油油质状况、油中磨损金属颗粒和污染杂质颗粒等项目的跟踪监测分析，来获得有关润滑油状态与设备摩擦副润滑磨损状态的各种信息。油液监测技术就是通过对设备在用润滑油的定期跟踪监测，及时了解掌握设备的润滑和磨损状态信息，诊断设备磨损故障的类型、部位和原因的一门应用技术。油液监测技术能有效指导风电企业进行设备的状态维修和润滑管理，从而预防设备重大事故发生，降低设备维护费用。油液监测是风电企业开展设备润滑管理、设备状态维修的重要基础工作，是提高风电设备可靠性、保证设备安全运行的重要手段。

油液监测技术是由多种油液分析方法组成，主要有理化分析、光谱分析、铁谱分析、红外分析和污染分析等。表 8-7 列举了油液监测技术的主要方法、原理和目的。

表 8-7　　　　　　　　　　油液监测技术的主要方法、原理和目的

分析方法	简要原理和分析内容	分析目的
理化分析	分析油品的常规理化指标，主要有：黏度、黏度指数、闪点、水份、总酸值、锥入度、滴点等	评定新油质量、油品变质、油品误用、油品污染等
光谱分析	评定新油质量、油品变质、油品误用、油品污染等	评定磨损故障、污染来源、油品变质等
铁谱分析	用物理磁性法将油中磨损金属颗粒、污染杂质颗粒分离出来，用显微镜检测其形貌、尺寸和数量	评定设备磨损故障的部位、原因和程度，污染来源
红外分析	分析油品在使用过程中所产生的氧化物、硝化物、胶质和积碳颗粒的相对含量	评定油品劣化程度、新油质量等
污染分析	主要用于分析油中固体污染颗粒的数量、液压油常用颗粒计数器法	评定油品的污染程度、设备磨损程度等

8.2.2　设备状态监测设备的维修方法

一般有故障后维修、预防性维修（定期维修）和预知性维修（视情维修）。故障后维修是设备一直用到失效才去修理，它具有非计划性、备件库存量大、不能有效安排人力和物力等特点；预防性维修（定期维修）是以时间作为维修期限，计划性较强，组织管理工作较简

单，但容易出现该修理时未及时修理，使设备严重失效，不需修理时修了，造成人力、物力的浪费和设备运转寿命缩短。只有预知性维修（视情维修）是根据设备的实际技术状态确定维修期限，根据不断定量分析和监测的某些参数和状态数据及其变量来决定维修时间和项目，以充分发挥设备能力，提高维修效率，减少维修费用。有效的预知性维修要充分利用各种监测技术，其中油液分析技术是主要的监测技术之一。

8.3　风力发电机组的磨损及润滑

从风力发电机组目前发生的故障来看，齿轮箱、发电机、偏航等部位的齿轮、轴承部件的损坏主要有黏附磨损、腐蚀磨损、表面疲劳磨损、微动磨损和空蚀。使用润滑油、脂的作用就是要降低摩擦、减少磨损以及防止腐蚀和冷却。

风电机组中主要采用合成油和矿物油，合成润滑油包括多种不同类型、不同化学结构和不同性能的化合物，多使用在比较苛刻的环境工况下，如重载、极高温、极低温以及有高腐蚀性的环境下，因此在风电机组中最为常用。

8.3.1　风力发电机组的磨损

风力发电机组的磨损主要发生在齿轮箱、发电机、偏航等部位的齿轮、轴承部件的磨损。

1. 风力发电机组磨损的类型

机组磨损主要分为以下几种：

（1）黏附磨损，两个相对运动接触表面发生局部粘连，如表面划伤、烧合、咬死，常发生于齿轮表面或轴承中。

（2）疲劳磨损，常发生于齿轮表面或轴承中，在交变的应力作用下，表层材料出现疲劳，然后出现微观裂缝，直至分离出碎片剥落或出现点蚀、麻点、凹坑等磨损。

（3）腐蚀磨损，指的是金属表面遭受周围介质的化学与电化学腐蚀作用产生的磨损。

（4）微动磨损，指在微小振幅重复摆动作用下，在两个接触表面产生的磨损。

（5）空蚀，液体产生空化对周围固体的破坏。

2. 风力发电机组轴承损坏的原因

风力发电机组中常常发生的轴承损坏，主要有以下几个原因：

（1）润滑脂或润滑油使用时间超长而失效。

（2）不同种类不相容脂油混用或选用错误。

（3）油滑脂过多或油位太高，过分搅拌产生高温或漏油。

（4）润滑不足。

（5）轴承的安装、定位、调整（间隙等）不合适。

8.3.2　风力发电机组的润滑

在风力发电机组中通过使用润滑油、脂的方法来降低摩擦、减少磨损以及防止腐蚀和冷却。润滑油主要使用合成油和矿物油，它们能使用在比较苛刻的环境工况下，如重载、极高温、极低温以及有高腐蚀性的环境下。

润滑脂主要用于风力发电机组中轴承和偏航齿轮上，它既有降低摩擦、减少磨损和润滑作用外，又有密封、减震、阻尼、防锈等作用。

1. 润滑油的选择

为更好地保证风力发电机组的安全、经济运行，减少磨损、延长寿命，提高经济效益，在选择润滑油时应注意它的以下特性：

(1) 合适的黏度。通常根据具体的设备工作环境和运行条件来选择合适的润滑油黏度，才能保证在弹性流体动压润滑状态下，形成足够的油膜。黏度高的润滑油能承受大的载荷，不易从齿面间被挤出，可形成良好的油膜；但黏度过高，润滑油本身的黏性会产生流动阻力，比较难以进入较小的啮合间隙，不易形成油膜。反之如黏度过低，不能保证设备按照流体动力润滑规则运行，油膜将会分解，承载能力降低，易引起齿面擦伤或磨损。

(2) 良好的抗压、抗磨及抗剪切安全性。应该具有坚韧的油膜和高负载能力，与零件表面接触时能有效分隔、承载及保护工作面，防止因重载、冲击和启动时带来的严重磨损，避免产生点蚀和磨损。

(3) 良好的抗氧化稳定性。防止润滑油在高温下长期与空气接触产生氧化而失效，产生损坏，使润滑油在长期使用后仍具有可靠的保护作用。

(4) 良好的防锈性。保护齿轮和轴承在潮湿环境中不被锈蚀。

(5) 良好的抗泡沫性。

(6) 良好的抗乳化性。

2. 润滑脂的选择

润滑脂主要在风力发电机组的各滚动轴承中采用，润滑脂分为钙基（Ca）、钠基（Na）和锂基（Li）润滑脂，风力发电机组中主要使用锂基润滑脂。

风力发电机组因其结构的不同，需要油脂润滑的部位也不尽相同，主要有主轴轴承、发电机轴承、偏航回转轴承、偏航齿圈的齿面、偏航齿盘表面等部位。

轴承油脂多采用油脂加注枪手工定期加注。工作温度正常情况下一般为 35～90℃。

(1) 主轴轴承。风力发电机组常见的轴承布置形式如下：

1) 主轴与主齿轮箱设计成一个整体，这种形式轴承与齿轮箱使用同一润滑系统，采用润滑油进行强迫式润滑。

2) 主轴独立设置两套主轴承，在轴承座处分别使用润滑脂进行润滑。

(2) 发电机轴承。一般有两个润滑点，多为人工定期加注油脂润滑，部分机组采用自动注油装置进行自动润滑。在满功率运行时，发电机轴承的工作温度较高，可达 80℃以上，因此，发电机轴承用脂应具有较好的高温性能。

(3) 偏航回转轴承和齿圈。偏航回转轴承虽然承受负荷很大，但速度非常缓慢，在润滑方面无特殊要求，只要定期加注定量油脂即可。

偏航齿圈有内齿、外齿两种形式，一般为开式结构。在润滑上有使用润滑脂定期涂抹，也有用喷射型润滑复合剂喷涂。要求油品有较高的黏度、良好的防水性和附着性。

(4) 偏航驱动机构。常见的偏航驱动机构是由电动机或液压马达带动大速比的行星减速器驱动机舱旋转，减速器的功率不大，结构紧凑，内部充满润滑油。由于减速器是间断运行且运行时间较短，累积运行时间有限，对润滑油无特殊要求，但在低温地区使用时应考虑油品的低温性能。

(5) 变桨距调节机构。不论是液压驱动还是电动驱动，都要通过机械机构执行变距动作，所以变桨距机组的变距执行机构是重点润滑部位。

3. 润滑油、脂使用注意事项

（1）在风力发电机组定期检修时，必须检测齿轮油的性能如何、齿轮油是否失效、齿轮油油位、齿轮油样等。

（2）如果需要更换其他品牌的齿轮油，应按照选择齿轮油的原则进行考虑，并得到厂家或专业部门的认可方可更换。

（3）应经常检查齿轮油滤芯，并根据情况进行清洗或及时更换。

（4）在风力发电机组定期检修时，应注意定期加强新润滑脂的加入，并挤出旧的、脏的润滑脂，保持轴承内部润滑脂的清洁。

（5）应注意正确的充填量，速度高、振动大的轴承润滑脂不能加得太多（60％左右）。

（6）不同基油和稠度的润滑脂不得混用，否则会降低稠度和润滑效果。

（7）应注意轴承的工作状态，如是否有振动、噪声等异常，有条件时应加以检测，判断它的振动包括频谱，判断轴承是否已经失效，经常检查轴承密封状况，防止灰尘等杂物进入轴承。

8.4　润　滑　冷　却　系　统

1. 冷却系统常规检查

（1）检查各个润滑点是否有润滑，主要是查看齿轮箱齿轮是否有油对齿轮进行润滑，齿轮油油路顺序是否正确。

（2）冷却系统的常规检查包括检查冷却系统的接头是否漏油，冷却循环的压力表工作时是否有压力，冷却风扇风向是否正常。

（3）检查在润滑冷却循环系统中的软管是否固定可靠，是否老化或存在裂纹。

2. 冷却系统滤芯的更换

（1）将冷却油泵停掉，将准备好的容器放置到滤油器下方的放油阀下，打开放油阀。放完滤油器中残留的油液后，关闭放油阀。

（2）下滤芯底部黄色端盖，清理干净后，重新装在新的滤芯底部。

（3）将新的滤芯装回滤油器，并将之前放出的齿轮油液倒回滤油器中后，重新旋紧滤油器上方端盖，并恢复其他接线。

第9章 风电机组偏航系统的结构及维护

偏航系统是一个随动系统，风向仪将采集的信号传送给机舱柜，计算 10min 平均风向，与偏航角度绝对值编码器比较，输出指令驱动四台偏航电机（带失电制动），将机头朝正对风的方向调整，并记录当前调整的角度，调整完毕电机停转并启动偏航制动。

9.1 偏 航 系 统

9.1.1 偏航系统的作用

偏航系统是风电机组特有的伺服系统。偏航系统的主要作用有两个。其一是与风电机组的控制系统相互配合，使风电机组的风轮始终处于迎风状态，充分利用风能，提高风电机组的发电效率，同时在风向相对固定时能提供必要的锁紧力矩，以保障风电机组的安全运行。其二是由于风电机组可能持续地一个方向偏航，为了保证机组悬垂部分的电缆不至于产生过度的纽绞而使电缆断裂、失效，在电缆达到设计缠绕值时能自动解除缠绕。

9.1.2 偏航系统的种类

偏航系统的方案有多种，如阻尼式偏航系统、带有偏航制动器的固定式偏航系统、软偏航系统、阻尼自由偏航系统和可控自由偏航系统等。目前应用最为普遍的有两种，一种是采用滑动轴承的阻尼式偏航系统，另一种是采用带有偏航制动器的固定式偏航系统。

1. 采用滑动轴承的阻尼式偏航系统

滑动轴承的偏航系统是阻尼型的偏航系统。该轴承处于塔架与机舱之间，它把各种力通过轴瓦从机舱传到塔架。滑动轴承的轴瓦大多是用工程塑料制成，这种材料（如 PETP，它比尼龙更好）具有良好的综合性能，包括力学性能，耐热性，耐磨性，耐化学品性和自润滑性，且摩擦系数低，有一定的阻燃性，易加工，较好的耐腐蚀性。由于这种材料具有特有的机械性能，使得这种轴承即使在缺少润滑的情况下也能工作。轴瓦由轴向上推力瓦、径向推力瓦和轴向下推力瓦组成。分别用来承受机舱和风轮质量产生的平行于塔筒方向的轴向力，风轮传递给机舱的垂直于塔筒方向的径向力和机舱的倾覆力矩。从而将机舱受到的各种力和力矩通过这三种轴瓦传递到塔架。

滑动轴承阻尼式偏航系统的结构如图 9-1 所示。

偏航减速器一般为立式行星减速器或行星/蜗杆减速器，其端部的小齿轮与偏航大齿圈啮合，通过电机驱动，实现偏航对风或解缆。

偏航卡钳是偏航部件中比较重要和结构较为复杂的部件（见图 9-2）。

偏航卡钳不是一个，如在 V52-850kW 风电机组上共有四组。轴向上推力瓦起到滑动轴承的作用并承担机舱的质量和机组运行中向下的轴向力。径向推力瓦起到滑动轴承的作用并承担机舱与塔架运行中径向力。轴向下推力瓦起到滑动轴承的作用并承受一定的倾覆力矩。

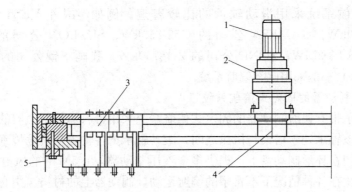

图 9-1　滑动轴承阻尼式偏航系统的结构

1—偏航电动机；2—偏航减速器；3—偏航卡钳；4—偏航小齿轮；5—塔架

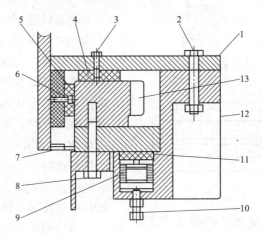

图 9-2　偏航卡钳

1—机舱底盘；2—卡钳与机舱底盘的固定螺栓；3—轴向下推力瓦的固定螺栓；

4—轴向下推力瓦；5—径向推力瓦；6—径向推力瓦的固定螺栓；7—防尘橡胶圈；

8—塔架与偏航摩擦盘及大齿圈的连接螺栓；9—卡钳内的碟形弹簧；10—卡钳调整螺栓；

11—轴向上推力瓦；12—偏航卡钳；13—大齿圈

　　为避免风电机组在偏航过程中产生过大的振动而造成整机的共振，偏航系统在机组偏航时必须具有合适的阻尼力矩。阻尼力矩的大小要根据机舱和风轮质量总和的惯性力矩等来确定。其基本的确定原则是确保风电机组在偏航时应动作平稳顺畅不产生振动。只有在阻尼力矩的作用下，机组的风轮才能够定位准确，充分利用风能进行发电。

　　滑动轴承的偏航系统优点是成本较低，维护方便；采用具有自润滑功能的滑动轴瓦支承方式，不需额外的润滑系统及低速液压制动器，无漏油现象。缺点是结构相对复杂；维护工作量较大；摩擦阻尼力矩较大，这是因为要使对风保持稳定，避免振动，必须有足够的摩擦阻尼力矩，偏航对风时必须克服此摩擦力矩，也就是说，在极限偏航载荷下，有可能机舱滑动。这种偏航系统有时会出现以下故障，如偏航电机过热（在冬季经常发生）、减速器齿轮损坏、轴向下推力瓦损坏、轴向上推力瓦脱落和断角、偏航卡钳调整螺栓断裂、径向推力瓦脱落等。

　　风电机组偏航系统采用滑动轴承的比较普遍。例如，国外 VESTAS 公司的 V42-600kW，V52-850kW；GAMESA 公司的 G52-850kW；SUZLON 公司的 S.60-1000kW；S.66-1250kW；S.88-2MW；ZOND 公司的 Z-48750kW。我国华锐公司的 SL1500-1.5MW（Fuhrlander 技术）都是采用此类偏航系统。

　　2. 带有偏航制动器的固定式偏航系统

　　采用滚动轴承带有偏航制动器的固定式偏航系统采用带有偏航制动器的偏航系统是固定型偏航系统。该轴承处于塔架与机舱之间，滚动轴承把各种力从机舱传到塔架。安装的偏航制动系统，作用在环形制动盘上，提供多个液压制动器，1.5MW 的风电机组上就有 6 个制动器，用来阻止在各种情况下不希望的偏航运动，制动器上的衬垫是用有机材料制成。这种材料要具有稳定的摩擦系数、低磨损率、耐高温。

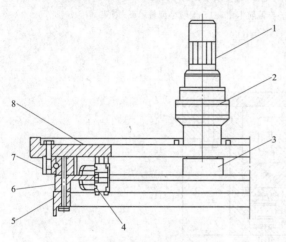

图 9-3　带有偏航制动器的固定式偏航系统结构
1—偏航电动机；2—偏航减速器；3—偏航小齿轮；
4—液压制动器；5—塔架；6—偏航摩擦盘；
7—大齿圈；8—机舱底盘

　　带有偏航制动器的固定式偏航系统结构图如图 9-3 所示。

　　偏航减速器一般为立式行星减速器，其端部的小齿轮与偏航大齿圈啮合，通过电动机驱动，实现偏航对风或解缆。偏航制动器需要提供液压源和控制装置。在制动状态，工作油压较高可使机舱固定不动，当偏航对风时，制动器由制动状态转变为具有 20～30bar 背压的阻尼状态，所以运动是平稳的。当在规定的气候条件下，要求电缆解缆时，制动器改变为松闸状态，此时机舱整圈反转并解缆。

　　滚动轴承的偏航系统优点是结构简单，对风可靠和无滑动，便于维护；偏航对风时摩擦阻尼力矩不大，对风平稳。缺点是成本较高。

　　这种偏航系统有时会出现密封漏油和噪声：当摩擦材料配料不均，摩擦副材料不匹配，工作时会引起振动，导致噪声；多次偏航使摩擦表面局部磨损，或制动钳安装不平行，导致局部摩擦力增大，出现噪声。密封圈受热老化，进而影响密封圈寿命，制动器密封一旦破坏，会出现漏油，影响偏航制动力，同时摩擦表面会沾上油污，偏航转动后，摩擦片表面形成釉光层，导致摩擦系数下降，制动效果变差，选用高质量制动器，精心制造和安装偏航系统各部件，上述问题完全可以解决。目前我国安装的风机其偏航制动器大多数为国外进口，使用国内生产的偏航制动器约为 20% 以下，其中主要是叫作瑞塞尔盘式制动器有限公司生产，该公司与风电市场对接十余年来，已形成了规模化生产，产品经近十年的市场考验，能满足使用要求，可以替代进口。

　　现代大型风电机组偏航系统采用带有制动器的滚动轴承固定式偏航非常普遍。例如，国外 REpower 公司的 MD77-1.5MW、REpower 5M-5MW；Nordex 公司的 N60-1300kW；GE 公司的 GE-1.5s-1.5MW、GE Windenergy 3.6MW；Dewind 公司的 D6-1MW、D8-2MW。国产风力机中，沈工大 1.5、2MW 及 3MW（已转让 20 余家），华创 1.5MW、东汽 1.5MW

及 3MW、华锐 3MW 都是采用此类偏航系统。

关于偏航驱动装置的功率问题。风电机组在运行过程中，当调向对风时，偏航驱动装置的功率应能克服偏航阻力矩 M。而在计算偏航阻力矩时应考虑到如下几方面：

$$M = M_f + M_w + M_p + M_z + M_{tv}$$

式中：M_f 为回转支承的摩擦阻力矩；M_w 为风压作用于风轮和机舱上所引起的风阻力矩；M_p 为当偏航启动时，由机组中惯性力矩所引起的惯性阻力矩；M_z 为由阻尼机构引起的阻尼力矩；M_{tv} 为由于风轮主轴的倾角所产生的扭矩分量引起的偏航阻力矩。

例如，1.5MW 固定式滚动轴承偏航，其 M_f 和 M_z 的总和为 M 值的 $40\% \sim 50\%$，如果采用阻尼式滑动轴承偏航，M_f 将减少，而 M_z 将增大，最终对偏航驱动装置的功率影响并不大。

关于液压系统的问题。固定式偏航中，偏航制动器与高速轴制动器组成一个液压系统（液压站）。即使是阻尼式偏航，高速轴制动也需要有一个液压系统（液压站）。

9.1.3　偏航系统的工作原理和组成

偏航系统工作原理是：风向标作为感应元件，对应每一个风向都有一个相应的脉冲输出信号，通过偏航系统软件确定其偏航方向和偏航角度，风向标将风向的变化用脉冲信号传递到偏航电机的控制回路的处理器里，经过偏航系统调节软件比较后处理器给偏航电机发出顺时针或逆时针的偏航命令，为了减少偏航时的陀螺力矩，电机转速将通过同轴连接的减速器减速后，将偏航力矩作用在回转体大齿轮上，带动风轮偏航对准风向，当对风完成后，风向标失去电信号，电机停止工作，偏航过程结束。

偏航系统是一个自动控制系统，其组成和工作原理如图 9-4 所示。由图可见，偏航系统由控制器、功率放大器、执行机构、偏航计数器等部分组成。

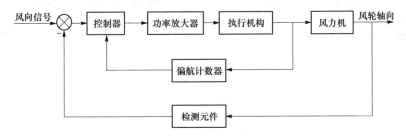

图 9-4　偏航系统的组成和工作原理

偏航计数器是记录偏航系统旋转圈数的装置，当偏航系统旋转圈数达到规定的初级解缆和终极解缆圈数时，计数器则给控制系统发信号使机组自动进行解缆。计数器一般是一个带控制开关的蜗轮蜗杆装置。

风力发电机组无论处于运行状态还是待机状态均能主动对风。在风轮前部或机舱一侧，装有风向仪，当风力发电机组的航向（风轮主轴的方向）与风向仪指向偏离时，计算机开始计时。当时间达到一定值时，即认为风向已改变，计算机发出向左或向右调向的指令，直到偏差消除。

当机舱在待机状态已调向 720°（根据设定），或在运行状态已调向 1080°时，由机舱引入塔架的发电机电缆将处于缠绕状态，这时控制器会报告故障，风力发电机组将停机，并自动进行解缠处理（偏航系统按缠绕的反方向调向 720°或 1080°），解缠结束后，故障信号消除，控制器自动复位。

偏航系统还设有扭缆保护装置，它是出于失效保护的目的而安装在偏航系统中的。它的作用是在偏航系统的偏航动作失效后，电缆的扭绞达到威胁机组安全运行的程度而触发该装置，使机组进行紧急停机。一般情况下，这个装置是独立于控制系统的，一旦这个装置被触发，则机组必须进行紧急停机。扭缆保护装置一般由控制开关和触点机构组成，控制开关安装在机组的塔架内壁的支架上，触点机构一般安装在机组悬垂部分的电缆上。当机组悬垂部分的电缆扭绞到一定程度后，触点机构被提升或被松开而触发控制开关。

9.1.4 偏航系统的执行机构

偏航系统是由偏航控制机构和偏航驱动机构两大部分组成。其中偏航控制机构包括风向传感器、偏航控制器、解缆传感器等几部分，偏航驱动机构包括偏航轴承、偏航驱动装置、偏航制动器（或偏航阻尼装置）等几部分组成。

偏航轴承与齿圈是一体的，根据齿圈位置不同，可以分为外齿形式和内齿形式两种，分别如图 9-5（a）、图 9-5（b）所示。

图 9-5（c）所示为外齿形式偏航系统执行机构的安装图。风力发电机组的机舱与偏航轴承内圈用螺栓紧固相连，而偏航轴承的外齿圈与风力发电机组塔架固接。调向是通过两组或多组偏航驱动机构完成的。在机舱底板上装有盘式制动装置，以塔架顶部法兰为制动盘。

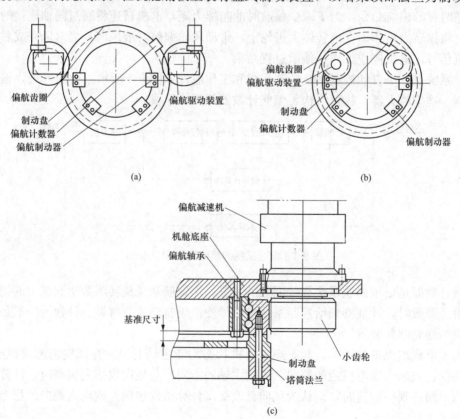

图 9-5 偏航系统的执行机构
(a) 外齿形式；(b) 内齿形式；(c) 安装图

1. 偏航轴承

偏航轴承的内外圈分别与机组的塔体和机舱用螺栓连接。轮齿可采用内齿或外齿形式。外齿形式是轮齿位于偏航轴承的外圈上，加工相对来说比较简单；内齿形式是轮齿位于偏航轴承的内圈上，啮合受力效果较好，结构紧凑。偏航轴承和齿圈的结构如图 9-6 所示。

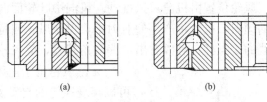

图 9-6　偏航轴承和齿圈的结构
(a) 外齿形式；(b) 内齿形式

2. 偏航驱动

偏航驱动用在对风、解缆时，驱动机舱相对于塔筒旋转，一般为驱动电机或液压驱动单元，安置在机舱中，通过减速机驱动输出轴上的小齿轮，小齿轮与固定在塔筒上的大齿圈啮合，驱动机舱偏航，啮合轮齿可以在塔筒外，也可在塔筒内，为了节省空间，方便塔筒与机舱间人行通道，一般采取塔筒外的安置方式。图 9-7 为驱动电动机组成的偏航驱动装置。

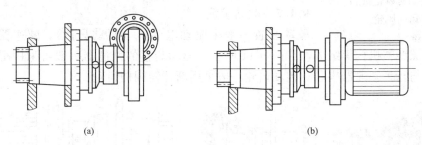

图 9-7　驱动电动机组成的偏航驱动装置
(a) 驱动电动机偏置安装；(b) 驱动电动机直接安装

3. 偏航制动

偏航制动的功能是使偏航停止，同时可以设置偏航运动的阻尼力矩以使机舱平稳转动。偏航制动装置由制动盘和偏航制动器组成。制动盘固定在塔架上，偏航制动器固定在机舱座上（见图 9-8）。

偏航制动器一般采用液压力驱动的钳盘式制动器，其外形如图 9-9 所示。

图 9-8　偏航制动装置

图 9-9　偏航制动器外形图

由于在偏航运动和偏航制动过程中，总有液压力存在，属于主动制动。所以，在偏航制动器中一般不设置弹簧，这是偏航制动器和主传动制动器的区别所在。

制动器应设有自动补偿机构，以便在制动衬块磨损时进行自动补偿，保证制动力矩和偏航阻尼力矩的稳定。

　　风轮位置由机舱对风推动。风洞中叶轮面向倾斜来流的试验表明，由于风轮的转动和来流的倾斜，机舱将产生偏航力矩，可使风轮回位。气流倾斜角的原点位于机舱轴线与塔架中心线的交点处。可以看出，偏航角越大，使风轮回位的偏航力矩也越大。

图 9-10　自动对风轮机和它的下风向风轮

　　无论风轮位于上风向还是在下风向（见图 9-10），这种装置都可以实现风轮的自动对风，并且随着对风动作的进行，偏航力矩迅速下降，加之机舱相对塔架有扭转自由度，因而机舱的偏航力矩不会对塔架产生扭转的振动激励，这是自动对风的一个优点。缺点是对于尚未启动的静止风轮，在小风速下，风轮的对风、启动需要借助外力方能进行。应注意的是：具有三枚或三枚以上叶片的风轮，不但运行噪声小，对风也较平稳；而单叶片或两叶片风轮，对风不很稳定；当风轮转速很高且机舱对风较快时，陀螺效应力显著，将增加系统承受的载荷。

9.1.5　驱动装置

　　驱动装置一般由驱动电动机（驱动马达）、减速器、传动齿轮、轮齿间隙调整机构等组成，如图 9-11 所示。驱动装置的减速器一般可采用行星减速器或蜗轮蜗杆与行星减速器串联；传动齿轮一般采用渐开线圆柱齿轮。

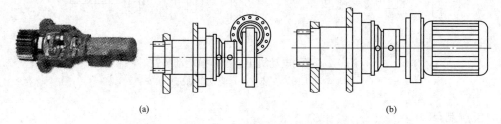

(a)　　　　　　　　　　　　　　　　　　(b)

图 9-11　驱动装置结构简图
（a）驱动电动机偏置安装；（b）驱动电动机直接安装

9.1.6　偏航制动器及其偏航液压装置

　　采用齿轮驱动的偏航系统时，为避免因振荡的风向变化而引起偏航轮齿产生交变载荷，应采用偏航制动器（或称偏航阻尼器）来吸收微小的自由偏转振荡，防止偏航齿轮的交变应力引起轮齿过早损伤。对于由风向冲击叶片或风轮产生偏航力矩的装置，应经试验证实其有效性。

　　偏航液压装置的作用是拖动偏航制动器松开或锁紧。一般液压管路应采用无缝钢管制成，柔性管路连接部分应采用合适的高压软管。

　　偏航制动器一般采用液压拖动的钳盘式制动器，其结构简图如图 9-12 所示。

9.1.7　对风装置

　　叶轮相对于流动空气的正确位置由对风装置推动完成。在风轮扫风面与风向不垂直时，对风装置或机舱将产生可用于对风动作的回位力矩。

　　风力机的偏航系统也称为对风装置，是上风向水平轴式风力机必不可少的组成系统之一，而下风向风力机的风轮能自然地对准风向，因此一般不需要进行调向对风控制。

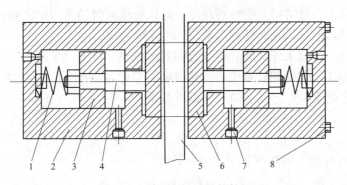

图 9-12 偏航制动器结构简图

1—弹簧；2—制动钳体；3—活塞；4—活塞杆；5—制动盘；6—制动衬块；7—接头；8—螺栓

偏航系统的主要作用有两个：其一是与风力发电机组的控制系统相互配合，使风力发电机组的风轮始终处于迎风状态，充分利用风能，提高风力发电机组的发电效率；其二是提供必要的锁紧力矩，以保障风力发电机组的安全运行。

风力发电机组的偏航系统一般分为主动偏航系统和被动偏航系统。被动偏航指依靠风力通过相关机构完成机组风轮对风动作的偏航方式，常见的有尾翼、舵轮两种；主动偏航指采用电力或液压拖动来完成对风动作的偏航方式，常见的有齿轮驱动和滑动两种形式。对于并网型风力发电机组来说，通常都采用主动偏航的齿轮驱动形式。

小微型风力机常用尾翼对风，尾翼装在尾杆上与风轮轴平行或成一定的角度。为了避免尾流的影响，也可将尾翼上翘，装在较高的位置，如图 9-13 所示。

中、小型风力机可用舵轮作为对风装置，当风向变化时，位于风轮后面两舵轮（其旋转平面与风轮旋转平面相垂直）旋转，并通过一套齿轮传动系统使风轮偏转，当风轮重新对准风向后，舵轮停止转动，对风过程结束，如图 9-14 所示。

图 9-13 尾翼对风

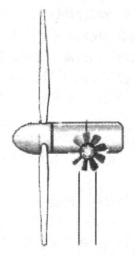

图 9-14 侧风轮对风

9.1.8 尾舵对风

尾舵对风主要用于直径不超过 6m 的小型风力机（见图 9-15）。尾舵也可用于功率/转速调节。该对风装置不会对塔架产生转矩激励，而风轮调向时的受力则由机舱来承担。尾舵使风轮对风速度加快，但在风轮高转速时，将产生陀螺力矩。

尾舵必须具备一定的条件才能获得满意的对风效果。设 E（见图9-16）为调向转轴与风轮旋转平面间的距离，若尾舵质量中心到转向轴的距离 L 等于 $4E$，尾舵的面积 A 与风轮扫掠面积 S（或风轮直径 D）之间必须符合以下关系：

（1）多叶片风力机，$A=0.1\pi D^2/4$；

（2）高速风力机，$A=0.04\pi D^2/4$。

若 $L\neq4E$，尾舵所需面积可按下式进行计算：

（1）多叶片风力机，$A=0.4(E/L)\pi D^2/4$；

（2）高速风力机，$A=0.16(E/L)\pi D^2/4$。

实践中，L 的值一般取 $0.6D$。

图9-15　尾舵对风的风力机

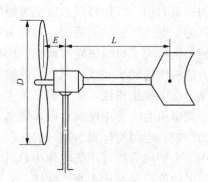

图9-16　尾舵的安装尺寸

9.1.9　侧轮对风

侧轮轴与风轮轴垂直布置。风力机的来流倾斜时，侧风轮产生转矩，通过具有很高变速比的蜗轮蜗杆机构使风轮—机舱转动，直到风轮轴与风向重新平行为止。对风准确后，侧轮上不再有使其旋转的力矩。这种对风装置的优点是无需外力推动。但对许多风力机测试的结果表明：只使用单个侧轮时，由于机舱两侧气流的不均衡，使风轮轴线总是保留一个与风向相交较小的角度。

虽然蜗轮蜗杆机构造价高，但因啮合间隙小的特点，可设计为使它兼有机舱角度位置刹车的功能。设计用于调向的侧置小风轮之前，需了解使风力机偏出倾斜来流所需的最小转矩。

由于每台风力机的机头质量、机头相对塔架旋转摩擦阻力等情况的不同，最好在风洞里用模型机进行试验，测定该最小转矩。这一措施同样适用于电气、液压推动的对风装置。

9.1.10　电气、液压推动对风

前文叙述的几种对风方式可统称为被动对风，而大中型风力机的对风则采用电气、液压驱动的主动对风系统。电气驱动一般均采取如图9-17所示的结构。风力机的机舱安装在旋转支座上，旋转支座的内齿环与风力发电机塔架用螺栓紧固相连，而外齿环则与机舱固定。调向由与内齿环相啮合的调向减速器驱动。调向齿轮啮合简单，造价较蜗轮蜗杆便宜，但其

齿间间隙比蜗杆机构大，并且齿轮直径越大，在完全相同间隙下，角度间隙就越大，这造成机舱相对于塔架来回旋转时产生附加载荷，使磨损加快，特别是在单叶片或双叶片风轮上损害更为严重。一般在机舱底盘采用一个或多个盘式刹车装置，以塔架顶部法兰为刹车盘，当对风位置达到后，使对风机构刹住。这样一来，转矩将由机舱传给塔架。

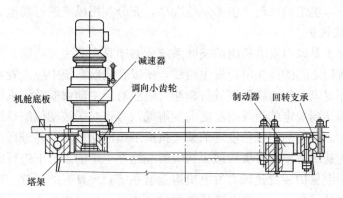

图 9-17　大中型风力机的对风系统结构

　　风轮的对风系统是一个随动系统。当安装在风向标里的光敏风向传感器最终以电位信号输出风轮轴线与风向的角度关系时，控制系统经过一段时间的确认后，会控制偏航电动机将风轮调整到与风向一致的方位。

9.2　偏航系统的技术要求

　　1. 环境条件

在进行偏航系统的设计时，必须考虑的环境条件如下：

（1）温度；

（2）湿度；

（3）阳光辐射；

（4）雨、冰雹、雪和冰；

（5）化学活性物质；

（6）机械活动微粒；

（7）盐雾；

（8）近海环境需要考虑附加特殊条件。

应根据典型值或可变条件的限制，确定设计用的气候条件。选择设计值时，应考虑几种气候条件同时出现的可能性。在与年轮周期相对应的正常限制范围内，气候条件的变化应不影响所设计的风力发电机组偏航系统的正常运行。

　　2. 电缆

为保证机组悬垂部分电缆不至于产生过度的纽绞而使电缆断裂失效，必须使电缆有足够的垂量，在设计上要采用冗余设计。电缆悬垂量的多少是根据电缆所允许的扭转角度确定的。

3. 阻尼

为避免风力发电机组在偏航过程中产生过大的振动而造成整机的共振，偏航系统在机组偏航时必须具有合适的阻尼力矩。阻尼力矩的大小要根据机舱和风轮质量总和的惯性力矩来确定。其基本的确定原则为确保风力发电机组在偏航时应动作平稳顺畅不产生振动。只有在阻尼力矩的作用下，机组的风轮才能够定位准确，充分利用风能进行发电。

4. 解缆和纽缆保护

解缆和纽缆保护是风力发电机组的偏航系统所必须具有的主要功能。偏航系统的偏航动作会导致机舱和塔架之间的连接电缆发生纽绞，所以在偏航系统中应设置与方向有关的计数装置或类似的程序对电缆的纽绞程度进行检测。一般对于主动偏航系统来说，检测装置或类似的程序应在电缆达到规定的纽绞角度之前发解缆信号；对于被动偏航系统检测装置或类似的程序应在电缆达到危险的纽绞角度之前禁止机舱继续同向旋转，并进行人工解缆。偏航系统的解缆一般分为初级解缆和终极解缆。初级解缆是在一定的条件下进行的，一般与偏航圈数和风速相关。纽缆保护装置是风力发电机组偏航系统必须具有的装置，这个装置的控制逻辑应具有最高级别的权限，一旦这个装置被触发，则风力发电机组必须进行紧急停机。

5. 偏航转速

对于并网型风力发电机组的运行状态来说，风轮轴和叶片轴在机组的正常运行时不可避免的产生陀螺力矩，这个力矩过大将对风力发电机组的寿命和安全造成影响。为减少这个力矩对风力发电机组的影响，偏航系统的偏航转速应根据风力发电机组功率的大小通过偏航系统力学分析来确定。根据实际生产和目前国内已安装的机型的实际状况，偏航系统的偏航转速的推荐值见表 9-1。

表 9-1　　　　　　　　　　　　　　　偏航转速的推荐值

风力发电机组功率	100～200	250～350	500～700	800～1000	1200～1500
偏航转速（r/min）	≤0.3	≤0.18	≤0.1	≤0.092	≤0.085

6. 偏航液压系统

并网型风力发电机组的偏航系统一般都设有液压装置，液压装置的作用是拖动偏航制动器松开或锁紧。一般液压管路应采用无缝钢管制成，柔性管路连接部分应采用合适的高压软管。连接管路连接组件应通过试验保证偏航系统所要求的密封和承受工作中出现的动载荷。液压元器件的设计、选型和布置应符合液压装置的有关具体规定和要求。液压管路应能够保持清洁并具有良好的抗氧化性能。液压系统在额定的工作压力下不应出现渗漏现象。

7. 偏航制动器

采用齿轮驱动的偏航系统时，为避免振荡的风向变化，引起偏航轮齿产生交变载荷，应采用偏航制动器（或称偏航阻尼器）来吸收微小自由偏转振荡，防止偏航齿轮的交变应力引起轮齿过早损伤。对于由风向冲击叶片或风轮产生偏航力矩的装置，应经试验证实其有效性。

8. 偏航计数器

偏航系统中都设有偏航计数器，偏航计数器的作用是用来记录偏航系统所运转的圈数，当偏航系统的偏航圈数达到计数器的设定条件时，则触发自动解缆动作，机组进行自动解缆并复位。计数器的设定条件是根据机组悬垂部分电缆的允许扭转角度来确定的，其原则是要小于电缆所允许扭转的角度。

9. 润滑

偏航系统必须设置润滑装置，以保证驱动齿轮和偏航齿圈的润滑。目前国内的机组的偏航系统一般都采用润滑脂和润滑油相结合的润滑方式，定期更换润滑油和润滑脂。

10. 密封

偏航系统必须采取密封措施，以保证系统内的清洁和相邻部件之间的运动不会产生有害的影响。

11. 表面防腐处理

偏航系统各组成部件的表面处理必须适应风力发电机组的工作环境。风力发电机组比较典型的工作环境除风况之外，其他环境（气候）条件如热、光、腐蚀、机械、电或其他物理作用应加以考虑。

9.3　偏航系统的维护与保养

9.3.1　对偏航系统应进行的检查

（1）每月检查油位，如有必要，补充规定型号的油到正常油位；

（2）2000h 运行后，需用清洗剂清洗后，更换机油；

（3）每月检查以确保没有噪声和漏油现象；

（4）检查偏航驱动与机架的连接螺栓，保证其紧固力矩为规定值；

（5）检查齿轮副的啮合间隙；

（6）制动器的额定压力是否正常，最大工作压力是否为机组的设计值；

（7）制动器压力释放、制动的有效性；

（8）偏航时偏航制动器的阻尼压力是否正常；

（9）每月检查摩擦片的磨损情况，检查摩擦片是否有裂缝存在；

（10）当摩擦片的最低点的厚度不足 2mm 时，必须更换；

（11）每月检查制动器壳体和机架连接螺栓的紧固力矩，确保其为机组的规定值；

（12）制动器的工作压力是否在正常的工作压力范围之内；

（13）每月对液压回路进行检查，确保液压油路无泄漏；

（14）每月检查制动盘和摩擦片的清洁度、有无机油和润滑油，以防制动失效；

（15）每月或每 500h，应向齿轮副喷洒润滑油，保证齿轮副润滑正常；

（16）每两个月或每 1000h，检查齿面的腐蚀情况，轴承是否需要加注润滑脂，如需要，应加规定型号的润滑脂；

（17）每三个月或每 1500h，检查轴承是否需要加注润滑脂，如需要，加注规定型号的润滑脂，检查齿面是否有非正常的磨损与裂纹；

（18）每六个月或每 3000h，检查偏航轴承连接螺栓的紧固力矩，确保紧固力矩为机组设计文件的规定值，全面检查齿轮副的啮合侧隙是否在允许的范围之内。

9.3.2　偏航系统的常见故障

1. 齿圈齿面磨损

导致原因：齿轮副的长期啮合运转；相互啮合的齿轮副齿侧间隙中渗入杂质；润滑油或

润滑脂严重缺失使齿轮副处于干摩擦状态。

2. 液压管路渗漏

导致原因：管路接头松动或损坏；密封件损坏。

3. 偏航压力不稳

导致原因：液压管路出现渗漏；液压系统的保压蓄能装置出现故障；液压系统元器件损坏。

4. 异常噪声

导致原因：润滑油或润滑脂严重缺失；偏航阻尼力矩过大；齿轮副轮齿损坏；偏航驱动装置中油位过低。

5. 偏航定位不准确

导致原因：风向标信号不准确；偏航系统的阻尼力矩过大或过小；偏航制动力矩达不到机组的设计值；偏航系统的偏航齿圈与偏航驱动装置齿轮之间的齿侧间隙过大。

6. 偏航计数器故障

导致原因：连接螺栓松动；异物侵入；连接电缆损坏、磨损。

9.3.3　偏航制动器的保养

必须定期进行检查，偏航制动器在制动过程中不得有异常噪声；应注意制动器壳体和制动摩擦片的磨损情况，如有必要，进行更换；检查是否有漏油现象；制动器连接螺栓的紧固力矩是否正确；制动器的额定压力是否正常，最大工作压力是否为机组的设定值；偏航时偏航制动器的阻尼压力是否正常；每月检查制动盘和摩擦片的清洁度，以防制动失效；定期清洁制动盘和摩擦片。

当摩擦片的摩擦材料厚度达到下限时，要及时更换摩擦片。更换前要检查并确保制动器在非压力状态下。具体步骤如下：旋松一个挡板，并将其卸掉。检查并确保活塞处于松闸位置上（核实并确保摩擦片也在其松闸位置上）。移出摩擦片，并用新的摩擦片进行更换。将挡板复位并拧上螺钉，不要忘记安装垫圈，螺钉的紧固力矩应符合规定值。当由于制动器安装位置的限制，致使摩擦片从侧面抽不出时，则需将制动器从其托架上取下（注意：制动器与液压站断开）。当需要更换密封件时，将制动器从其托架上取下（注意：制动器与液压站断开）。卸下一侧挡板，取下摩擦片，将活塞从其壳体中拔出，更换每一个活塞的密封件。重新安装活塞，检查并确保它们在壳体里的正确位置。装上摩擦片。重新装上挡板，不要忘记安装垫圈，螺钉的紧固力矩应符合规定值。将制动器重新安装到托架上（注意：两半台的泄漏油孔必须对正），并净化制动器和排气。

9.3.4　偏航齿盘的保养

拆除后部底板，以便能接触到偏航齿盘，如图 9-18 所示。应小心确保齿盘齿轮表面完好无损，没有锈迹、油漆和灰尘。如果不符

图 9-18　接近偏航齿盘以润滑齿轮

合这些要求，应彻底清理齿盘轮齿。

必须严格按照工作顺序清洁表面，以使偏航系统能正常运行。清洁后，在所有润滑表面上涂抹一层滑脂（400g）。

9.3.5　偏航轴承的保养

轴承润滑（径向和水平滑动板）。应使用润滑脂管和配备了 DIN 71412 M8 油脂嘴的手动泵来润滑系统。涂抹薄薄的一层 Shell Stamina HDS2 润滑脂。

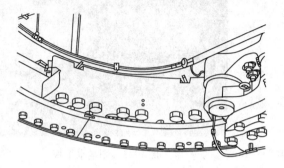

图 9-19　轴承油脂嘴

1—轴承油脂嘴

9.3.6　径向和水平滑动板的保养

1. 径向

要检查或更换径向滑动板，必须拆除径向滑动板黄铜止动作，如图 9-20 所示。

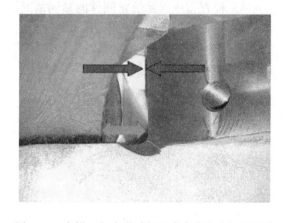

图 9-20　黄铜止动作　　　　图 9-21　夹钳、径向滑动板和齿盘底座之间的间隙

总之，2 块后滑动板最容易磨损，因此 2 块后滑动板磨损后厚度会小于 10mm，而 2 块前滑动板会有一些间隙，但厚度 T 能达到 10mm。此时，相对于齿盘，框架可能偏离中心位置。只有那些厚度 $T \ll 9.7mm$。的径向滑动板更换为 $T = 10mm$ 的新滑动板。

2. 水平

用卡规测量水平滑动板的厚度，确定磨损情况，记住标称厚度为 20mm。测量水平板如图 9-23 所示。

如果任何一块滑动板的磨损超过 1mm，即滑动板厚度小于 19mm，则应更换偏航系统的所有径向滑动板。

9.3.7　部件保养

在保养过程中，应检查以下几个要点：

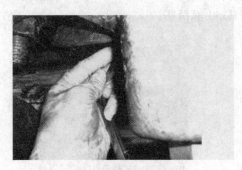

图 9-22　测量径向滑动板和夹钳之间的间隙

图 9-23　测量水平板

（1）目视检查是否存在泄漏。

（2）检查管路、管子和接头的状况。如果发现油剂，应检查连接的紧密度，但不要强行施力。清洁油迹，防止在下次维护保养中出现混淆。

（3）检查连接是否正确紧固。

（4）目视检查油位（应先排空蓄压器）。

（5）检查蓄压器系统紧固件的紧固情况。

（6）检查蓄压器的预载压力。

（7）检查电子压力开关。

（8）检查低压限压阀。

（9）设置主线压阀。

第 10 章　风力发电机组液压系统的维护

10.1　风力发电机组的液压系统

风力发电机组的液压系统和刹车机构是一个整体。在定桨距风力发电机组中，液压系统的主要任务是执行风力发电机组的气动刹车和机械刹车；在变桨距风力发电机组中，液压系统主要控制变距机构，实现风力发电机组的转速控制、功率控制，同时也控制机械刹车机构。

10.1.1　液压系统

液压系统是以有压液体为介质，实现动力传输和运动控制的机械单元。液压系统具有传动平稳、功率密度大、容易实现无级调速、易于更换元器件和过载保护可靠等优点，在大型风力发电机组中得到广泛应用。

定桨距风力发电机组的液压系统实际上是制动系统的执行机构，主要用来执行风力发电机组的开关机指令。通常它由两个压力保持回路组成，一路通过蓄能器供给叶尖扰流器，另一路通过蓄能器供给刹车结构。这两个回路的主要任务是使机组运行时制动机构始终保持压力。当需要停机时，两回路的常开电磁阀先后失电，叶尖扰流器一路压力油被泄回油箱，叶尖动作；稍后，机械刹车一路压力油进入刹车油缸，驱动刹车夹钳，使叶轮停止转动。在两个回路中各装有两个压力传感器，以指示系统压力，控制液压泵站补油和确定刹车机构的状态。

10.1.2　液压泵

1. 液压泵分类及工作原理

液压泵是能量转换装置，用来向液压系统输送压力油，推动执行元件做功。按照结构的不同，液压泵可分为齿轮泵、叶片泵、柱塞泵和螺杆泵等。按照额定压力的不同，可分为低压泵、中压泵、中高压泵、高压泵和超高压泵。按液压泵输出流量能否调节，又分为定量泵和变量泵。图 10-1 为风力发电机组常用的齿轮泵。

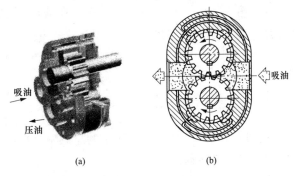

图 10-1　风力发电机组常用的齿轮泵
(a) 解剖图；(b) 原理图

齿轮泵的结构是比较简单的，它的最基本形式就是两个尺寸相同的齿轮在一个紧密配合的壳体内相互啮合旋转，两啮合的轮齿将泵体、前后盖板和齿轮包围的密闭容积分成两部分，轮齿进入啮合的一侧密闭容积减小，经压油口排油，退出啮合的一侧密闭容积增大，经吸油口吸油。随着驱动轴不间断地旋转，泵也就不间断地输出高压油液。图 10-2 为在液压原理图中液压泵的图形符号。

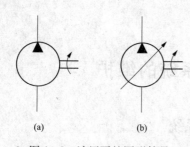

图 10-2　液压泵的图形符号

（a）定量泵；（b）变量泵

2. 液压泵的特点

（1）具有若干个密封且又可以周期性变化的空间。泵的输出流量与此空间的容积变化量和单位时间内的变化次数成正比，与其他因素无关。

（2）油箱内液体的绝对压力必须恒等于或大于气体压力。这是容积式液压泵能吸入油液的外部条件与排液箱隔开，保证液压泵有规律地连续吸排液体。

3. 液压泵的主要性能参数

（1）工作压力。液压泵实际工作时的输出压力称为工作压力。工作压力取决于外负载的大小和排油管路上的压力损失，而与液压泵的流量无关。

（2）额定压力。液压泵在正常工作的情况下，按试验标准规定，允许液压泵短暂运行的最高压力值，称为该压力泵的最高允许压力。

（3）排量 V。液压泵每转一周，由其密封容积几何尺寸变化计算而得出的排除液的体积叫液压泵的排量。排量可以调节的液压泵称为变量泵；排量不可以调节的液压泵称为定量泵。

（4）理论流量。理论流量是指在不考虑液压泵泄露的情况下，在单位时间内排除液体的体积。如果液压泵的排量为 V，其主轴转速为 n，则该液压泵的理论流量 q_t 为

$$q_t = Vn \tag{10-1}$$

式中：V 为液压泵的排量，m^3/r；n 为主轴转速，r/s。

（5）实际流量 q_t。液压泵在某一具体工况下，单位时间内所排出的液体体积称为实际流量，它等于理论流量 q_t 减去泄露和损失后的流量 q_1，即

$$q = q_t - q_1 \tag{10-2}$$

（6）额定流量 q_n。在正常工作条件下，该实验标准规定（如在额定压力和额定转速下）必须保证的流量。

4. 液压泵的功率

（1）输入功率。输入功率是指作用在液压泵主轴上的机械功率，当输入转矩为 T_i，角速度为 ω 时，输入功率为

$$P_1 = T_i \omega \tag{10-3}$$

（2）输出功率。输出功率是指液压泵在工作过程中的实际吸、压油口间的压差 Δp 和输出流量 q 的乘积，输出功率为

$$P_2 = \Delta p q \tag{10-4}$$

（3）液压泵的总效率。液压泵的总效率是指实际输出功率与其输入功率的比值。

10.1.3　液压阀

液压阀是一种用压力油操作的自动化元件，它受配压阀压力油的油控，通常与电磁配压阀组合使用，可用于远距离控制水电站油、气、水管路系统的通断。

液压阀的种类很多，这里只介绍用到的一部分。液压阀按其功能分为：方向控制阀、压力控制阀和流量控制阀。

（1）方向控制阀。方向控制阀（简称方向阀）用来控制液压系统的油流方向，接通或断开油路，从而控制执行机构的启动、停止或改变运动方向。方向控制阀有单向阀和换向阀两大类。

1）普通单向阀又称逆止阀。它控制油液只能沿一个方向流动，不能反向流动，它由阀体、阀心和弹簧等零件构成。图 10-3 为单向阀的剖面图和图形符号。

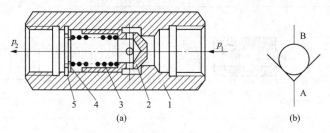

图 10-3　单向阀的剖面图和图形符号

（a）剖面图；（b）图形符号

1—阀体；2—锥阀；3—弹簧；4、5—挡圈

2）带有控制口的单向阀称为液控单向阀，当控制口通压力油时，油液也可以反向流动，图 10-4 为液控单向阀的工作原理图和图形符号。

3）换向阀的作用是利用阀心相对于阀体的运动，来控制液流方向、接通或断开油路，从而改变执行机构的运动方向、起动或停止。换向阀的种类很多，按操作阀心运动的方式可分为手动、机动、电磁动、液动、电液动等。图 10-5 为电磁换向阀的工作原理图和图形符号。

换向阀的稳定工作位置称为"位"，对外接口称为"通"，见表 10-1。

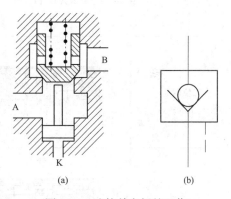

图 10-4　液控单向阀的工作原理图和图形符号

（a）工作原理图；（b）图形符号

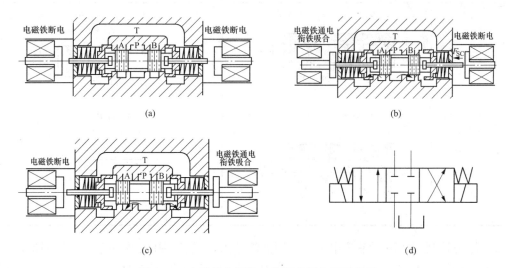

图 10-5　电磁换向阀的工作原理图和图形符号

（a）、（b）、（c）工作原理图；（d）图形符号

表 10-1　　　　　　　　　　　　　　　常见换向阀结构图

位和通	结构原理图	图形符号
二位二通	左位 右位 A B	
二位三通	左位 右位 A P B	
二位四通	左位 右位 B P A T	
二位五通	左位 右位 T_1 A P B T_2	
三位四通	左位 中位 右位 A P B T	
三位五通	左位 中位 右位 T_1 A P B T_2	

（2）压力控制阀在液压系统中用来控制油液压力，或利用压力作为信号来控制执行元件和电气元件动作的阀称为压力控制阀，简称为压力阀。这类阀工作原理的共同特点是，利用油液压力作用在阀心的力与弹簧力相平衡的原理进行工作的。按压力控制阀在液压系统中的功用不同，可分为溢流阀、减压阀、顺序阀、压力继电器等。

1）常用溢流阀有直动型和先导型两种。图 10-6 为直动型溢流阀的剖面图和图形符号。直动型溢流阀由阀心、阀体、弹簧、上盖、调节杆、调节螺母等零件组成。阀体上进油口连接在泵的出口，出口接油箱。原始状态，阀心在弹簧力的作用下处于最下端位置，进出油口隔断。当液压力等于或大于弹簧力时，阀心上移，阀口开启，进口压力油经阀口流回油箱。

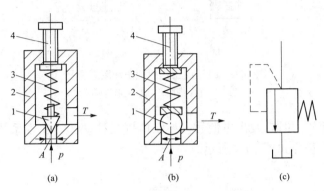

图 10-6　直动型溢流阀的剖面图和图形符号

（a）球阀；（b）锥阀；（c）图形符号

1—阀心；2—阀体；3—调压弹簧；4—调压手轮

2）溢流阀的主要作用。

（a）在定量泵节流调速系统中用来保持液压泵出口压力恒定，并将泵输出多余油液放回油箱，起稳压溢流作用，此时称为定压阀 ［见图 10-7（a）］。

（b）当系统负载达到其限定压力时，打开阀口，使系统压力再也不能上升，对设备起到安全保护作用，此时称为安全阀 ［见图 10-7（b）］。

（c）溢流阀与电磁换向阀集成称为电磁溢流阀，电磁溢流阀可以在执行机构不工作时使泵卸载 ［见图 10-7（c）］。

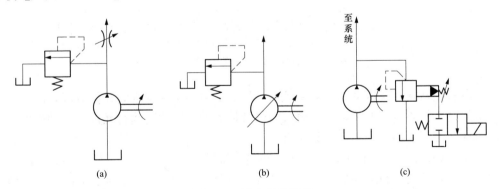

图 10-7　溢流阀的作用

（a）定压溢流；（b）限压安全；（c）卸荷回路

（d）减压阀用于降低系统中某一回路的压力。它可以使出口压力基本稳定，并且可调。其工作原理图和图形符号如图 10-8 所示。

（e）压力继电器是利用液体压力来启闭电器触点的液电信号转换元件，用于当系统压力

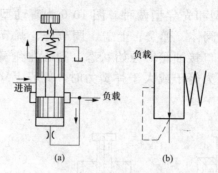

图 10-8　减压阀工作原理图和图形符号
(a) 工作原理图；(b) 图形符号

达到压力继电器设定压力时，发出电信号，控制电气元件动作，实现系统的工作程序切换。其工作原理图和图形符号如图 10-9 所示。

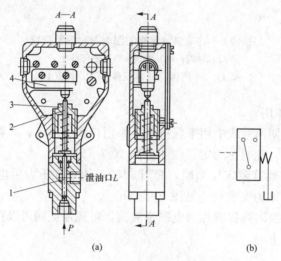

图 10-9　压力继电器工作原理图和图形符号
(a) 工作原理图；(b) 图形符号
1—柱塞；2—顶杆；3—调节螺钉；4—微动开关

　　（3）流量控制阀在液压系统中用来控制液体流量的阀类统称为流量控制阀，简称为流量阀。它是靠改变控制口的大小，调节通过阀的液体流量，以改变执行元件的运动速度。流量控制阀包括节流阀、调速阀和分流集流阀等。

　　图 10-10（a）、（b）为节流阀的剖面图和图形符号。节流阀主要零件有阀心、阀体和螺母。阀体上开有进油口和出油口。阀心一端开有三角形尖槽，另一端加工有螺纹，旋转阀心即可轴向移动改变阀口过流面积。为平衡液压径向力，三角形尖槽须对称布置。

　　通过理论推导和实验研究，可以发现，不论节流口的形式如何，通过节流口的流量 q 和节流口截面积 A，以及节流口前后的压力差 ΔP 的 m 次方成正比。其关系式为

$$q = k_i A \Delta p^m \tag{10-5}$$

式中：q 为通过节流口的流量；A 为节流口的通流截面积；Δp 为节流口进、出口压力差；m 为由节流口形状决定的指数；k_i 为由节流口的断面形状、大小及油液性质决定的系数。

图 10-10（c）为应用节流阀的回路。当节流阀前后 Ap 定时，改变 A 可改变流经阀的流量，起节流调速作用，如阀 3；当 q 定时，改变 A 可改变阀前后压力差 Ap，起负载阻尼作用，如阀 1；当 $q＝0$ 时，安装节流元件可延缓压力突变的影响，起压力缓冲作用，如阀 2。

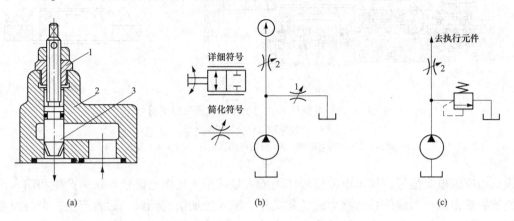

图 10-10　节流阀的剖面图和图形符号

（a）剖面图；（b）图形符号；（c）应用节流阀的回路

（4）电液伺服阀。电液伺服阀是一种根据输入电信号连续成比例地控制系统流量和压力的液压控制阀。它将小功率的电信号转换为大功率的液压能输出，实现执行元件的位移、速度、加速度及力的控制。电液伺服阀控制精度高，响应速度快，应用于控制精度要求较高的场合。图 10-11 为电液伺服阀的工作原理图和图形符号。

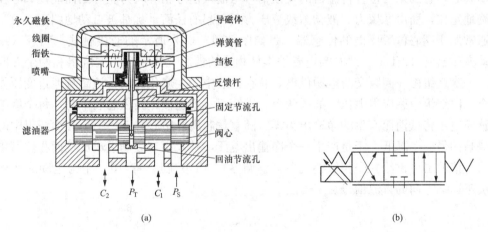

图 10-11　电液伺服阀的工作原理图和图形符号

（a）工作原理图；（b）图形符号

（5）电液比例阀电液比例阀是用比例电磁铁代替普通电磁换向阀电磁铁的液压控制阀。它也可以根据输入电信号连续成比例地控制系统流量和压力。在动态特性上不如电液伺服阀，但在制造成本、抗污染能力等方面优于电液伺服阀，在风力发电机组液压系统中得到广泛应用。图 10-12 为电液比例阀的工作原理图和图形符号。

比例阀是通过比例放大器控制的。比例放大器将输入电压信号（一般在 $0\sim\pm9V$ 间）

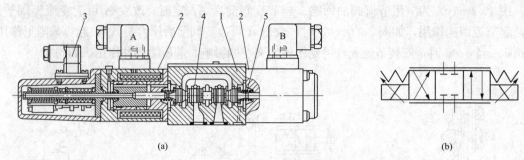

图 10-12　电液比例阀的工作原理图和图形符号

（a）工作原理图；（b）图形符号

1—阀体；2—比例电磁铁；3—反馈传感器；4—阀心；5—复位弹簧

转换成相应的电流信号。这个电流信号作为输入量被送入比例电磁铁，从而产生和输入信号成比例的输出量—力或位移。该力或位移又作为输入量加给比例阀，后者产生一个与前者成比例的流量或压力。通过这样的转换，一个输入电压信号的变化，不但能控制执行元件和机械设备上工作部件的运动方向，而且可对其作用力和运动速度进行无级调节。此外，还能对相应的时间过程内流量变化、加速度变化等进行连续调节。

当需要更高的阀性能时，可在阀或电磁铁上接装一个位置传感器以提供一个与阀心位置成比例的电信号。此位置信号向阀的控制器提供一个反馈，使阀心可以由一个闭环配置来定位。如图 10-13（a）所示，一个输入信号经放大器放大后的输出信号再去驱动电磁铁。电磁铁推动阀心，直到来自位置传感器的反馈信号与输入信号相等时为止。因而能使阀心在阀体中准确地定位，而由摩擦力、液动力或液压力所引起的任何干扰都被自动地纠正。

通常用于阀心位置反馈的传感器，是如图 10-13（b）所示的非接触式 LVDT（线性可变差动变压器）。LVDT 由绕在与电磁铁推杆相连的铁芯上的一个一次绕组和两个二次绕组组成。一次绕组由一高频交流电源供电，它在铁芯中产生变化磁场，该磁场通过变压器作用在两个二次绕组中感应出电压。如果两个二次绕组对置连接，当铁芯居中时，每个绕组中产生的感应电压将抵消而产生的净输出为零。随着铁芯离开中心移动，一个二次绕组中的感应电压提高而另一个降低。于是产生一个净输出电压，其大小与运动量成比例而相位移指示运动方向。该输出可供给一个相敏整流器（解调器），该整流器将产生一个与运动成比例且极性取决于运动方向的直流信号。

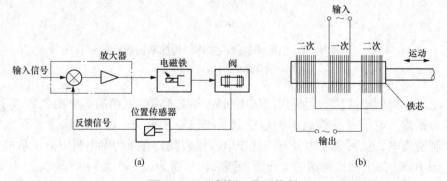

图 10-13　比例阀心位置控制

比例放大器的原理如图 10-14 所示。输入信号可以是可变电流或电压。根据输入信号的极性，阀心两端的电磁铁将有一个通电，使阀心向某一侧移动。放大器为两个运动方向设置了单独的增益调整，可用于微调阀的特性或设定最大流量。还设置了一个斜坡发生器，进行适当的接线可启动或禁止该发生器，并且设置了斜坡时间调整。还针对每个输出级设置了死区补偿调整。这使得可用电子方法消除阀心遮盖的影响。使用位置传感器的比例阀意味着阀心是位置控制的，即阀心在阀体中的位置仅取决于输入信号，而与流量、压力或摩擦力无关。位置传感器提供一个 LVDT 反馈信号。此反馈信号与输入信号相比较所得到的误差信号驱动放大器的输出级。在放大器面板上设有输入信号和 LVDT 反馈信号的监测点。

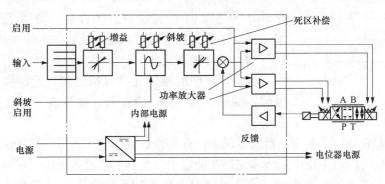

图 10-14　比例放大器的原理

10.1.4　液压缸

液压缸工作原理如下：

（1）液压传动原理。以油液为工作介质，通过密封容积的变化来传递运动，通过油液内部的压力来传递动力。

（2）动力部分。将原动机的机械能转换为油液的压力能（液压能），如液压泵。

（3）执行部分。将液压泵输入的油液压力能转换为带动工作机构的机械能，如液压缸、液压马达。

（4）辅助部分。用来控制和调节油液的压力、流量和流动方向，如压力控制阀、流量控制阀和方向控制阀。

在一定体积的液体上的任意一点施加的压力，能够大小相等地向各个方向传递。这意味着当使用多个液压缸时，每个液压缸将按各自的速度拉或推，而这些速度取决于移动负载所需的压力。

在液压缸承受能力范围相同的情况下，承载最小载荷的液压缸会首先移动，承载最大负荷的液压缸最后移动。

为使液压缸同步运动，已达到载荷在任一点同一速度被顶升，一定要在系统中使用控制阀或同步顶升系统元件。

液压缸是液压系统的执行元件，是将输入的液压能转变为机械能的能量转换装置，它可以很方便地获得直线往复运动。图 10-15 为液压缸的解剖图和图形符号。

液压变距型风机液压系统中的液压缸有时采用差动连接（见图 10-16）。所谓差动连接是指把单活塞杆液压缸两腔连接起来，同时通入压力油。由于活塞两侧有效面积 A_1，与 A_2 不相等，便产生推力差，在此推力差的作用下，活塞杆伸出，此时有杆腔排出的油液 q_1 与泵

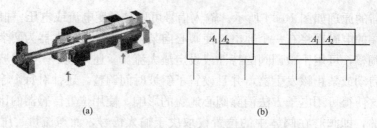

图 10-15　液压缸的解剖图和图形符号

(a) 解剖图；(b) 图形符号

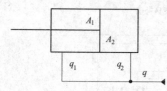

图 10-16　液压缸的差动连接

供油 q 一起以 q_2 的流量进入无杆腔，增加了无杆腔的进油量，提高了无杆腔进油时活塞（或缸体）的运动速度。

10.1.5　辅助元件

液压系统中的辅助元件包括油管、管接头、蓄能器、过滤器、油箱、密封件、冷却器、加热器、压力表和压力表开关等。

（1）蓄能器在液压系统中，蓄能器用来储存和释放液体的压力能。当系统的压力高于蓄能器内液体的压力时，系统中的液体充进蓄能器中，直到蓄能器内外压力相等；反之当蓄能器内液体压力低于系统的压力时，蓄能器内的液体流到系统中去，直到蓄能器内外压力平衡。蓄能器可作为辅助能源和应急能源使用，还可吸收压力脉动和减少液压冲击。蓄能器按结构不同分为弹簧式、重锤式和充气式等三类。充气式蓄能器按构造不同，又分为气液直接接触式、隔膜式、气囊式和活塞式等几种，图 10-17 为常用蓄能器的解剖图和图形符号。

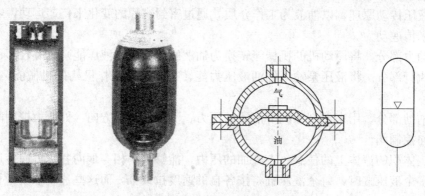

图 10-17　常用蓄能器的解剖图和图形符号

（2）过滤器液压油中含有杂质是造成液压系统故障的重要原因。因为杂质的存在会引起相对运动零件的急剧磨损、划伤、破坏配合表面的精度。颗粒过大时甚至会使阀心卡死，节流阀节流口以及各阻尼小孔堵塞，造成元件动作失灵。影响液压系统的工作性能，甚至使液压系统不能工作。因此，保持液压油的清洁是液压系统能正常工作的必要条件。过滤器可净化油液中的杂质，控制油液的污染。

过滤器分为表面型、深度型和磁性三类。表面型过滤器有：网式过滤器（可滤去 $d >$ 0.08～0.18mm 颗粒，压力损失不超过 0.01MPa）、线隙式过滤器（可滤去 $d \geqslant 0.03 \sim$ 0.1mm 颗粒，压力损失为 0.07～0.35MPa）；深度型过滤器有：纸芯式过滤器（可滤去 $d \geqslant$

0.05～0.03mm 颗粒，压力损失为 0.08～0.4MPa)、烧结式过滤器（可滤去 $d \geqslant 0.01$～0.1mm 颗粒，压力损失为 0.03～0.2MPa)；磁性过滤器可将油液中对磁性敏感的金属颗粒吸附在上面，常与其他形式滤芯一起制成复合式过滤器。图 10-18 为过滤器的解剖图和图形符号。

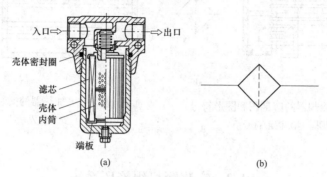

图 10-18　过滤器的解剖图和图形符号

(a) 解剖图；(b) 图形符号

(3) 油箱是液压油的储存器。油箱可分为总体式和分离式两种结构。

总体式结构利用设备机体空腔作油箱，散热性不好，维修不方便；分离式结构布置灵活，维修保养方便。通常用 2.5～5mm 钢板焊接而成。油箱的主要用途有：储存必要数量的油液，以满足液压系统正常工作所需要的流量；由于摩擦生热，油温升高，油液可回到油箱中进行冷却，使油液温度控制在适当范围内；可逸出油中空气，清洁油液；油液在循环中还会产生污物，可在油箱中沉淀杂质。图 10-19 为油箱的解剖图和图形符号。

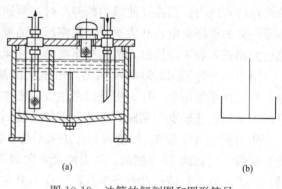

图 10-19　油箱的解剖图和图形符号

(a) 解剖图；(b) 图形符号

(4) 热交换器液压系统部分能量损失转换为热量以后，会使油液温度升高，黏度下降，泄漏增加。若长时间油温过高，将造成密封老化，油液氧化，严重影响系统正常工作。为保证正常工作温度，需要在系统中安装冷却器。冷却要有足够的散热面积，散热效率高，压力损失小。根据冷却介质不同，有风冷式、水冷式和冷媒式三种。图 10-20 为管式水冷却器的解剖图和图形符号。

与上述情况相反，在低温环境下，油温过低，油液黏度过大，设备起动困难，压力损失加大并引起较大的振动。此时系统应安装加热器，将油液温度升高到适合的温度。加热器有用热水或蒸汽加热和用电加热两种方式。图 10-21 为电加热器的安装位置和图形符号。

(5) 密封装置用来防止系统油液的内外泄漏，以及外界灰尘和异物的侵入，保证系统建立必要压力。要求密封装置在一定的工作压力和温度范围内具有良好的密封性能；与运动件之间摩擦系数要小；寿命长，不易老化，抗腐蚀能力强。

常用的密封形式有：间隙密封、O 形密封圈、唇形密封（Y 形、Y_x 形、V 形）和组合密封装置等。

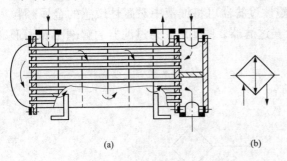

图 10-20　管式水冷却器的解剖图和图形符号
(a) 解剖图；(b) 图形符号

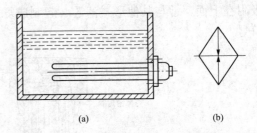

图 10-21　电加热器的安装位置和图形符号
(a) 安装位置；(b) 图形符号

10.2　定桨距机组液压系统

　　定桨距风力机的液压系统通常由两个压力保持回路组成：一路通过蓄能器提供压力油 1 给叶尖扰流器，另一路通过蓄能器供给机械刹车机构。机组运行时，这两个回路使制动机构始终保持着压力。当需要使风力机停车时，两回路中的常开电磁阀依先扰流器一路、后机械刹车一路的次序失电，叶尖扰流器回路压力油流回油箱，启动刹车动作；稍后，机械刹车一路压力油进入刹车液压缸，驱动刹车夹钳，使风轮停止转动。

　　图 10-22 为 FD43-600kW 风力发电机组的液压系统。由于也设置了偏航机构的液压回路，所以该系统由三个压力保持回路组成：图左侧是气动刹车压力保持回路；中间是两个独立的齿轮箱高速轴刹车回路；右侧为偏航系统回路。

　　压力油经液压泵 2、精滤油器 4 进入系统。溢流阀 6 用来限制系统的最高压力。液压系统开机后，电磁阀 12-1 接通，压力油经单向阀 7-2 进入蓄能器 8-2，并通过单向阀 7-3 和旋转接头进入叶尖扰流气动刹车液压缸。压力开关 9-2 由蓄能器的压力控制，当蓄能器压力达到设定值时，该开关动作，电磁阀 12-1 关闭。风力机正常运行时，液压回路压力主要由蓄能器保持，并且液压缸上的弹簧钢索拉住叶尖扰流器，使之与叶片主体保持相一致的结合。电磁阀 12-2 在风力机停车时发生动作，用来释放叶尖气动刹车液压缸的液压油，使叶尖扰流器在离心力作用下偏离叶片主体相应的角度。突开阀 15 用于风轮的超速保护，当转速过高时，扰流器作用在弹簧钢索上的离心力增大，通过活塞的作用，使气动刹车回路内压力升高，当达一定值时，突开阀打开，压力油泄回油箱。突开阀不受控制系统指令的指挥，是风力机独立的安全保护装置。

　　电磁阀 13-1、13-2 分别控制两个机械刹车装置中压力油的进出，从而控制制动器动作。该回路中工作压力由蓄能器 8-1 保持，压力开关 9-1 根据蓄能器的压力高低，控制液压泵电动机的停、起。压力开关 9-3、9-4 用来指示制动器的工作状态。

　　由于系统的内泄漏、油温的变化及电磁阀的动作，液压系统的工作压力实际上始终处于变化的状态之中。其气动刹车与机械刹车回路的工作压力分别如图 10-23 (a)、(b) 所示。

　　图中虚线之间为设定的工作范围。当压力由于温升或压力开关失灵超出该范围一定值

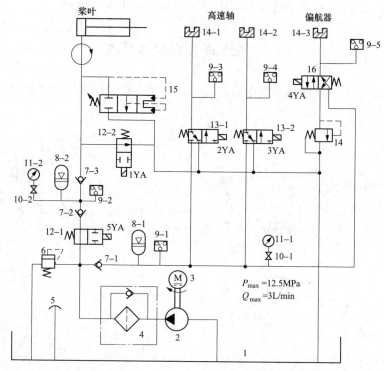

图 10-22　定桨距风力机的液压系统

1—油箱；2—液压泵；3—电动机；4—精滤油器；5—油位指示器；6—溢流阀；7—单向阀；
8—蓄能器；9—压力开关；10—节流阀；11—压力表；12、13—电磁阀；
14—刹车夹钳；15—突开阀；16—电磁阀

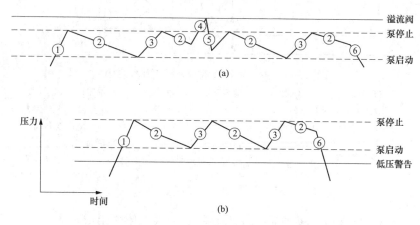

图 10-23　气动刹车与机械刹车压力图

（a）气动刹车压力；（b）机械刹车压力

1—开机时液压泵启动；2—内泄漏引起的压力降；3—液压泵重新启动；

4—温升引起的压力升高；5—电磁阀动作引起的压力降；6—停机时电磁阀打开

时，会导致突开阀误动作，因此必须对系统压力进行限制，系统最高压力由溢流阀调节。而当压力同样由于压力开关失灵或液压泵站故障低于工作压力下限时，系统设置了低压警告线，以免在紧急状态下，机械刹车中的压力不足以制动风力发电机组。

10.3　变桨距机组液压系统

图 10-24 所示为某变桨距风力发电机组的液压系统工作原理图。其功能是控制变距机构和主传动制动器。

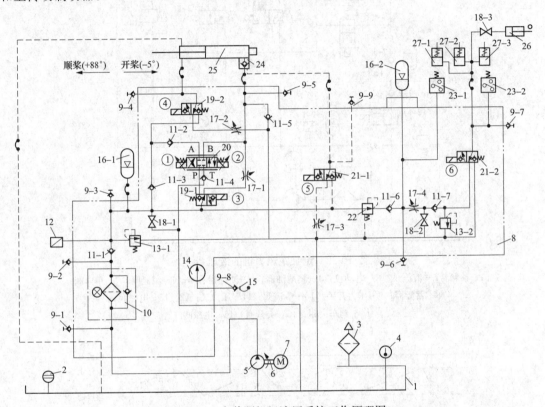

图 10-24　变桨距机组液压系统工作原理图

1—油箱；2—油位开关；3—空气滤清器；4—温度传感器；5—液压泵；6—联轴器；7—电动机；8—主阀块；

9—压力测试口；10—滤油器；11—单向阀；12—压力传感器；13—溢流阀；14—压力表；

15—压力表接口；16—蓄能器；17—节流阀；18—截止阀；19、21—电磁换向阀；

20—比例阀；22—减压阀；23—压力继电器；24—液控单向阀；

25—液压缸；26—手动活塞泵；27—制动器

1. 动力部分

动力部分由电动机（7）、液压泵（5）、油箱（1）及其附件组成。

液压泵由电动机带动。油液被液压泵抽出后，通过滤油器（10）和单向阀（11-1）进入蓄能器（16-1）。液压泵的起动和停止由压力传感器（12）的信号控制。当液压泵停止时，系统由蓄能器保持压力。系统的工作压力设定为 13.0～14.5MPa，当系统压力降至13.0MPa 以下时，液压泵起动，当系统压力升至 14.5MPa 时，液压泵停止。风机处在运行状态、暂停状态和停机状态时，液压泵根据压力传感器的信号而自动起停；在紧急停机状态时，液压泵会因电动机迅速断路而立即停止工作。

溢流阀（13-1）作为安全阀使用。截止阀（18-1）用于放出蓄能器中的油液。液位开关（2）可以在液位过低时报警。温度传感器（4）可以监测油温，当油温高于设定值时报警，当油温低于允许值时报警并停机。空气滤清器（3）用于向油箱加油和过滤空气。

2. 变距机构的控制

（1）液压系统在风机运行和暂停时的工作状态。液压系统在风机运行和暂停时，电磁换向阀（19-1）的电磁铁 3、电磁换向阀（19-2）的电磁铁 4 和电磁换向阀（21-1）的电磁铁 5通电。压力油经过电磁换向阀（21-1）进入液控单向阀（24）的控制口，使液控单向阀可以双向通油。

当比例阀（20）电磁铁 2 通电时，压力油经过电磁换向阀（19-1）、比例阀、单向阀（11-2）、电磁换向阀（19-2），进入液压缸（25）的左腔，推动活塞右移，桨距角向－5°方向调节（开桨）。液压缸右腔的油液通过液控单向阀、比例阀和单向阀（11-4）回到油箱。单向阀（11-4）的作用是为比例阀提供 0.1MPa 的背压，增加其工作的稳定性。

当比例阀（20）电磁铁 1 通电时，压力油经过电磁换向阀（19-1）、比例阀、液控单向阀进入液压缸的右腔，推动活塞左移，桨距角向＋88°方向调节（顺桨）。液压缸左腔的油液通过电磁换向阀（19-2）、单向阀（11-3）、电磁换向阀（19-1）、比例阀、液控单向阀，进入液压缸的右腔，实现差动连接。

（2）液压系统在风机停机和紧急停机时的工作状态。当停机指令发出后，电磁换向阀（19-1）的电磁铁 3、电磁换向阀（19-2）的电磁铁 4 和电磁换向阀（21-1）的电磁铁 5 失电，液控单向阀（24）反向关闭。压力油经过电磁换向阀（19-1）、节流阀（17-1）和液控单向阀进入液压缸的右腔，推动活塞左移，桨距角向＋88°方向运动。顺桨速度由节流阀（17-1）控制。液压缸左腔的油液通过电磁换向阀（19-2）和节流阀（17-2）回到油箱。在这种工作状态下，由于液控单向阀的作用，风力不能将叶片桨距角向－5°方向运动。

当紧急停机指令发出后，液压泵立即停止运行。叶片的顺桨功能由蓄能器（16-1）提供的压力油来实现。如果蓄能器压力油不足，叶片的顺桨由风的自变距力完成。此时，液压缸右腔的油液来自两部分，一部分从液压缸左腔通过电磁换向阀（19-2）、节流阀（17-2）、单向阀（11-5）和液控单向阀进入；另一部分从油箱经单向阀（11-5）和液控单向阀进入。顺桨速度由节流阀（17-2）控制，一般限定在 9°/s 左右。

3. 主传动制动器的控制

进入制动器的油液首先通过减压阀（22），其出口压力为 4.4MPa。蓄能器（16-2）为制动器提供压力油，它可以确保在蓄能器（16-1）或液压泵没有压力的情况下也能制动。溢流阀（13-2）作为安全阀使用，设定压力为 5.4MPa。截止阀（18-2）用于放出蓄能器中的油液。压力继电器（23-1）用以监视蓄能器中的油液压力，当蓄能器中的油液压力降到 3.4MPa 时，制动并报警。

当电磁换向阀（21-2）的电磁铁 6 断电时，减压阀的供油经单向阀（11-6）、节流阀（17-4）、单向阀（11-7）和电磁换向阀（21-2），蓄能器的供油经节流阀（17-4）、单向阀（11-7）和电磁换向阀（21-2）共同进入制动器液压缸，实现风机制动。节流阀（17-4）可以调节制动速度。

当电磁换向阀（21-2）的电磁铁 6 通电时，制动器液压缸中的油液经电磁换向阀（21-2）流回油箱，制动器松开。压力继电器（23-2）用以监视制动器中的油液压力，防止电磁换向阀（21-2）错误动作而中断制动。

液压系统备有手动活塞泵（26），在系统不能正常加压时，用于制动风力发电机组。

10.4 液压系统的试验

1. 液压装置试验

（1）试验内容在正常运行和刹车状态，分别观察液压系统压力保持能力和液压系统各元件动作情况，记录系统自动补充压力的时间间隔。

（2）试验要求在执行气动与机械刹车指令时动作正确；在连续观察的 6h 中自动补充压力油 2 次，每次补油时间约 2s。在保持压力状态 24h 后，无外泄漏现象。

2. 试验方法

（1）打开油压表，进行开机、停机操作，观察液压是否及时补充、回放，卡钳补油，收回叶尖的压力是否保持在设定值。

（2）运行 24h 后，检查液压系统的泄漏现象。

（3）用电压表测试电磁阀的工作电压。

（4）分别操作风力发电机组的开机，松刹、停机动作，观察叶尖、卡钳是否相应动作。

（5）观察在液压补油，回油时是否有异常噪声。

3. 飞车试验

飞车试验的目的是为了设定或检验液压系统中的突开阀。一般按如下程序进行试验：

（1）将所有过转速保护的设置值均改为正常设定值的 2 倍，以免这些保护首先动作。

（2）将发电机并网转速调至 5000r/min。

（3）调整好突开阀后，起动风力发电机组。当风力发电机组转速达到额定转速的 125% 时，突开阀将打开并将气动刹车油缸中的压力油释放，从而导致空气动力刹车动作，使风轮转速迅速降低。

（4）读出最大风轮转速值和风速值。

4. 变距系统试验

变距系统试验主要是测试变距速率、位置反馈信号与控制电压的关系。

10.5 液压系统的常见故障

10.5.1 液压油的故障

据统计，液压装置的故障，70% 与液压油有关，而液压油导致的液压装置故障中 90% 是由杂质造成的。液压油的检查内容：液压油的清洁度、颜色、黏度和稠度；此外还有气味。液压油从高压侧流向低压侧而没有做机械功时，液压系统内就会产生热。液压油温度过高，会使很贵的密封件变质和油液氧化至失效，会引起腐蚀和形成沉积物，以至堵塞阻尼孔和加速阀的磨损，过高的温度将使阀、泵卡死，高温还会带来安全问题。借助对油箱内油温的检查，有时可以在严重的危害未发生前使系统故障得以消除。在大多数系统里，溢流阀是主要的发热源，减压阀通过的流量太大也是引起发热的另一个主要原因。由于效率低与能量损失有关，因此，检查工作温度就可知道是否存在效率低的问题，对液压系统而言，油液中污染物的控制是一个主要工作，污染物的来源主要有以下几个方面：

(1) 随新油进入的。

(2) 装配过程中系统内部的。

(3) 随周围空气进入的。

(4) 液压元件内部磨损产生的。

(5) 通过泄漏或损坏的密封进入的。

(6) 在检修时带入的。

10.5.2　泵、阀的故障

泵如果正确地安装使用，液压泵可连续使用多年而不需要维修。一旦发现问题，应该及早找出原因并尽快排除。借助于液压图对系统进行故障诊断，工作就要简单得多。液压阀的制造精度高，只要合理装配并保持良好的工作状态，一般很少泄漏，并可精确地控制系统内的油液压力、方向和流量。油中的污染物是阀失效的主要原因，少量的纤维、脏物、氧化物或淤渣都会引起故障或阀的损坏。如果采用信得过的制造厂的产品，设计不当的可能性是很小的。引起泵、阀的故障的主要有以下几方面原因：

1. 外界条件

(1) 紧固螺栓的松动，由于紧固过度造成的变形与破损。

(2) 负荷的剧烈变化。

(3) 振动、冲击。

(4) 组装、拆卸、修补作业和顺序的错误，工具的好坏，零件的破损、变形以及产生伤痕和丢失。

(5) 配管扭曲造成的变形与破损或配管错误等。

2. 液压油条件

(1) 混入杂质、水、空气及劣化。

(2) 黏度、温度是否合适。

(3) 润滑性。

(4) 吸入条件是否良好（防止气穴、过大的正压或负压）。

(5) 异常的高压、压力波动。

3. 元件本身的好坏

(1) 结构、强度。

(2) 零部件（轴承、油封、螺栓、轴）的品质。

(3) 滑动部分的磨损、划伤、黏滞。

(4) 零部件的磨损、划伤、变形、劣化。

(5) 漏油（内泄漏、外泄漏）。

10.6　液压系统的维护

1. 设备的检查

在起动前的检查项目有：油位是否正常，行程开关和限位块是否紧固，手动和自动循环是否正常，电磁阀是否处在原始状态等。

在设备运行中监视工况的项目有：系统压力是否稳定并在规定范围内，设备有无异常振动和噪声，油温是否在允许的范围内（一般为 35～55℃ 范围内，不得大于 60℃），有无漏油，电压是否保持在额定值的 -15%～$+15\%$ 的范围内等。定期检查的项目有：螺钉和管接头的检查和紧固，10MPa 以上的系统每月一次，10MPa 以下的系统每三个月一次。过滤器和空气滤清器的检查，每月一次。定期进行油液污染度检验，对新换油，经 1000h 使用后应取样化验，取油样需用专用容器，并保证不受污染，取样应取正在使用的"热油"，不取静止油，取样数量为 300～500mL/次，按油料化验单化验，油料化验单应纳入设备档案。

2. 液压油

液压系统的介质是液压油，一般采用专门用于液压系统的矿物油。液压系统的液压油应该与生产企业指定的牌号相符。

在正常工作温度下液压油黏度范围一般为 20×10～200×10。当环境温度较低时选用黏度较低的油液。

对于液压系统，油液的清洁十分重要。液压系统中的油液或添加到液压系统中的油液必须经常过滤，即使是初次用的新油也要过滤。不同品牌或型号液压油混合可能引起化学反应，例如出现沉淀和胶质等。液压系统中的油液改变型号之前应该对系统进行彻底的冲洗。并得到生产企业同意。

液压油的使用寿命：矿物油 8000h 或至少每年更换一次。

3. 清洗过滤器和空气滤清器

过滤器堵塞时会发出信号，需要进行清洗。清洗时要确保电机未启动，电磁阀未通电。在拔下插头、卸下配件前，要清洁液压单元表面的灰尘。打开过滤器后，取出滤芯清洗。若滤芯损坏，必须更换。清洁过滤器后，应检查油位，必要时要加足油液。在没收到堵塞信号的情况下，至少每 6 个月清洗一次过滤器。在正常环境下每 1000h 清洗一次空气滤清器；在灰尘较大的环境下每 500h 清洗一次空气滤清器。

4. 故障排除和更换元件

大部分故障可以通过更换元件解决，通常由生产厂家来完成修理工作或更换新元件。如果用户有这方面的知识或有合适设备（如测试台架），自己也可以进行维修。维修前应阅读使用说明书和液压原理图。液压系统最常见的问题是泄漏，导管接口处的泄漏可以通过拧紧来解决，元件发生的泄漏则必须更换密封件。

5. 蓄能器的故障

蓄能器是储存高压油的装置，当泵处于正常的无负荷状态或空转状态，就可给蓄能器充油。蓄能器储存的高压油在需要时可以释放出来，补充泵的流量，或在停泵时给系统供油。使用的蓄能器大多为隔膜式和气囊式；蓄能器靠压缩惰性气体来储存能量，通常采用氮气，实际充气压力不能高于临界值，大多数场合，充气压力值应在最高压力的 1/3 或 1/2 的范围内，这样效果最好，回路工作特性很少变化。特别强调的是，不要使用氧气或含氧气的混合气体。

（1）供油不均。

原因是活塞或气囊运动阻力不均，应检查活塞密封圈或阻碍气囊运动的原因并及时排除。

（2）充气压力充不起来。

1）气瓶内无氮气或气压不足：应更换氮气瓶的堵塞或漏气的附件。

2）气阀漏气：应修理或更换已损零件。

3）气囊或蓄能器盖漏气：应修理或更换已损零件。

（3）供油压力低。

原因是充气压力不足：应及时充气到规定气压。

（4）供油量不足。

1）充气压力不足：应及时充气到规定气压。

2）系统工作压力范围小且压力过高：应调整系统。

3）蓄能器容量小：应更换大容量蓄能器。

（5）不供油。

1）充气压力不足：应及时充气到规定气压。

2）蓄能器内部泄漏：应查找原因，及时修理。

3）系统工作压力范围小且压力过高：应调整系统。

（6）工作不稳定。

1）充气压力不足：应及时充气到规定气压。

2）蓄能器漏气：应查找原因，及时修理。

3）活塞或气囊运动阻力不均：检查活塞密封圈或阻碍气囊运动的原因，并排除。

总之，通过对液压系统更深入地了解和掌握，不断提高技术和工作能力，才能更好地解决好液压设备使用者面临的主要问题，管理好液压系统。当系统出现问题时能找出引起系统故障的真正原因，更多的工作是从平日的日常点检修开始，注重设备检查和维修工作的细节，在故障早期就将引起故障的各种因素消除，通过对工作循环不断地改进与提高，从而使预知维修工作能在不断地变化工作环境中更进一步，确保设备发挥更大的效益，实现设备事故为零的目标。

第 11 章　风力发电场电气设备的维护

11.1　风电场电气二次系统

本章主要介绍风电场电气二次系统常用设备的维护。风电场电气二次常用设备主要分为继电器、接触器。

1. 继电器

继电器是一种电子控制器件，它具有控制系统（又称输入回路）和被控制系统（又称输出回路），通常应用于自动控制电路中，它实际上是用较小的电流去控制较大电流的一种自动开关。

2. 接触器

（1）控制开关。常用控制开关来实现电路的复杂逻辑控制。

（2）小母线。在二次系统中，除了直流电流小母线用于给不同的设备分配电能，交流电压小母线和辅助小母线主要用于集中和分配信号。

（3）自动开关、接线端子、电缆和绝缘导线。继电器、接触器、控制开关、指示灯、各类保护和自动装置等基本元件，需要连接成可以实现的二次系统测量、控制、监视和保护功能的电路。这些设备的连接需要依靠导体和接线端子来实现。绝缘导线主要用于屏内或装置内配线，而电缆用于连接距离较远的设备。

11.1.1　中间继电器的维修

（1）内部与机械部分检查与维修。

1）清洁内部灰尘，如果铁芯锈蚀，应用钢丝刷刷净，并涂上银粉漆。

2）各金属部件和弹簧应完整无损，无形变，否则应予更换。

3）动、静触头应清洁，接触良好，若有氧化层，应用钢丝刷刷净，若有烧伤处，则应用细油石打磨光亮。动触头片应无磨损，软硬一致。

4）各焊接头应良好，如为点焊者应重新进行锡焊，压接导线应压接良好。

5）对于 DZ 型中间继电器，当全部常闭触头刚闭合时，衔铁与衔铁限制钩间的间隙不得小于 0.5mm，以保证常闭触头的压力；但当线圈无电时，允许衔铁与衔铁限制钩间有不大于 0.1mm 的间隙。

6）用手按住衔铁检查继电器的可动部分，要求动作灵活，触头接触良好，压缩行程不小于 0.5～1mm，偏心度不大于 0.5mm。动、静触头间直线距离要求：DZ 型不小于 3mm，ZJ、YZJ 型不小于 2.5mm。

7）对于延时动作的中间继电器，要求其衔铁前端的磷铜片应平整，螺栓应紧固。

8）对于出口中间继电器，应采用有玻璃窗口的外壳，以便观察其触头状况。

9）对于外壳加装固定螺栓的继电器，应检查当外壳盖上后，动作时不应有卡涩现象。

10）绝缘检查，可参考电流继电器有关部分。

（2）线圈直流电阻检查仅对电压线圈进行直流电阻测量，继电器电压线圈在运行中，有可能出现开路和匝间短路现象，进行直流电阻测量便可发现。最简单的测量方法是用数字式万用表进行测量，比较准确的是用电桥。

（3）线圈极性检查对于有保持线圈的中间继电器（直流继电器），动作线圈与保持线圈之间的极性关系非常重要，要求同极性。只有同极性才能起保持作用（因为两线圈产生的磁通方向相同）。

极性检查方法如下：假设动作线圈接直流电源正端为 1L＋，接负端为 1L－；保持线圈接直流正端为 2L＋；接负端为 2L－。检查时，用一节一号电池，一只万用表，使用直流电压（或毫伏）挡，正极接 2L＋，负极投 2L－；电池负极接 1K2，当电池的正极碰 1K1 时万用表指针右摇（正方向），就说明两线圈为同极性；若左摆，说明两者为反极性。

（4）动作、返回、保持值检验与调整维修。

1）动作、返回值检验：利用分压法由小到大调整电压（电流），使继电器动作，该值即为动作值；然后逐渐降低电压（电流），使继电器返回的最高电压即为返回值。

对于出口中间继电器，要求其动作值为额定电压的 55%～70%，其他中间继电器的动作电压为额定电压的 30%～70%或不大于额定电流（或回路电流）的 70%。

关于返回电压（电流），一般要求不小于额定值的 5%；具有延时返回的中间继电器，要求其返回电压不小于额定电压的 2%。

2）保持值检验：对于具有保持线圈的中间继电器，要求做保持线圈的保持值检验；保持线圈有电流线圈和电压线圈，要求保持电流不大于 80%额定电流；电压线圈不大于 65%额定电压。

3）调整维修方法：

（a）当继电器的动作、返回、保持值不符合要求时，可调整其弹簧或电磁铁的气隙。若弹簧过弱或失效时，应更换。调整后应重新检查触点距离和压缩行程。

（b）当继电器动作、返回缓慢时，应进行机械部分检查与调整。对 DZ 型继电器应放松其弹簧，调整衔铁与上磁轭板连接的角形磷钢片。对于 ZJ、YZJ 型继电器，应检查其可动系统是否有卡涩现象。

4）触头工作可靠性检验在相互配合动作检验时进行观察，触头断弧能力应良好。

11.1.2　时间继电器使用与维修

时间继电器在继电保护和自动装置中作为时间元器件，起着延时动作的作用。延时时间最常见的是零点几秒至 9s，也有的长达几十秒。从电源种类上划分有直流也有交流。均属电压型，其触头，除延时常开、常闭触头外，有些继电器还有一对或几对瞬时动作的常开、常闭触头。

（1）时间继电器的使用在继电保护和自动装置中，最常用的是 DS-110 系列直流时间继电器。交流时间继电器型号与规格更加复杂，有 DS-120 系列、DSJ 系列、JS-10 系列及 MS-12、MS-21 等。直流额定电压有 24、48、110、127、220V；交流额定电压有 110、127、220V 和 380V。延时时间为 0.1～60s，触头类型有延时常开触头、滑动触头与瞬时动作触头。

（2）DS 型时间继电器的维修。

1）继电器的外壳与玻璃、外壳与底座之间均应嵌接严密牢固，内部应清洁。

2）各部分螺钉均应紧固，各焊接头应焊接良好，不得有假焊、虚焊、脱焊与漏焊，如有点焊处应改为锡焊。

3）内部接线应与铭牌相符。

4）衔铁部分，手按衔铁使其缓慢动作应无明显摩擦现象，放手后衔铁靠弹力返回应动作灵活。塔形返回弹簧在任何位置时，均不允许有重叠现象，衔铁上的弯板在胶木固定座槽中滑动应无摩擦。

5）时间机构部分，用手按下衔铁使时间机构开始走动直到标度盘的终止位置，要求在整个过程中，行走声音应均匀清晰而无起伏现象，行走速度应均匀，不得有忽快、忽慢、跳动或中途卡住等现象，否则应进行解体检查。

6）触头部分，当衔铁按下时，动触点应在距静触头首端 1/3 处开始接触并在其上滑行到 1/2 处停止；释放衔铁时，动触头应迅速返回到原来位置。

7）绝缘检查同中间继电器有关部分相同；线圈直流电阻测量同中间继电器有关部分相同。

11.1.3　交流接触器运行与维修

1. 运行中检查

（1）通过的负载电流是否在接触器的额定值之内。

（2）接触器的分、合信号指示是否与电路状态相符。

（3）灭弧室内有无因接触不良而发出放电响声。

（4）电磁线圈有无过热现象，电磁铁上的短路环有无脱出和损伤现象。

（5）接触器与导线的连接处有无过热现象。

（6）辅助触头有无烧蚀现象。

（7）灭弧罩有无松动和损裂现象。

（8）绝缘杆有无损裂现象。

（9）铁芯吸合是否良好，有无较大的噪声，断开后是否能返回到正常位置。

（10）周围的环境有无变化，有无不利于接触器正常运行的因素，如振动过大、通风不良、导电尘埃等。

2. 检查与维护

定期做好维护工作，是保证接触器可靠地运行，延长使用寿命的有效措施。

（1）定期检查外观。

1）消除灰尘，先用棉布沾有少量汽油擦洗油污，再用布擦干。

2）定期检查接触器各紧固件是否松动，特别是紧固压接导线的螺钉，以防止松动脱落造成连接处发热。如发现过热点后，可用整形锉轻轻锉去导电零件相互接触面的氧化膜，再重新固定好。

3）检查接地螺钉是否紧固牢靠。

（2）灭弧触头系统检查。

1）检查动、静触头是否对准，三相是否同时闭合，应调节触头弹簧使三相一致。

2）测量相间绝缘电阻，其阻值不低于 $10M\Omega$。

（3）触头磨损深度不得超过 1mm，严重烧损、开焊脱落时必须更换触头，对根或银基合金触点有轻微烧损或触面发黑或烧毛，一般不影响正常使用，可不进行清理，否则会促使接触器损坏，如影响接触时，可用整形锉磨平打光，除去触头表面的氧化膜，不能使用砂纸。

（4）更换新触头后应调整分开距离、超额行程和触头压力，使其保持在规定范围之内。

（5）辅助触头动作是否灵活，触头有无松动或脱落，触头开距及行程应符合规定值，当发现接触不良又不易修复时，应更换触头。

3. 铁芯检查

（1）定期用干燥的压缩空气吹静接触器堆积的灰尘，灰尘过多会使运动系统卡住，机械破损加大。当带电部件间堆聚过多的导电尘埃时，还会造成相间击穿短路。

（2）应清除灰尘及油污，定期用棉纱配有少量汽油或用刷子将铁芯截面间油污擦干净，以免引起铁芯发响及线圈断电时接触器不释放。

（3）检查各缓冲件位置是否正确齐全。

（4）铁芯端面有无松散现象，可检查铆钉有无断裂。

（5）短路环有无脱落或断裂，若有断裂会引起很大噪声，应更换短路环或铁芯。

（6）电磁铁吸力是否正常，有无错位现象。

4. 电磁线圈检查

（1）定期检查接触器控制回路电源电压，并调整到一定范围之内，当电压过高线圈会发热，关合时冲击大。当电压过低关合速度慢，容易使运动部件卡住，触头焊接一起。

（2）电磁线圈在电源电压为线圈电压的 85%～105% 时应可靠动作，如电源电压低于线圈额定电压的 40% 时应可靠释放。

（3）线圈有无过热或表面老化、变色现象，如表面温度高于 65℃，即表明线圈过热，引起匝间短路。如不易修复时，应更换线圈。

（4）引线有无断开或开焊现象。

（5）线圈骨架有无磨损、裂纹，是否牢固地装在铁芯上，若发现必须及时处理或更换。

（6）运行前应用绝缘电阻表测量绝缘电阻，是否在允许范围之内。

5. 灭弧罩检查

（1）灭弧置有无裂损，当严重时应更换。

（2）对栅片灭弧罩，检查是否完整或烧损变形，严重松脱位置变化，如不易修复应及时更换。

（3）清除罩内脱落杂物及金属颗粒。

6. 维护使用中注意事项

（1）在更换接触器时，应保证主触头的额定电流大于或等于负载电流，使用中不要用并触头的方式来增加电流容量。

（2）对于操作频繁，起动次数多（如点动控制），经常反接制动或经常可逆运转的电动机，应更换重任务型接触器，如 CJ102 系列交流接触器，或更换比通用接触器大一挡至二挡的接触器。

（3）当接触器安装在容积一定的封闭外壳中，更换后的接触器在其控制回路额定电压下磁系统的损耗及主回路工作电流下导电部分的损耗，不能比原来接触器大很多，以免温升超过规定。

（4）更换后的接触器与周围金属体间沿喷弧方向的距离，不得小于规定的喷弧距离。

（5）更换后的接触器在用于可逆转换电路时，动作时间应大于接触器断开时的电弧燃烧时间，以免可逆转换电路时发生短路。

（6）更换后的接触器，其额定电流及关合与分断能力均不能低于原来接触，而线圈电压应与原控制电路电压相符。

（7）电气设备大修后，在重新安装电气系统时，应采用线圈电压符合标准电压。

（8）接触器的实际操作频率不应超过规定的数值，以免引起触头严重发热，甚至熔焊。

（9）更换元件时应考虑安装尺寸的大小，以便留出维修空间，有利于日常维护时的安全。

11.1.4　熔断器的使用与维修

1. 熔断器类型的选择

熔断器主要根据负载的情况和电路短路电流的大小来选择。对于容量较小的照明线路或电动机的保护，可选用半封闭式熔断器或无填料封闭式熔断器；对于短路电流相当大的电路或有易燃气体的地方，应选用有填料封闭式熔断器；对于晶闸管及硅元件的保护，应选用快速熔断器。

2. 熔体额定电流的确定

由于各种电气设备都具有一定的过载能力，当过载能力较轻时，可允许较长时间运行，而超过某一过载倍数时，就要求熔体在一定时间内熔断。另外还有一些设备起动电流较大，如三相异步电动机起动电流是额定电流的4～7倍，因此，选择熔体时必须考虑设备的特性。

熔断器熔体在短路电流作用下应能可靠熔断，起到应有的保护作用，如果熔体选择偏大负载长期过负载熔体不能及时熔断；如果熔体选择偏小，在正常负载电流作用下就会熔断。为保证设备正常运行，必须根据设备的性质合理地选择熔体。

（1）照明电路电灯支路熔体额定电流是支路上所有电灯的工作电流之和。

（2）电动机：

1）单台直接起动电动机的熔体额定电流＝(1.5～2.5) 电动机额定电流；

2）多台直接起动电动机的总熔体额定电流＝(1.5～2.5)×功率较大的电动机整定电流＋其余电动机额定电流之和；

3）绕线式电动机和直流电动机的熔体额定电流＝(1.5～2.5)×电动机额定电流。

（3）配电变压器低压侧额定电流＝(1～1.2)×变压器低压侧额定电流。

（4）电热设备熔体整定电流≥电热设备额定电流。

（5）补偿电容器。

1）单台时，熔体额定电流＝(1.5～2.5)×电容器额定电流；

2）电容器组时，熔体额定电流＝(1.3～1.8)×电容器组额定电流。

（6）快速熔断器与控流元件串联熔体额定电流≥1.75×电流元件额定电流。

3. 选用熔断器注意事项

（1）熔断器的保护特性应与被保护对象的过载特性有良好的配合；

（2）按线路电压等级选用相应电压等级的熔断器，通常熔断器额定电压不应低于线路额定电压；

（3）根据配电系统中可能出现的最大短路电流，选择具有相应分断能力的熔断器；

（4）在电路中，各级熔断器应相应配合，通常要求前一级熔体比后一级熔体的额定电流大2～3倍，以免发生超级动作而扩大停电范围；

（5）熔体额定电流应小于或等于熔断器的额定电流。

4. 熔断器的检查与维修

（1）检查熔体的额定电流与负载情况是否相配合；

（2）检查熔体管外观有无损伤、变形、开裂现象，瓷绝缘部分有无破损或闪络放电痕迹；

（3）熔体有氧化、腐蚀或破损时，应及时更换；

（4）检查熔体管接触性有无过热现象；

（5）有熔断信号指示器的熔断器，其指示是否保持正常状态；

（6）熔断器环境温度必须与被保护对象的环境温度基本一致，如果相差太大可能会使保护动作出现误差，因此尽量避免安装在高温场合，因熔体长期处于高温下可能老化；

（7）检查导电部分有无熔焊、烧损、影响接触的现象；

（8）熔断器上、下触点处的弹簧是否有足够的弹性，接触面是否紧密；

（9）应经常清除熔断器上及夹子上的灰尘和污垢，可用干净的布擦干净。

5. 熔体熔断的原因

（1）对于变截面熔体，通常在小截面处熔断是由过负载引起，因为小截面处温度上升较快，熔体由于过负载熔断，使熔断部位长度较短。

（2）变截面熔体的大截面部位也熔化无遗，熔体爆熔或熔断部位很长，一般是由短路而引起熔断。

（3）熔断器熔体误熔断，熔断器熔体在短路情况下熔断是正常的，但有时在额定电流运行状态下也会熔断称为误熔断。

1）熔断器的动、静触点（RC）、触片与插座（RM）、熔体与底座（RL、RT、RS）接触不良引起过热，使熔体温度过高造成误熔断。

2）熔体氧化腐蚀或安装时有机械损伤，使熔体的截面积变小，也会引起熔体误熔断。

3）因熔断器周围介质温度与被保护对象四周介质温度相差过大，将会引起熔体误熔断。

4）对于玻璃管密封熔断器熔体的熔断，长时间通过近似额定电流时，熔体经常在中间部位熔断，但并不伸长，熔体气化后附在玻璃管壁上；如有 1.6 倍左右额定电流反复通过和断开时，熔体经常在某一端熔断且伸长；如有 2～3 倍额定电流反复通过和断开时，熔体在中间部位熔断并气化，无附着现象；通电时的冲击电流会使熔体在金属帽附近某一端熔断；若有大电流（短路电流）通过时，熔体几乎全部熔化。

5）对于快速熔断器熔体的熔断过负载时与正常工作时相比所增加的热量并不很大，而两端导线与熔体连接处的接触电阻对温升的影响较大，熔体上最高温度在两端，所以，经常在两端连接处熔断；短路时热量大、时间快、产生的最高温度点在熔体中段，来不及将热量传至两端，因此在中间熔断。

6. 拆换熔体

（1）安装熔体时，应保熔断器接触良好，如接触不好会使接触部分过热，热量传至熔体，使熔体温度过高引起误动作，有时因接触不好产生火花将会干扰弱电装置。

（2）更换熔体时，不要使熔体受到机械损伤和扭拉，由于熔体一般软而易断，容易发生裂痕或减小截面，降低电流值，影响设备正常运行。

（3）更换熔体时，必须根据熔体熔断的情况，分清是由短路电流，还是由长期过负载所引起的，以便分析故障原因。过负载电流比短路电流小得多，所以熔体发热时间较长，熔体的小截面处过热，导致多在小截面处熔断，并且解断的部位较短；短路电流比过负载电流大得多，熔体熔断较快，而且熔断的部位较长，甚至大截面部位也会全部烧光。

（4）检查熔断器与其他保护设备的配合关系是否正确无误。

（5）一般应在不带电的情况下，取下熔断管进行更换。有些熔断器是允许在带电的情况下取下的，但应将负载切断，以免发生危险。

（6）更换熔体时，应注意熔体的电压值、电流值和熔体的片数，并要使熔体与管子相配，不可把不相配的熔体硬拉、硬弯装在不相配的管子中，更不能随便找一根铜线或熔体配上凑合使用。

（7）对于封闭管式熔断器，管子不能用其他绝缘管代替，否则容易炸裂管子，发生人身伤害事故。也不能在熔断器管子上钻孔，因为钻孔会造成灭弧困难，可能会喷出高温金属和气体，对人和周围设备是非常危险的。

（8）当熔体熔断后，特别是在分断极限分断电流后，经常有熔体的熔渣熔化在上面，因此，在换装新管体前，应仔细擦净整个管子内表面和接触装置上的熔渣、烟尘和尘埃等。当熔断器已经达到所规定的分断极限电流的次数，即使凭肉眼观察没有发现管子有损伤的现象也不宜继续使用，应更换新的管子。

（9）更换熔断器时，要区分是过载电流熔断，还是在分断极限电流时熔断。如果熔断时响声不大，熔体只在一两处熔断，而管子内壁没有烧焦的现象，也没有大量的熔体蒸气附着在管壁，一般认为是过载电流时熔断。如果熔断时响声特别大，有时看见两端有火花，管内熔体熔成许多小段（装有两片熔体的熔断器，两片熔体熔在一起），管子内壁有大量的熔体蒸气附着，有时管壁有烧焦现象，甚至在接触装置上也有熔渣，就可能是在分断极限电流时熔断。

第 12 章 风力发电机组各部分元件的维护

12.1 塔 架

（1）塔架间连接螺栓。

塔架间连接螺栓：M36。

力矩：2250N·m，根据液压扳手的扭矩对照表，查出相应的对照值。

所需工具：液压扳手、55套筒、线滚子、55敲击扳手。

紧固塔架间连接螺栓时，需要三个人配合，一个人控制液压扳手，另一个人摆放扳手头，在紧固螺栓时，若螺栓打滑，最后一个人则应该用敲击扳手55固定在塔架法兰下表面的螺栓头上。

使用液压扳手时，不要把手放在扳手头与塔筒壁之间，以防扳手滑出压伤手掌。三个人应该紧密配合，确保安全。

在塔架连接的平台上预设有插座，可以提供液压扳手所需要的电源。

液压扳手通过提升机直接运送到上层塔架平台。在提升液压扳手接近平台时，要使用慢挡，并由一个人手扶，避免与平台发生碰撞。

图 12-1 所示的是液压扳手插座。液压扳手操作如图 12-2 所示。

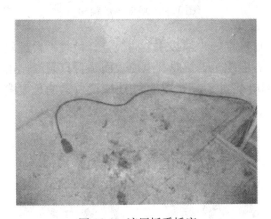

图 12-1 液压扳手插座

图 12-2 液压扳手操作

（2）塔架Ⅲ与回转支撑连接。

连接螺栓：M30×220。

力矩：1350N·m，根据液压扳手的扭矩对照表，查出相应的对照值。

所需工具：液压扳手、41套筒、线滚子。

紧固塔架Ⅲ与回转支撑连接螺栓时，至少需要两个人配合，一个人负责托住液压扳手头，如图 12-3 所示，此项工作比较费力，可以轮流做或暂停休息，另一人负责控制液压扳手开关。

如果液压扳手反作用臂作用在塔架壁上，应在两者之间垫一块 2cm 厚的木板，以免反作用臂擦伤塔架油漆。

（3）梯子、平台紧固螺栓检查。

所需工具：两把 12in 活扳手（或两把 24mm 呆扳手）。

机舱上的维护工作完成后，可安排一个人带上活扳手先下风力发电机组，顺便检查梯子、平台紧固螺栓。检查螺栓时，只要拧拧看螺栓是否松动即可，若有松动，则拧紧螺母（不要用很大的力，以免脚下失去平衡）。平时上下梯子时，若发现有松动的螺栓，也应该及时紧固。

若梯子及任何一层平台上沾有油液、油渍，必须及时清理干净。图 12-4 所示的是塔架内部爬梯。

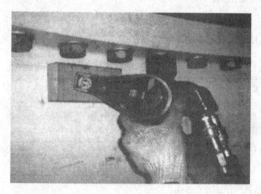

图 12-3　紧固回转支撑连接螺栓

图 12-4　塔架内部爬梯

（4）电缆和电缆夹块固定螺栓较容易松动，每次维护时都必须全面检查。检查平台螺栓时，可将电缆夹块固定螺栓一并紧固。要注意查看电缆是否扭曲，电缆表面是否有裂纹，电缆是否有向下滑的迹象。图 12-5 所示为塔架内部电缆固定。图 12-6 和图 12-7 所示的是电缆夹块。

图 12-5　塔架内部电缆固定

图 12-6　电缆夹块（1）

图 12-7　电缆夹块（2）

（5）架焊缝检查塔架焊缝是否有裂纹。

（6）若塔架照明灯不亮，应检查是灯管损坏还是整流器损坏，并及时进行修理或更换。塔架内光线不足容易发生意外。

（7）塔筒油漆检查塔架表面是否有裂纹，防腐漆是否有剥落。若有，需要补漆处理。

12.2　风　轮

检查风轮罩表面是否有裂痕、剥落、磨损或变形，风轮罩支架支撑及焊接部位是否有裂纹。

1. 风轮锁紧装置

风轮锁紧装置如图 12-8 所示。

风轮锁紧装置与机舱连接螺栓：M27×235。

力矩：1350N·m，根据液压扳手的扭矩对照表，查出相应的对照值。

所需工具：液压扳手或 1500N·m 的扭力扳手、41 套筒、SKF 油枪。

为确保工作人员的安全，到轮毂里作业前，必须将风轮锁紧装置完全锁紧，锁紧方法如下所述。

图 12-8　风轮锁紧装置

停机后桨叶到顺桨位置，一人在高速轴端手动转动高速轴制动盘，另一人观察轮毂转到方便进入的位置，松开定位小螺柱，用呆扳手逆时针旋转锁紧螺柱，锁紧装置内的锁紧柱销就会缓缓伸出。当锁紧柱销靠近锁紧盘时，慢慢转动风轮，使锁紧柱销正对风轮制动盘上的锁紧孔，然后继续逆时针旋转锁紧螺柱，直到锁紧柱销伸入锁紧孔 1/2 以上为止。轮毂内作业完成，所有工作人员回到机舱后，应该顺时针拧锁紧螺柱，直到锁紧柱销完全退回到锁紧装置内，锁紧上面的小螺柱，以防止运行时风轮与锁紧柱销相碰。运行前必须完全退回锁紧装置。

风轮锁紧装置的维护：SKF 润滑脂，每个油嘴 10g。

图 12-9　高速轴锁紧装置

2. 高速轴锁紧装置

高速轴锁紧装置如图 12-9 所示。

连接螺栓：M20×50。

力矩：420N·m。

高速轴锁紧装置是安装在齿轮箱后部的一个插销式锁紧装置，锁紧装置通过插销把锁紧装置和高速轴制动圆盘固定，具有简单、快捷的特点。

3. 变桨轴承与轮毂连接

连接螺栓：M30×210。

力矩：1350N·m。

所需工具：液压扳手、46 套筒、线滚子。

将液压扳手搬到机舱罩前部，把液压扳手放置在安全位置；扳手头和控制板由两个人分别控制，调好压力，开始检查螺栓力矩，如图 12-10 所示。

液压扳手电源从塔上控制柜引出。

4. 桨叶与变桨轴承连接

连接螺栓：M30×210。

力矩：1250N·m。

所需工具：液压扳手、50 中空扳手头、线滚子。

1500kW 风力发电机组的每片桨叶都有自己独立的变桨系统。由于轮毂内位置有限，在紧螺栓时，需要进行 2～3 次的变桨动作，将桨叶转到不同位置，才能检查到全部的桨叶螺栓，如图 12-11 所示。

图 12-10　紧固桨叶连接轴承

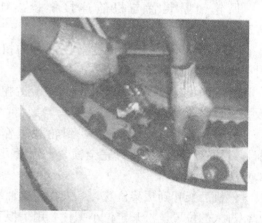

图 12-11　紧固变桨轴承连接螺栓

变桨动作时，要首先打开维护开关，才可以在控制柜内手动操作，对桨叶进 360°回转，操作次序如下所述：

（1）在机舱控制柜切断轮毂 UPS、断路器 QF20.1 和 QF20.3。

（2）切断主柜的 1QF2、1QF3、1QF4 断路器。

（3）拔下连接轴柜的行程开关插头 H（1、2 或 3）。

（4）拔下连接轴柜的发电机插头 C（1、2 或 3）。

这样才能可靠保证发电机不会带动回转齿圈。在维护结束时，应当按相反次序进行恢复。

注意：

（1）只有在完全保证发电机不会带动齿圈旋转的情况下才能进行维护。在此过程中，身体的任何部位或工具都不应接触回转齿圈。

（2）当手动操作一片桨叶进行维护时，必须保证其他两片桨叶在顺桨位置。

5. 风轮罩与轮毂连接

连接螺栓：M16。

力矩：200N·m。

工具：扭力扳手，24 呆扳手、活扳手。

检查所有风轮罩与支架连接螺栓、支架与轮毂连接螺栓，按维护表中的要求紧固到相应扭矩，并检查 M16 以下连接螺栓，如图 12-12 和图 12-13 所示。

图 12-12　紧固轮毂连接螺栓

图 12-13　紧固风轮罩连接螺栓

6. 检查轮毂内螺栓

检查轮毂内螺栓连接在 1500kW 风力发电机组轮毂内，除了桨叶连接螺栓外，还包括轴控柜支架、限位开关、变桨电动机等部件的螺栓连接。应按照维护表要求，把所有固定螺栓紧到规定力矩。图 12-14 所示为紧固变桨系统连接螺栓。图 12-15 所示的是变桨限位开关。

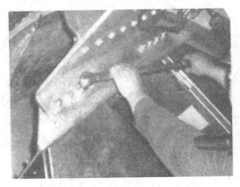
图 12-14　紧固变桨系统连接螺栓

图 12-15　变桨限位开关

　　轮毂内变桨电动机与轮毂的连接使用内六角螺栓时，要求使用规格为14的旋具头，并用扭力扳手紧固到要求力矩。

　　图12-16所示的是变桨电动机。图12-17所示的是内六角旋具头。

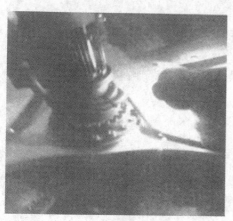

图12-16　变桨电动机

图12-17　内六角旋具头

　　7. 变桨集中润滑系统

　　油脂类型：RHODINA BBZ。

　　1500kW变桨润滑采用BAKE集中润滑系统。检查集中润滑系统油箱油位，当油位少于1/2时，必须添加润滑脂。半年维护的用油量约为1.8kg，记录添加前、后的油脂面刻度，验证油脂的实际用量是否准确。检查油管和润滑点是否有脱离或泄漏现象。检查变桨轴承密封圈的密封性，除去灰尘及泄漏出的多余油脂。

　　强制润滑：按泵侧面的红色按钮，即可在任何时候起动一次强制润滑。这个强制润滑键也可以用于检查系统的功能。在维护过程中，对集中润滑系统进行1、2次强制润滑，确保润滑系统正常工作。

　　检查集油盒：集油盒内的废油超过容量的1/5，则需要清理。

　　轮毂内维护工作完成后，必须对轮毂内进行卫生清理，并做仔细检查，保持轮毂内清洁，严禁变桨齿圈和驱动小齿轮的齿面存在垃圾和颗粒杂质，这将对变桨齿圈或电极造成损坏。

　　图12-18所示的是集油盒。图12-19所示的是自动润滑系统。图12-20所示的是变桨齿圈润滑。

图12-18　集油盒

图12-19　自动润滑系统

图12-20　变桨齿圈润滑

　　检查桨叶表面时站在机舱罩上，做好安全防护措施，仔细检查桨叶根部和风轮罩的外表面，看是否有损伤或表面有裂纹。叶片内残存胶粒造成的响声是否影响到正常运转，若有则需要清理叶片内胶粒。

　　检查桨叶是否有遭雷击的痕迹。

12.3　电集电环检查

　　在机组正常运行时，维护人员应每个月打开发电机尾部的集电环室一次，检查集电环表面痕迹和电刷磨损情况。正常情况下，各个主电刷应磨损均匀，不应出现过大的长度差异；集电环表面应形成均匀薄膜，不应出现明显色差或划痕。

　　在观察过程中，注意不要让集电环室上盖的螺栓或弹簧垫圈掉入集电环室。

　　每半年清洁集电环室一次，清洁后应测量绝缘电阻。每年清洁集尘器一次，打开集尘器侧板，清洗或更换过滤棉。图 12-21 所示的是电集电环。

　　（1）机舱罩连接检查所有机舱罩上、下部分连接螺栓是否有松动。

　　（2）机舱罩表面检查机舱罩玻璃钢表面是否有裂纹或破损。

　　（3）提升机常规检查如图 12-22 所示，检查提升机的快慢挡是否正常。提升机的电源线和接地线有没有损伤。

图 12-21　电集电环　　　　　　　　　　　　图 12-22　提升机

　　注意：提升机在工作时，操作人员应注意自身安全，站立稳当。起吊过程中，保持起吊速度平稳，防止物品撞击塔身和平台。

12.4　风力发电机的使用维护

　　正确、准确的安装，良好的维护很大程度上决定了发电机投入运行后性能的满意度，可以避免意外的故障和损坏，因此安装发电机前必须认真、仔细阅读发电机制造商提供的使用维护说明书。这里着重提出风力及电机使用、维护和特别注意的事项。

　　（1）发电机的安装发电机安装前必须认真做好有关准备工作，在基础上确定位置标记以便找出机组的中心线及基础面的标高，按发电机的外形图校对基础以确定电能表、电缆管道等的布置位置，只对电机成脚孔与安装基础的尺寸、位置，准备足够的有多种不同厚度的成脚安装调节垫片，最薄的垫片厚度应为 0.10mm 的紫铜垫片、垫片的尺寸比电机底脚平面的尺寸略大，在高度方向调整对准以前，任一底脚面与铜基础面之间有间隙存在时，则用塞尺测量此间隙精确判最薄的塞尺片或到 0.05mm 以内，记录间隙值、位置及塞片从每只成脚外边插入的深度，按以上测得所需的垫片厚度，初步制作一套垫片，并在适当的位置插入所需的垫片，最后注意轴线对准所加的垫片应尽可能用数量少的厚垫片而不是用数最多的薄垫片，组成厚度 1.5mm 以上的多张垫片需改用等厚度的单张垫片代替电机对中心时必须用百分表，特别要提醒注意的是尽管弹性联轴器允许相当量的轴线不准度，但是即使只有千分之几毫米的失调也可能将巨大的振动引入系统之中，为了获得最长轴承寿命及最小的振动，要尽盘调整对准机组的中心。并要核对热状态下地对准情况。经验表明，如果限制角度偏离在小于等于 300 mm 直径位置处不大于 0.05mm。而对较大直径位置处不大于 0.10mm。限制位置偏离不大于 0.05mm—全部指针移动幅值，则可以得到满意的效果。

（2）电气连接及空载运转发电机的电力线路、控制线路、保护及接地应按规范操作。在电缆线与发电机连接之前，应测量发电机绕组的绝缘电阻，以确认发电机是否可以投入运行，必要时可以采取干燥措施。初次起动时，一般先不把齿轮箱与发电机机械连接起来，而是把发电机当作电动机，让其空载运转 1～2h。此时要调整好发电机的转向与相序的关系（双速发电机的两个转速的转向－相序均必须正确），注意发电机有无异声，运转是否自如，是否有什么东西碰擦，是否有意外的短路或接地，检查电机轴承发热是否正常，电机振动是否良好，需注意三相空载电流是否平衡，与制造厂提供的数值是否吻合。确认发电机空载运转无异常后才能把发电机与齿轮箱机械连接起来，然后投入发电机工况运行在发电机工况运行时，需特别注意发电机不能长时间过载以免绕组过热而损坏。

（3）保护整定值为了保证发电机能长期、安全、可靠地运行，必须对发电机设置有关的保护，过电压保护、过电流保护、过热保护等，过电压保护、过电流保护的整定值，可依据保护元件的不同而做相应的设定，电机的过热保护参数设定如下。

绕组：

B 援：报警：125℃；跳闸：135℃。

F 缓：报警：150℃；跳闸：I70℃。

轴承：

报警：90℃；跳闸：95℃。

（4）绝缘电阻。

电机绕组的绝缘电阻定义为绝缘对于直流电压的电阻，此电压导致产生通过绝缘体及表面的泄漏电流，绕组的绝缘电阻提供了绕组的吸潮情况及表面灰尘积聚程度的信息，即使绝缘电阻值没有达到最低值，也要采取措施干燥电机或清洁电机。测量绝缘电阻是把一个直流电压加在绕组被测部分与接地的机壳之间，在电压施加了 1min 后读取其电阻值，绕组其他不测量部分或双速电机的另一套绕组和测温元件等均应接地。测试结束后必须把被测部分绕组接地放电。对于 690V 及以下的发电机，用 500V 的绝缘电阻表，定子绕组三相整体测量时 20℃的绝缘电阻值 R_{insu} 不应低于 $3(1+U_N)$MΩ（U_N 为电机的额定电压，以 kV 计）。按照经验，温度每增加 12℃，绝缘电阻降低约一半，反之亦然。如果绝缘电阻低于最低许可值时，可以用最简单的办法来干燥电机，即把发电机转子堵住，通以约 10% 额定电压产生堵转电流加热绕组，允许逐渐增加电滤直判定子绕组温度达到 90℃，不允许超过这一温度，不允许增加电压到使电机转子转起来。在转子堵转下的加热过程中极其小心以免损伤转子！维持温度为 90℃ 直到绝缘电阻实际上已稳定不变。开始时慢慢地加热是很重要的，这样可使潮气能自然地通过绝缘层而逸出，快速加热很可能会使局部潮气压力足以使潮气强行穿过绝缘层而逸出，这样会使绝缘永久性的损伤。

（5）电机的拆、装一般情况下，不需要拆开发电机进行维护保养，如无特别原因不需要把转子抽离定子且在抽取转子过程中必须注意不触碰伤定子绕组，若能更换轴承（因为轴承是无损件）。只需拉下联轴器、拆开端盖、轴承盖和轴承套等，重新装配后的电机同样宜先空载状备下运转 1~2h，然后再投入带负载运行，拆开电机前必须仔细研究发电机制造商提供的电机总装配圈，然后确定拆、装的步骤。

（6）滚动轴承是有一定寿命的、可以更换的标准件。可以根据制造商提供的轴承维护铭牌或电机外形型号或其他随机资料上提供的轴承型号和轴承润滑脂牌号。特别需注意环境温度的影响，对于冬季有严寒的地区，冬季使用的润滑脂与夏季使用的润滑脂不宜相同。这要风电场的使用维护人员注意，而发电机制造商一般不会考虑到这么细，他们通常给出的是按常规环境温度的工况选取的润滑脂牌号，而且实际上也没有理想的能适应环境温度变化范围有 70℃ 的润滑油。

（7）电机的通风、冷却风力发电机一般为全封闭式电机，其散热条件比开启式电机要差许多，因此设计机舱时必须考虑冷却通风系统的合理性。冷却空气要进得来，热空气要排得出，电机表面的积灰必须及时消除。

发电机故障后，首先应当找出引起故障的原因和发生故障的部位，然后采取相应的措施予以消除，必要时应由专业的发电机修理商或制造商修理。

风力发电机组安全运行的实现，主要由控制系统和与之配合机械执行机构完成，所以必须经常进行使用维护，从电气的角度考虑，主要进行使用和维护的电器装置有伺服电动机、空气断路器、交流接触器、缝电器、熔丝、微控制器和接地保护装置。

12.5　风速风向仪及航空灯

检查风速风向仪功能是否正常，检查所有固定螺栓，用扳手手动扳紧即可。

检查航空灯功能是否正常，固定是否牢靠。

1. 电刷及传感器

（1）检查连接主轴和机舱座的电刷接地状况，是否与主轴紧密接触；检查电刷磨损情况。

（2）检查各个传感器的螺栓是否紧固，各个信号指示灯和传感器是否正常。

2. 发电机接地

（1）检查接地线和机舱座的连接螺栓是否紧固。

（2）检查接地线绝缘层是否有破损。

3. 风向风速仪接地

（1）检查接地线和塔架的机舱座螺栓是否紧固。

（2）检查接地线绝缘层是否有破损。

4．塔架间的连接

（1）检查两根接地线和塔架的连接螺栓是否紧固。

（2）检查接地线是否有破损。

5．塔架、控制柜与接地网连接

（1）检查两根接地线和塔架的连接螺栓是否紧固，接地线绝缘层是否有破损。

（2）检查接地线和控制柜的连接螺栓是否紧固，接地线绝缘层是否有破损。图 12-23 所示的是电刷。图 12-24 所示的是塔筒接地线。

图 12-23　电刷

图 12-24　塔筒接地线

12.6　伺服三相异步电动机的使用与维修

1．控制电路电器元件检查

（1）安装接线前应对所使用的电气元器件逐个进行检查，电气元器件外观是否整洁，外观有无破裂，各部件是否齐全，各接线端子及紧固件有无缺损、锈蚀等现象。

（2）电气元器件的触头有无熔焊粘连变形，严重氧化锈蚀的现象，闭合分断动作是否灵活，触头开距、超程是否符合要求，压力弹簧是否正常。

（3）电器的电磁机构和传动部件的运动是否灵活街铁有无卡住，吸合位置是否正常停，使用前应清除铁芯埔面的防锈油。

（4）用万用表检查所有电磁线圈的通断情况。

（5）检查有延时作用的电气元器件功能，如时间继电器的延时动作，测试范围及整定机构的作用，检查热继电器的热元件和触头的动作情况。

（6）接对各电气元器件的规格与图纸要求是否一致。

2．检查线路

（1）对照原理图、接线图逐线检查，校对序号，防止接线错误和漏接。

（2）检查所有端子接线接触情况，排除虚接现象。

（3）用万用表检查，取下接触器的灭弧罩，用手操作来模拟触头分合动作，将万用表拨到 RXI 电阻挡避行测盘。

3．试车

完成上述检查后，清点工具材料，消除安装板上的线头杂物，检查三相电源，在有人监护下通电试车。

（1）空操作试验首先拆除电动机定子绕组接线，合上开关，接通电源，按下 SN。接触器 KM 应立即动作，松开 SN 则 KM 应立即复位，仔细听接触器线圈通电运行时有无异常响声，应反复试验几次，检查线路动作是否可靠。

（2）带负载试车，断开电源，接上电动机定子绕组引线，装好灭弧器，重新通电试车，按下按钮，接触器 KM 动作，观察电动机起动和运行情况，松开按钮，观察电动机是否停机。试车时若发现接触器振动，主触头燃弧严重，电动机嗡嗡响，转动不起来，应立即停机检查，重新检查电流、电压、线路、各连接点有无短接，电动机绕组有无断线，必要时拆开接触器检查，排除故障后重新试车。

12.7　双馈式异步发电机

1. 发电机集中润滑系统

所需工具：油枪一把。

油脂型号：Mobilith SHC 100 润滑脂。

发电机润滑使用林肯集中润滑系统，如图 12-25 所示。半年维护使用油脂量约为 0.3kg。检查集中润滑系统油箱油位，若有必要则添加润滑脂 Mobilith SHC 100，并记录添加前、后的油脂面刻度。检查润滑系统泵、阀及管路是否正常，有无泄漏。

强制润滑：起动一个强制润滑，用来检查系统的功能。

在维护过程中，对集中润滑系统进行 1、2 次的强制润滑，确保润滑系统正常工作维护时维护人员要特别注意检查。

维护人员在维护时，打开发电机尾部的集

图 12-25　林肯集中润滑系统

电环室，检查集电环表面痕迹和电刷磨损情况。正常情况下，各个主电刷应磨损均匀，不应出现过大的长度差异；集电环表面应形成均匀薄膜，不应出现明显色差或划痕，若表面有烧结点、大面积烧伤或烧痕、集电环径向跳动超差，必须重磨集电环。

注意：

（1）在观察过程中，注意不要让集电环室上盖的螺栓或弹簧垫圈掉入集电环室。

（2）主电刷和接地电刷高度少于新电刷 1/3 高度时需要更换，更换的新电刷要分别使用粗大砂粒和细砂粒的砂纸包住集电环，对新电刷进行预磨，电刷接触面至少要达到集电环接触面的 80%。磨完后仔细擦拭电刷表面，安装到刷握里，并要确定各刷块均固定良好，清洁集电环室、集尘器，清洁后测量绝缘电阻。

（3）更换主电刷后，必须限制机组功率在小于 50% 容量的情况下运行 72h 后，然后才能允许机组运行到满功率，以便新电刷与集电环能形成良好的结合面。

2. 发电机与弹性支撑连接

螺栓：M30×90。

力矩：1350N·m。

所需工具：液压扳手、46 中空扳手头。

检查各连接螺栓的力矩。

3. 发电机弹性支撑与机舱连接

螺栓：M16×30。

力矩：200N·m。

所需工具：24 套筒、300N·m 扭力扳手。

检查各连接螺栓力矩。

4. 发电机常规检查

图 12-26　灭火器

（1）检查接线盒和接线端子的清洁度。

（2）确保所有的电线都接触良好，发电机轴承及绕组温度无异常。

（3）检查风扇清洁程度。

（4）检查发电机在运行中是否存在异常响声。

5. 动力电缆、转子与接线盒的连接螺栓检查

动力电缆、转子与接线盒的连接螺栓检查：全部 M16 连接螺栓，扭矩为 75N。

6. 主电缆的检查

检查主电缆的外表面是否有损伤，尤其是电缆从机舱穿过平台到塔架内的电缆保护，以及电缆对接处的电缆保护，是否有损伤和下滑现象，紧固每层平台的电缆夹块。同时检查灭火器压力，如图 12-26 所示。

12.8　直驱式永磁发电机

直驱式永磁发电机是外转子结构永磁多级同步发电机，由叶轮直接驱动，传动结构简单，没有齿轮箱。发电机由定子、转子、定轴、转动轴及其他附件构成。应对发电机的以下部分进行维护。

（1）绝缘电阻的检查。绕组的绝缘电阻可反映绕组的吸潮、表面灰尘积聚及损坏等情况。绕组的绝缘电阻值接近最小工作电阻时，要采取措施对发电机进行相应处理，以提高其绝缘电阻值。

绝缘电阻分绕组对地绝缘电阻和两套绕组之间的绝缘电阻。测量绕组对地绝缘时，测量仪器的两端分别接绕组任意一条出线与机壳；测量两套绕组之间的绝缘时，测量仪器的两端分别接两套绕组的任意一条出线。常用的测量仪器是 1kV 绝缘电阻表或绝缘电阻测试仪，绝缘电阻表测量时，稳定在 120r/min，数值稳定时读数；绝缘电阻测试仪测量时，用 1kV 电压挡，读取 1min 时的数值。

如果绝缘电阻值低于要求的阻值，则需要查找原因，绝缘电阻正常时才可以运行。

（2）电气连接的检查。检查发电机到机舱开关柜的接线是否有磨损，固定是否牢固；检查与发电机断路器连接铜排的螺栓的紧固力矩；检查发电机绕组中性线的固定是否牢固，绝缘或端头热缩封帽是否可靠。

（3）保护设定值的检查。对发电机保护设定值进行检查，如过电压保护值、过电流保护值、过热保护值等，既包括软件中的保护值，也包括硬件上的保护值。根据参数表和电路图纸中的数值进行检查。

（4）发电机定子和转子外观检查。检查发电机定子和转子外观有无损坏；检查焊缝和漆面。如果防腐漆面剥落，需要对剥落部位进行补漆处理。

（5）定轴和转动轴的检查。检查定轴表面是否有裂纹，防腐层是否损坏。若有防腐漆面剥落，需要对剥落部位进行补漆处理。

检查定轴和底座、定轴和定子支架、转动轴和转子支架连接部位的螺栓的紧固力矩。

（6）发电机前后轴承的检查。检查轴承密封圈的密封，若表面有多余油脂，需擦拭干净，保证清洁。

加注油脂时，应保证每个油嘴的加注量均匀，同时打开排油口，直到旧油排净。若轴承配有自动加脂装置，则不需要该项操作。

（7）转子制动器及转子锁定装置的检查。

1）检查闸体上的液压接头是否紧固以及接头处有无漏油现象。

2）检查摩擦片，当摩擦片厚度不大于 2mm 时需要更换。

3）检查转子锁定装置转动是否灵活。手轮或螺栓转动不灵活时，需要涂润滑脂。

4）叶轮锁定操作必须严格按照对应的技术文件来执行。

12.9　支撑体系的维护

1. 连接件的维护

支撑体系中有大量连接件。例如，塔架内外连接螺栓、平台吊板螺栓、塔梯连接螺栓、电缆梯连接螺栓、钢梁连接件等。要定期检查螺栓连接情况，检查是否有损坏、松动和锈蚀。发现松动的应及时用力矩扳手拧紧，拧紧力矩应达到规定值；发现损伤和锈蚀严重的要立即更换，更换时螺纹和螺母的支撑面应涂二硫化钼，多个连接件需要更换时，应逐一进行。

换季或温度变化大时，应对螺栓进行相对等分拧紧，拧紧力矩应满足规定要求，同时对螺栓、螺母进行涂油防腐。

2. 结构件的维护

定期对结构件外观进行检查，查看部件表面是否存在涂漆层脱落、锈蚀、外伤和变形问题。

对局部涂漆层脱落、锈蚀应及时处理，处理时应首先进行清理打磨，出现金属光面后进行两次补底漆（用环氧富锌底漆）和两次涂面漆处理。

对焊道处的外观进行重点检查与处理。例如塔筒焊道、安装支座焊道、平台吊板焊道、塔梯焊道、电缆梯焊道和型钢吊板焊道等。

对各类电缆线路进行检查，不应有破损现象，尤其注意对偏航纽缆处电缆进行重点检查。

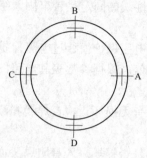

图 12-27　塔基检测点

3. 塔基水平度检测

应定期（每月）和随机（大风、暴雨后）对塔基水平度进行检测。检测方法：在下塔筒外法兰盘上选取 4 个检测点（如图 12-27 所示的 A、B、C、D），进行纵向与横向水平检测。对比相关数据，不应有突变和趋势性变化现象。检测点应有标志，检测面应进行保护。检测结果应进行记录。记录表包括检测日期、检测人员、各检测点的横向与纵向水平度等。

4. 塔筒标识的维护

塔筒内外标识应清晰，并按规定进行管理，塔筒内不得放置无关物品。定期对塔筒内外标识进行维护，确保标识清晰。

12.10　偏　航　系　统

1. 偏航系统维护

（1）维护和检修工作必须由国电联合动力技术有限公司调试人员或接受过国电联合动力技术有限公司培训并得到认可的人员完成。

（2）在进行维护和检修工作时，必须携带《偏航系统检修卡》。并按照该卡上的要求完成每项内容的检修与记录。

（3）如果环境温度低于－20℃，不得进行维护与检修工作。

（4）低温型风力发电机，如果环境温度低于－30℃，不得进行维护和检修工作。

（5）如果风速超过限值，不得上塔进行维护和检修工作。

2. 维护时风机的要求

（1）用维护钥匙将风机打至维护状态，最好将叶轮锁定。

（2）如遇特殊情况下不允许停机时，必须确保有人守在紧急开关旁，可随时按下停机开关。

（3）当处理偏航轮齿箱润滑油时，必须佩戴安全帽。

3. 表面检查项目

（1）分期偏航时检查是否有异常噪声，是否能精确对准风向。

（2）检查侧面轴承和齿圈外表是否有污物，检查漆外表面是否油漆脱落。

（3）驱动装置齿轮箱的润滑油是否渗漏。

（4）检查电缆缠绕情况、绝缘皮磨损情况。

4. 偏航驱动

（1）检查外表面。

（2）检查电缆接线。

（3）检查齿轮箱的油位计。

（4）检查齿轮箱是否漏油。

（5）检查齿轮箱运行是否噪声过大。

5. 偏航内齿圈和小齿轮

（1）检查啮合齿轮副的侧隙。

（2）检查轮齿齿面的腐蚀、破坏情况。

（3）检查润滑系统运行情况。

（4）定期向润滑系统内加注润滑油脂。